山西省"十四五"首批职业教育规划教材

应用高等数学（机电类）

主　审　张　利
主　编　赵　燕
副主编　张越菊　张宇玉
参　编　燕岩军　郝　鹏

北京理工大学出版社
BEIJING INSTITUTE OF TECHNOLOGY PRESS

版权专有　侵权必究

图书在版编目（CIP）数据

应用高等数学：机电类／赵燕主编． -- 北京：北京理工大学出版社，2021.9（2025.1重印）

ISBN 978-7-5763-0287-5

Ⅰ．①应… Ⅱ．①赵… Ⅲ．①高等数学-高等学校-教材 Ⅳ．①O13

中国版本图书馆 CIP 数据核字（2021）第 177589 号

出版发行／	北京理工大学出版社有限责任公司
社　　址／	北京市丰台区四合庄路 6 号
邮　　编／	100081
电　　话／	（010）68914775（总编室）
	（010）68914026（教材售后服务热线）
	（010）63726648（课件资源服务热线）
网　　址／	http：//www.bitpress.com.cn
经　　销／	全国各地新华书店
印　　刷／	河北盛世彩捷印刷有限公司
开　　本／	787 毫米 × 1092 毫米　1/16
印　　张／	18
字　　数／	360 千字
版　　次／	2021 年 9 月第 1 版　2025 年 1 月第 7 次印刷
定　　价／	58.00 元

责任编辑／钟　博
文案编辑／钟　博
责任校对／周瑞红
责任印制／施胜娟

图书出现印装质量问题，请拨打售后服务热线，本社负责调换

前　言

为了深入贯彻党的二十大精神,全面落实《关于推动现代职业教育高质量发展的意见》,本教材编写坚持理论与实际相结合的思想,落实"三教"改革政策,创新高职数学教学模式,在教学实践中将装备制造(机电)行业知识与一元微积分知识融合,形成了具有机电特色的高职数学教材.

本教材配套精品课程在 2022 年 10 月被评为"山西省在线精品课程",学习方式如下:打开学银在线网(http://www.xueyinonline.com)→搜索课程名→单击"加入课程"按钮→注册新用户→开始学习,或者扫描本教材中二维码进行学习.本教材后半部分配有"单元任务手册",创新了单元评价,量化了知识目标与能力目标达成度,成为单元评价的新样态."教材+任务手册+在线精品课程"的新形立体教材,是山西机电职业技术学院高等数学课程七年教学改革的结晶,解决了学生应用数学知识能力欠缺的问题,适合装备制造类高职院校使用.

本教材以"夯实基础、服务专业、聚焦应用、提升素养"为教学改革理念. 2015 年年底山西机电职业技术学院高等数学课程开始改革,并不断探索教学改革模式. 2019 年,本教材模块三的单元 3.4 "用料最省——函数最值的求法"以"问题驱动"模式被制作成微课,并获得国家二等奖;2020 年 2 月,"问题驱动"模式的校本教材试用,同年与专业结合的模块四"积分及其应用"参加山西省教学能力比赛获二等奖,验证了"数学与专业相融"改革思路的正确性;2021 年,山西机电职业技术学院基础课程改革思路获山西省教学成果特等奖,再次均印证了数学教学改革思路的正确性;2023 年 4 月,本教材获评山西省"十四五"首批职业教育规划教材.

本教材围绕机电行业中的数学问题,结合一元微积分+几何+复数知识构建了 5 个模块,基于"以学生为中心,问题驱动"的思想,通过情境设计构建并设计了每个模块的单元,有效激发了学生的学习兴趣,共形成了 27 个单元,每个单元共 7 部分.

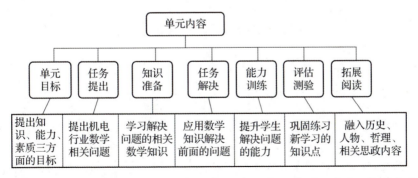

"素质目标+拓展阅读"融合了思政元素,单元的"素质目标"明确思政出发点,"拓展阅读"为思政载体,其中"启示"部分明确思政内容,引发学生共鸣和思考,实现立德树人目标.

本教材内容由团队成员分工完成，教材编写人也是精品课视频讲解人：张越菊老师完成函数部分，张宇玉老师完成极限部分，赵燕老师完成几何部分、复数部分、微分方程部分，燕岩军老师完成导数及其应用部分，郝鹏老师完成积分及其应用部分．建议学习周期为半年，共计56学时，几何部分与复数部分是选学部分。

由于本教材是自主开发教材，所以本教材中不可避免地会存在一些问题，欢迎广大专家、同仁和读者提出宝贵的意见，共同实践高职数学课程改革与创新．

编　者

目　　录

模块一　函数与几何 ··· 1
1.1　机器折旧费的计算——指数函数和对数函数 ·· 1
1.2　锥度和锥角的计算——三角函数和反三角函数 ·· 8
1.3　识图——常函数和幂函数 ·· 15
1.4　用三角计算法求基点和圆心坐标——解三角形 ·· 20
1.5　用平面解析几何法求基点和圆心坐标——直线与圆 ··································· 30

模块二　极限与复数 ··· 41
2.1　节点和误差——极限的概念 ··· 41
2.2　老化电路分析——极限的计算 ··· 49
2.3　RL 串联电路求复阻抗——复数的定义及表示 ··· 57
2.4　两个正弦交流电流求和——复数的加、减法 ··· 65
2.5　求 RLC 串联电路的电流——复数的乘、除法 ·· 71

模块三　导数及其应用 ··· 76
3.1　根据电量求电流（一）——导数的概念 ·· 76
3.2　根据电量求电流（二）——基本求导公式 ·· 82
3.3　电容的充电速度——复合函数求导 ·· 86
3.4　用料最省——函数最值的求法 ·· 90
3.5　零件曲率的计算——高阶导数 ·· 93
3.6　误差计算——微分及其应用 ·· 97

模块四　积分及其应用 ··· 102
4.1　异形螺丝侧面积的计算（一）——定积分的概念 ······································ 102
4.2　异形螺丝侧面积的计算（二）——微积分基本定理 ···································· 111
4.3　钢板切割零件面积的计算——换元积分法 ·· 117
4.4　机翼对接成本的计算——分部积分法 ·· 123
4.5　旋转体体积的计算——微元法及其应用（一） ·· 127
4.6　旋转体体积的计算——微元法及其应用（二） ·· 133

模块五　微分方程 ··· 141
5.1　汽车超速判断——微分方程的概念 ··· 141
5.2　冷却模型——可分离变量的微分方程 ··· 146
5.3　RL 电路电流分析——一阶线性微分方程的求解 ······································ 150
5.4　RLC 电路的暂态分析——二阶常系数线性齐次微分方程 ······························ 157
5.5　RLC 电路电量分析——二阶常系数线性非齐次微分方程 ······························ 160

常用积分公式	169
参考答案	179
附录公式	192

任务单习题册

模块一　函数与几何 197
- 1.1　机器折旧费的计算——指数函数与对数函数 197
- 1.2　锥度和锥角的计算——三角函数和反三角函数 199
- 1.3　识图——常函数与幂函数 202
- 1.4　用三角计算法求基点和圆心坐标——解三角形 205
- 1.5　用平面解析几何法求基点和圆心坐标——直线和圆 209

模块二　极限与复数 213
- 2.1　节点和误差——极限的概念 213
- 2.2　老化电路分析——极限的计算 216
- 2.3　RL 串联电路求复阻抗——复数的定义及表示 219
- 2.4　两正弦交流电流求和——复数的加、减法 223
- 2.5　求 RLC 串联电路的电流——复数的乘、除法 226

模块三　导数及其应用 229
- 3.1　根据电量求电流（一）——导数的概念 229
- 3.2　根据电量求电流（二）——基本求导公式 231
- 3.3　电容的充电速度——复合函数求导 234
- 3.4　用料最省——函数最值的求法 236
- 3.5　零件曲率的计算——高阶导数 238
- 3.6　误差计算——微分及其应用 241

模块四　积分及其应用 244
- 4.1　异形螺丝侧面积的计算（一）——定积分的概念 244
- 4.2　异形螺丝侧面积的计算（二）——微积分基本定理 248
- 4.3　钢板切割零件面积的计算——换元积分法 251
- 4.4　机翼对接成本的计算——分部积分法 254
- 4.5　旋转体体积的计算——微元法及其应用（一） 258
- 4.6　旋转体体积的计算——微元法及其应用（二） 262

模块五　微分方程 265
- 5.1　汽车超速判断——微分方程的概念 265
- 5.2　冷却模型——可分离变量的微分方程 268
- 5.3　RL 电路电流分析——一阶线性微分方程的求解 271
- 5.4　RLC 电路的暂态分析——二阶常系数线性齐次微分方程 274
- 5.5　RLC 电路电量分析——二阶常系数线性非齐次微分方程 277

模块一　函数与几何

17 世纪末 18 世纪初，牛顿和莱布尼茨完成了微积分的奠基工作，极大地推动了数学的发展，微积分成为其他自然科学的基础．微积分是现代科学的入门课程，微积分的思想和方法已经广泛地应用于自然科学、社会科学等各个领域中．目前以微积分为主体的高等数学已成为全世界公认的理工科的重要基础课程，微积分的研究对象是函数，学习微积分首先需要深入研究函数．

在数控手工编程中，常常会遇到计算零件图纸中的基点坐标和圆心坐标的问题．计算轮廓的基点和圆心坐标时，常常用到一些几何知识：解三角形知识、直线方程与圆的方程知识等．

1.1　机器折旧费的计算——指数函数和对数函数

◇ **单元目标**

➤ 知识目标

（1）理解基本初等函数的概念；

（2）理解指数函数、对数函数的概念．

➤ 能力目标

能够按照折旧率计算物品价值．

➤ 素质目标

指数函数 $y=a^x$ 的底数 a 决定了函数的增减性，$a>1$ 时函数递增，$0<a<1$ 时函数递减．从指数函数的增减性中可体会人生态度，每天多努力一点点，你的人生道路会呈现递增趋势．

◇ **任务提出**

你刚入职，遇到机器更新换代，公司决定将旧机器处理给西部一家企业，公司委派你做一套折旧方案．

机器原价为 50 万元，已使用 10 年．若每年折旧率为 10%（即每年减少其价值的 10%），西部企业准备出 8 万元购买，你觉得价格合理吗？说明理由．

◇ 知识准备

一、常量与变量

我们在观察各种自然现象或者研究实际问题的时候,会遇到许多量,这些量一般可以分成两类. 第一类是在所观察的过程中保持不变的量,称为**常量**;第二类是在所观察的过程中会起变化的量,称为**变量**. 例如,在购买商品时,商品的单价就是常量,购买商品的数量和相应的总价就是变量.

判断一个量是常量还是变量,需要看两个方面:

(1) 看它是否在一个变化的过程中;

(2) 看它在这个过程中的取值情况.

常量和变量并不是绝对的,而是相对于一个变化的过程而言的. 如价格、时间、速度、长度、高度等,都可以用实数来表示,称为实变量或实常量. 今后我们主要研究的就是实变量和实常量,其简称为变量和常量.

二、区间和邻域

如果变量的变化是连续的,则常用区间来表示其变化范围. 在数轴上来说,区间是指介于某两点之间的线段上点的全体,见表 1 – 1.

表 1 – 1 区间分类表

区间名称	区间满足的不等式	区间的记号	区间在数轴上的表示
闭区间	$a \leqslant x \leqslant b$	$[a, b]$	
开区间	$a < x < b$	(a, b)	
半开区间	$a < x \leqslant b$ 或 $a \leqslant x < b$	$(a, b]$ 或 $[a, b)$	

以上是有限区间,除此之外,还有无限区间.

$[a, +\infty)$:表示不小于 a 的实数的全体,也可记为 $a \leqslant x < +\infty$;

$(-\infty, b)$:表示小于 b 的实数的全体,也可记为 $-\infty < x < b$;

$(-\infty, +\infty)$:表示全体实数,也可记为 $-\infty < x < +\infty$.

注:其中 $-\infty$ 和 $+\infty$ 分别读作"负无穷大"和"正无穷大",它们不是数,仅是记号.

邻域:设 α 与 δ 是两个实数,且 $\delta > 0$. 满足不等式 $|x - \alpha| < \delta$ 的实数 x 的全体称

为点 a 的 δ 邻域，点 a 称为此邻域的中心，δ 称为此邻域的半径.

三、函数的概念

（一）函数的定义

如果变量 x 在其变化范围内任取一个数值，变量 y 按照一定的法则 f 总有确定的数值与它对应，则称 y 是 x 的函数. x 的变化范围叫作函数的 定义域. 通常 x 称作 自变量，y 称作函数值（或因变量），y 的变化范围叫作函数的 值域.

注：为了表明 y 是 x 的函数，用记号 $y=f(x)$，$y=F(x)$ 等来表示，这里的字母 "f" "F" 表示 y 与 x 之间的对应法则，即函数关系，它们可以任意采用不同的字母来表示. 如果自变量在定义域内任取一个确定的值，函数只有一个确定的值和它对应，这种函数叫作单值函数，否则叫作多值函数，这里只讨论单值函数.

由函数的定义可知，一个函数的构成要素为：定义域、对应关系和值域. 由于值域是由定义域和对应关系决定的，所以，如果两个函数的定义域和对应关系完全一致，就称两个 函数相等.

求解函数定义域的常用方法如下.

在实际问题中，函数的定义域要根据实际意义确定，当不考虑函数的实际意义，而仅就抽象的解析式来研究函数时，定义域就取使解析式有意义的自变量的全体. 要使解析式有意义，通常考虑以下几点.
（1）分式的分母不能为零.
（2）偶次方根式的被开方数必须大于等于零.
（3）对数式的真数必须大于零.
（4）表达式为几个数学式子组合的函数，定义域为各部分定义域的交集.
（5）分段函数的定义域是各定义区间的并集.

（二）函数的表示方法

（1）解析法. 用数学式子表示自变量和因变量之间的对应关系的方法叫解析法. 例：直角坐标系中，半径为 r、圆心在原点的圆的方程是：$x^2+y^2=r^2$.

（2）表格法. 将一系列自变量值与对应的函数值列成表来表示函数关系的方法即表格法. 例：在实际应用中，经常会用到的平方表、三角函数表等都是用表格法表示的函数.

（3）图示法. 用坐标平面上的曲线来表示函数的方法即图示法. 一般用横坐标表示自变量，用纵坐标表示因变量. 例：直角坐标系中，半径为 r、圆心在原点的圆用图示法表示如图 1-1 所示.

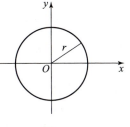

图 1-1

四、函数的特性

(一) 有界性

如果对属于某一区间 I 的所有 x 值总有 $|f(x)| \leq M$ 成立,其中 M 是一个与 x 无关的常数,那么就称 $f(x)$ 在区间 I 有界,否则便称无界.

注:一个函数,如果在其整个定义域内有界,则称为有界函数.

例:函数 $\cos x$ 在 $(-\infty, +\infty)$ 内是有界的.

(二) 单调性

如果函数 $f(x)$ 在区间 (a, b) 内随着 x 的增大而增大,即对于 (a, b) 内任意两点 x_1 及 x_2,当 $x_1 < x_2$ 时,有 $f(x_1) < f(x_2)$,则称函数 $f(x)$ 在区间 (a, b) 内是<u>单调递增</u>的. 如果函数 $f(x)$ 在区间 (a, b) 内随着 x 增大而减小,即:对于 (a, b) 内任意两点 x_1 及 x_2,当 $x_1 < x_2$ 时,有 $f(x_1) > f(x_2)$,则称函数 $f(x)$ 在区间 (a, b) 内是<u>单调递减</u>的.

例:函数 $f(x) = x^2$ 在区间 $(-\infty, 0)$ 上是单调递减的,在区间 $(0, +\infty)$ 上是单调递增的.

(三) 奇偶性

函数 $f(x)$ 的定义域关于原点对称,若函数 $f(x)$ 对于定义域内的任意 x 都满足 $f(-x) = f(x)$,则 $f(x)$ 称作偶函数;若函数 $f(x)$ 对于定义域内的任意 x 都满足 $f(-x) = -f(x)$,则 $f(x)$ 称作奇函数. 若 $f(-x) = f(x)$ 和 $f(-x) = -f(x)$ 都不满足,则 $f(x)$ 称作非奇非偶函数.

注:偶函数的图像关于 y 轴对称,奇函数的图像关于原点对称.

(四) 周期性

对于函数 $f(x)$,若存在一个不为零的数 T,使关系式 $f(x + T) = f(x)$ 对于定义域内任何 x 值都成立,则 $f(x)$ 叫作<u>周期函数</u>,T 是 $f(x)$ 的周期.

注:这里说的周期函数的周期是指最小正周期.

例:函数 $\sin x$,$\cos x$ 是以 2π 为周期的函数;函数 $\tan x$ 是以 π 为周期的函数.

(五) 反函数

设函数 $y = f(x)$ 的定义域为 D,值域为 W. 对于值域 W 中的任一数值 y,在定义域 D 上至少可以确定一个数值 x 与 y 对应,且满足关系式 $f(x) = y$. 如果把 y 作为自变量,把 x 作为因变量,则由上述关系式可确定一个新函数 $x = \phi(y)$(或 $x = f^{-1}(y)$),这个新函数称为函数 $y = f(x)$ 的<u>反函数</u>. 反函数的定义域为 W,值域为 D. 相对于反函数,函数 $y = f(x)$ 称为<u>直接函数</u>.

注:(1) 即使 $y = f(x)$ 是单值函数,其反函数 $x = \phi(y)$ 也不一定是单值的;但如果 $y = f(x)$ 在 D 上不仅单值,而且单调,则其反函数 $x = \phi(y)$ 在 W 上是单值的.

(2) 习惯上,总是用 x 表示自变量,y 表示因变量,因此,$y = f(x)$ 的反函数 $x = \phi(y)$ 常改写为 $y = \varphi(x)$(或 $y = f^{-1}(x)$).

(3) 在同一个坐标平面内,直接函数 $y = f(x)$ 和反函数 $y = \phi(x)$ 的图像关于直线 $y = x$ 是对称的.

五、基本初等函数

基本初等函数包括六类:常函数、幂函数、指数函数、对数函数、三角函数、反三角函数,它们是构成初等函数的基础. 本节学习指数函数和对数函数.

(一) 指数函数

1. 指数函数的图像及性质

指数函数 $y = a^x$ (a 是常数,且 $a > 0$,$a \neq 1$),其定义域为 $(-\infty, +\infty)$ 值域是 $y \in (0, +\infty)$,函数的图形过点 $(0, 1)$,且以 x 轴为渐近线,如图 1-2 所示.

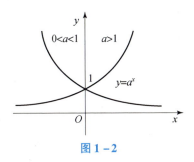

图 1-2

(1) 当 $a > 1$ 时,指数函数 $y = a^x$ 单调递增;当 $0 < a < 1$ 时,指数函数 $y = a^x$ 单调递减.

(2) $y = a^{-x}$ 和 $y = a^x$ 的图形关于 y 轴对称.

(3) 常用的以 $e \approx 2.71828$ 为底的指数函数为 $y = e^x$.

2. 指数函数的运算法则

(1) $x^m \cdot x^n = x^{m+n}$; (2) $\dfrac{x^m}{x^n} = x^{m-n}$;

(3) $(x^m)^n = x^{mn}$; (4) $(x \cdot y)^m = x^m \cdot y^m$.

【例 1-1】 化简下列各式:

(1) $\sqrt[4]{a} \cdot \sqrt{a \cdot \sqrt{a}}$; (2) $\left(\dfrac{3}{4} x^2 \cdot y^{\frac{2}{3}}\right)\left(\dfrac{2}{5} x^{-\frac{1}{2}} \cdot y^{-1}\right)$.

解 (1) 原式 $= a^{\frac{1}{4}} (a \cdot a^{\frac{1}{2}})^{\frac{1}{2}} = a^{\frac{1}{4}} (a^{\frac{3}{2}})^{\frac{1}{2}} = a^{\frac{1}{4}} a^{\frac{3}{4}} = a$;

(2) 原式 $= \left(\dfrac{3}{4} \cdot \dfrac{2}{5}\right)(x^2 \cdot x^{-\frac{1}{2}})(y^{\frac{2}{3}} \cdot y^{-1}) = \dfrac{3}{10} x^{\frac{3}{2}} y^{-\frac{1}{3}}$.

(二) 对数函数

1. 对数函数的图像及性质

指数函数 $y = a^x$ 的反函数称为对数函数,记为 $y = \log_a x$ (a 为常数,且 $a > 0$,$a \neq 1$),其定义域为 $x \in (0, +\infty)$,值域为 $y \in (-\infty, +\infty)$. 函数的图形过点 $(1, 0)$,且以 y 轴为渐近线,如图 1-3 所示.

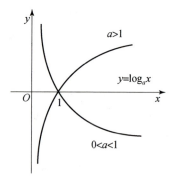

图 1-3

(1) 当 $a>1$ 时，$y=\log_a x$ 单调递增；当 $0<a<1$ 时，$y=\log_a x$ 单调递减.
(2) 以 e 为底的对数函数叫作<u>自然对数函数</u>，记为 $y=\ln x$.
(3) 以 10 为底的对数函数为 $y=\lg x$.

2. 对数函数的运算法则

(1) $\log_a a = 1$； (2) $\log_a 1 = 0$；

(3) $\log_a xy = \log_a x + \log_a y$； (4) $\log_a \dfrac{x}{y} = \log_a x - \log_a y$；

(5) $\log_a x^b = b \cdot \log_a x$； (6) $\log_a y = \dfrac{\log_b y}{\log_b a}$（换底公式）.

【例 1-2】 把下列指数式写成对数式：

(1) $3^4 = 81$； (2) $4^{-2} = \dfrac{1}{16}$； (3) $\left(\dfrac{1}{5}\right)^2 = \dfrac{1}{25}$.

解 (1) $4 = \log_3 81$； (2) $-2 = \log_4 \dfrac{1}{16}$； (3) $2 = \log_{\frac{1}{5}} \dfrac{1}{25}$.

【例 1-3】 求下列各式的值：

(1) $\log_2 (32 \times 4^3)$； (2) $\log_3 \dfrac{1}{3} + \log_3 \dfrac{1}{81}$.

解 (1) 原式 $= \log_2 32 + \log_2 4^3 = \log_2 2^5 + \log_2 2^6$
$= 5\log_2 2 + 6\log_2 2 = 11$；

(2) 原式 $= \log_3 3^{-1} + \log_3 3^{-4} = -\log_3 3 - 4 \cdot \log_3 3 = -1 - 4 = -5$.

◇ **任务解决**

解 设 x 年后的剩余价值为 y 万元，则 $y=50(1-10\%)^x$. 两种计算方法如下.

方法 1 直接计算机器 10 后的剩余价值.
10 年后的剩余价值，即 $x=10$，$y=50(1-10\%)^{10} \approx 17.44$(万元).
因此，西部企业只出 8 万元购买价值 17.44 万元的机器，显然不合理.

方法 2 间接计算机器用多少年后，剩余价值是 8 万元.
$$y=8, \quad 8=50(1-10\%)^x,$$

机器折旧问题讲解

$$0.16 = 0.9^x,$$
$$x = \log_{0.9} 0.16 \approx 17.3 \text{（年）}.$$

因此，大约使用17.3年后，机器的价值才变为8万元，但现在机器只使用了10年，说明西部企业报价不合理.

◇ 能力训练

新轿车的价值为40万元，若每年的折旧率是18%，问使用约多少年后价值变为原来的1/5？

◇ 评估测试

1. 选择题

(1) 关于指数函数 $y = a^x$ 的说法正确的是（　　）.

A. 是偶函数　　B. 是增函数　　C. 是减函数　　D. $y > 0$

(2) 关于对数函数 $y = \log_a x$ 的说法正确的是（　　）.

A. 定义域：$x > 0$　　B. 单调递增　　C. 单调递减　　D. 值域：$y > 0$

2. 将下列根式表示为指数形式：

(1) $\sqrt[5]{x^3}$；　　(2) $\dfrac{\sqrt{x}}{\sqrt{x^3}}$；　　(3) $\sqrt[3]{x}\sqrt[4]{x}$；　　(4) $\sqrt{x\sqrt{x\sqrt{x}}}$.

3. 将下列指数式写成对数式：

(1) $4^5 = 1\,024$；　　(2) $3^{-2} = \dfrac{1}{9}$；　　(3) $(10)^{-2} = 0.01$.

4. 计算下列各式的值：

(1) $\lg 10^6$；　　(2) $\log_2 \dfrac{1}{4} - \log_5 25$.

5. 跳水是一项极具技巧性和观赏性的运动项目，充分体现了人体力与美的结合，运动员在跳板上一跃而起，腾空做出转体、翻腾等动作，让人赏心悦目. 为了加强自身能力，改进跳水动作，教练员往往对运动员跳水的所有因素进行考量，一名身高1.75 m、体重60 kg的跳水运动员从10 m高的跳台上跳水，从起跳到入水是一个复杂的过程.

(1) 该运动员跳水过程中哪些量是不会发生变化的？

(2) 哪些量是随时间不断变化的？

(3) 变化的量之间有怎样的关系？

6. 某工厂计算机的日生产能力为 0~100 台，工厂维持生产的日固定费用为 4 万元，生产一台计算机的直接费用（含材料费和劳务费）是 4 250 元. 试建立该厂日生产计算机的总费用函数，并指出其定义域.

◇ **拓展阅读**

指数函数与人生态度

指数函数 $y = a^x$（a 为常数，且 $a > 0$，$a \neq 1$）从增减性来看，当 $a > 1$ 时，$y = a^x$ 递增，当 $0 < a < 1$ 时，$y = a^x$ 递减. 底数 a 的值比 1 大还是比 1 小，决定了指数函数的增减性.

请用手机计算器验证下面的三个式子：
$$1.01^{365} \approx 37.8$$
$$0.99^{365} \approx 0.025$$

假设底数 a 代表了你的努力程度，第一个式子中底数 a 比 1 大了 0.01，代表每天多努力一点点，经过一年 365 天的指数运算，最终得到了约 37.8 的收获. 第二个式子中底数 a 比 1 小了 0.01，代表每天懈怠一点点，经过一年 365 天的指数运算，最终得到了约 0.025 的收获.

启示：从指数函数的增减性中体会人生态度，保持积极的人生态度，每天多努力一点点，人生的道路会呈现递增趋势，只有在不断的努力下，才能收获成功.

1.2 锥度和锥角的计算——三角函数和反三角函数

◇ **单元目标**

▶ **知识目标**

（1）熟悉基本初等函数的概念；
（2）掌握三角函数和反三角函数图像.

▶ **能力目标**

能够计算锥形零件的锥度和锥角.

▶ **素质目标**

三角函数和反三角函数是"正与反"的关系. 在三角形中，三角函数构建了边与角的关系，反三角函数计算角度. 三角函数与反三角函数互为反函数，它们是三角形中边与角的不同的表达方法，体现了辩证思维：从"正"与"反"的不同角度看问题.

◇ **任务提出**

工厂生产锥形零件时，需要计算其锥度和锥角.

若测得 $D = 20$ cm，$d = 14$ cm，$L = 30$ cm，求该零件的锥度 C 和锥角 α，如图 1-4 所示.

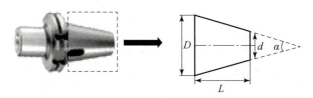

图 1-4

◇知识准备

三角函数与反三角函数知识点讲解

基本初等函数包括六类：常函数、幂函数、指数函数、对数函数、三角函数、反三角函数，它们是构成初等函数的基础．本节介绍三角函数和反三角函数．

一、三角函数

(一) 正弦函数

$y = \sin x$ 的定义域为 $(-\infty, +\infty)$，值域为 $[-1, 1]$，奇函数即 $\sin(-x) = -\sin x$；以 2π 为周期；有界函数，$|\sin x| \leq 1$．

观察图像得：$\sin 0° = 0$，$\sin 90° = 1$，$\sin 180° = 0$，如图 1-5 所示．

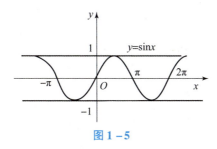

图 1-5

(二) 余弦函数

$y = \cos x$ 的定义域为 $(-\infty, +\infty)$，值域为 $[-1, 1]$，偶函数即 $\cos(-x) = \cos x$；以 2π 为周期；有界函数，$|\cos x| \leq 1$．

观察图像得：$\cos 0° = 1$，$\cos 90° = 0$，$\cos 180° = -1$，如图 1-6 所示．

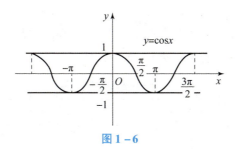

图 1-6

(三) 正切函数

$y=\tan x$ 的定义域为 $x\neq k\pi+\dfrac{\pi}{2}$ ($k\in \mathbf{Z}$), 值域为 $(-\infty,+\infty)$, 奇函数即 $\tan(-x)=-\tan x$; 以 π 为周期; 无界函数.

观察图像得: $\tan 0°=0$, $\tan 90°=$ 不存在, $\tan 180°=0$, 如图 1-7 所示.

(四) 余切函数

$y=\cot x$ 的定义域为 $x\neq k\pi$ ($k\in \mathbf{Z}$), 值域为 $(-\infty,+\infty)$, 奇函数, 即 $\cot(-x)=-\cot x$; 以 π 为周期; 无界函数.

观察图像得: $\cot 0°=$ 不存在, $\cot 90°=0$, $\cot 180°=$ 不存在, 如图 1-8 所示.

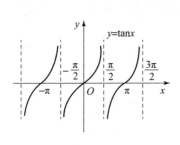

图 1-7

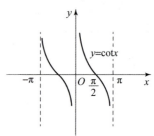

图 1-8

(五) 正割函数

正割函数为 $y=\sec x$.

正割函数与余弦函数的关系如下:

$$\sec x=\dfrac{1}{\cos x}.$$

(六) 余割函数

余割函数为 $y=\csc x$.

余割函数与正弦函数的关系如下:

$$\csc x=\dfrac{1}{\sin x}.$$

注 (1) 三角函数在直角三角形中的体现 (图 1-9):

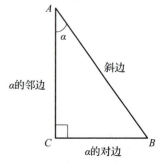

图 1-9

$$\sin\alpha=\dfrac{\text{对边}}{\text{斜边}},\ \cos\alpha=\dfrac{\text{邻边}}{\text{斜边}},\ \tan\alpha=\dfrac{\text{对边}}{\text{邻边}},\ \cot\alpha=\dfrac{\text{邻边}}{\text{对边}}.$$

(2) 特殊角度的三角函数值见表 1-2.

表 1-2 特殊角度的三角函数值

角度制	0°	30°	45°	60°	90°	180°
弧度制	0	$\dfrac{\pi}{6}$	$\dfrac{\pi}{4}$	$\dfrac{\pi}{3}$	$\dfrac{\pi}{2}$	π

续表

角度制	0°	30°	45°	60°	90°	180°
$\sin x$	0	$\dfrac{1}{2}$	$\dfrac{\sqrt{2}}{2}$	$\dfrac{\sqrt{3}}{2}$	1	0
$\cos x$	1	$\dfrac{\sqrt{3}}{2}$	$\dfrac{\sqrt{2}}{2}$	$\dfrac{1}{2}$	0	-1
$\tan x$	0	$\dfrac{\sqrt{3}}{3}$	1	$\sqrt{3}$	不存在	0
$\cot x$	不存在	$\sqrt{3}$	1	$\dfrac{\sqrt{3}}{3}$	0	不存在

（3）常见的三角函数关系如下：

$$\sin^2 x + \cos^2 x = 1, \quad \tan x = \frac{\sin x}{\cos x}, \quad \cot x = \frac{\cos x}{\sin x}, \quad \cot x = \frac{1}{\tan x}.$$

二、反三角函数

（一）反正弦函数

$y = \arcsin x$，其定义域为 $[-1, 1]$，值域为 $|\arcsin x| \leqslant \dfrac{\pi}{2}$. 它是单调递增的（图 1-10），奇函数即 $\arcsin(-x) = -\arcsin x$.

（二）反余弦函数

$y = \arccos x$，其定义域为 $[-1, 1]$，值域为 $0 \leqslant \arccos x \leqslant \pi$. 它是单调递减的（图 1-11），且有 $\arccos(-x) = \pi - \arccos x$ 成立.

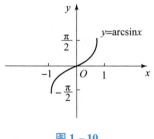

图 1-10

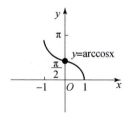

图 1-11

（三）反正切函数

$y = \arctan x$，其定义域为 $(-\infty, +\infty)$，值域为 $|\arctan x| < \dfrac{\pi}{2}$，如图 1-12 所示.

（四）反余切函数

$y = \text{arccot}\, x$，其定义域为 $(-\infty, +\infty)$，值域为 $0 < \text{arccot}\, x < \pi$，如图 1-13 所示.

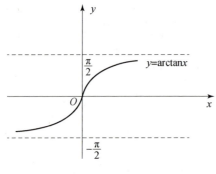
图 1-12

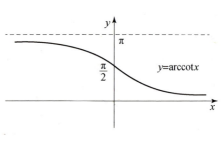
图 1-13

【例 1-4】 哪个角度的正弦值是 $\frac{1}{2}$？用反正弦函数表示该角度.

解 $\sin 30° = \frac{1}{2} \Rightarrow 30° = \arcsin \frac{1}{2}$.

◇ 任务解决

分析：(1) 设圆锥中，锥角为 α，锥度为 C，圆锥的高为 H，则

$$锥度\ C = \frac{D}{H}.$$

锥度和锥角问题讲解

如图 1-14 所示，在直角三角形中，

$$\tan \frac{\alpha}{2} = \frac{D/2}{H} = \frac{C}{2}.$$

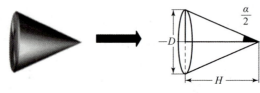

图 1-14

再利用反三角函数求出角度：

$$\frac{\alpha}{2} = \arctan \frac{C}{2}.$$

推出锥角与锥度的关系：$\alpha = 2\arctan \frac{C}{2}$.

(2) 设圆台中，大圆直径为 D，小圆直径为 d，圆台高为 L，则如图 1-15 所示，辅助线形成的内部小圆锥与圆台的锥度相同，为

$$C = \frac{D-d}{L}.$$

解 零件为圆台形状，且 $D = 20$ cm，$d = 14$ cm，$L = 30$ cm，则

$$锥度\ C = \frac{D-d}{L} = 1 : 5.$$

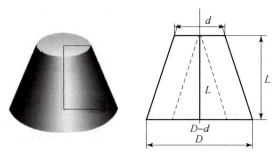

图 1 – 15

锥角 $\alpha = 2\arctan\dfrac{1}{2}C = 11°25'16''$.

注：可借助手机计算器计算角度.

◇ 能力训练

若测得大圆直径 $D = 50$ cm，小圆直径 $d = 30$ cm，圆台的高度 $L = 60$ cm，如图 1 – 16 所示，求该零件的锥度 C 和锥角 α.

图 1 – 16

◇ 评估测试

1. 已知 $\alpha = \arctan\sqrt{3}$，则角度 α 是多少？

2. 下列等式中，成立的是（   ）.

   A. $\sin\left(\dfrac{\pi}{2} - x\right) = \cos\left(\dfrac{\pi}{2} - x\right)$ B. $\sin(2\pi + x) = -\sin x$

   C. $\sin(2\pi + x) = \sin x$ D. $\cos(\pi + x) = \cos x$

3. 生活中的电流有直流电和交流电两大类，已知正弦交流电 $i = \sin(314t + 30°)$ A，问在 $t = 0.1$ s 时，电流的瞬时值为多少 A？

4. 工厂在设计某个零件的时候，零件的一侧投影图是一个三角形，现在知道三角形的三边，需要计算三个角度. 若零件投影图的三边是 3，4，5（图 1 – 17），求三角形的三个角.

5. 求边长为 5，6，7 的三角形的三个角度（图 1 – 18）.

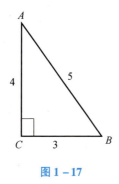
图 1-17

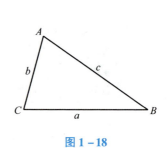
图 1-18

提示：由余弦定理得

$$\cos A = \frac{b^2+c^2-a^2}{2bc},$$
$$\cos B = \frac{a^2+c^2-b^2}{2ac},$$
$$\cos C = \frac{a^2+b^2-c^2}{2ab}.$$

由正弦定理得

$$\frac{a}{\sin A} = \frac{b}{\sin B} = \frac{c}{\sin C}.$$

◇ 拓展阅读

"正与反"——换个角度看问题

图 1-19（a）与图 1-19（b）其实是同一张图片，但正看和反看却有着不同的感受．事物有不同的侧面，任何事情都有正、反两方面，一件事从不同的角度看，会有不同的感受．以积极的心态去对待，多一些宽容，换位思考，也许会有截然不同的效果．

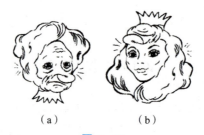

（a） （b）

图 1-19

启示：对于同一事物应该用不同的角度观察．例如，三角函数建立了边和角的关系，反三角函数给出了计算角度的方法，三角函数与反三角函数都在描述三角形边和角的关系，只是描述的角度不同．

1.3 识图——常函数和幂函数

◇ **单元目标**

➤ **知识目标**

（1）理解基本初等函数与初等函数的概念；

（2）掌握幂函数及常函数的图像及性质.

➤ **能力目标**

能建立变量之间的函数关系.

➤ **素质目标**

在数控手工编程中，常常会遇到零件图纸计算的问题，数控零件的轮廓线由不同的几何线组成，在误差允许范围内，通常轮廓线由直线和圆弧组成．将零件的复杂轮廓分解为我们熟悉的直线和圆弧，问题会变得简单．

◇ **任务提出**

工厂准备生产一批零件，需要根据设计图纸计算基点坐标和圆心坐标，并编写程序．

认图，并说明符号含义．

注：在数控编程中，根据图中的标识，需要计算基点坐标和圆心坐标，如图1-20所示．

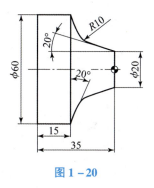

图1-20

◇ **问题分析**

常见的直线方程 $y=kx+b$ 和圆的方程 $x^2+y^2=r^2$ 都是初等函数，它们都是由幂函数和常函数经过四则运算得到的．直线方程 $y=kx+b$ 是显函数，圆的方程 $x^2+y^2=r^2$ 是隐函数．下面介绍函数的定义、表示、性质及六类基本初等函数中的常函数和幂函数．

◇ 知识准备

一、基本初等函数

常函数与幂函数讲解

基本初等函数包括六类：常函数、幂函数、指数函数、对数函数、三角函数、反三角函数，它们是构成初等函数的基础．下面介绍常函数、幂函数．

（一）常函数 $y = c$（c 为常数）

它的图形是一条平行于 x 轴且截距为 c 的直线，其定义域是 $x \in (-\infty, +\infty)$，如图 1 – 21 所示．

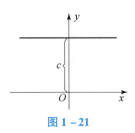

图 1 – 21

（二）幂函数

幂函数 $y = x^a$（a 是任意实数），其定义域要依 a 具体是什么数而定．无论 a 取何值，幂函数的图形都过点 $(1,1)$，常用的幂函数如图 1 – 22 所示．

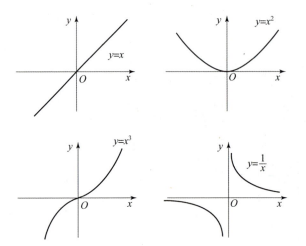
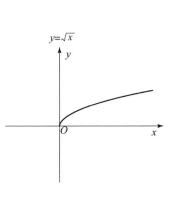

图 1 – 22

幂函数的运算法则如下：

(1) $x^{-m} = \dfrac{1}{x^m}$；　　(2) $x^{\frac{1}{m}} = \sqrt[m]{x}$；　　(3) $x^{\frac{n}{m}} = \sqrt[m]{x^n}$；　　(4) $x^{-\frac{n}{m}} = \dfrac{1}{x^{\frac{n}{m}}} = \dfrac{1}{\sqrt[m]{x^n}}$．

【例 1 – 5】 化简下列各式，写成幂函数的形式．

(1) $\dfrac{1}{x^2}$；　　(2) $\sqrt[3]{x^2}$；　　(3) $\sqrt{x}$；　　(4) $\dfrac{1}{\sqrt[4]{x^3}}$．

解 （1）$\frac{1}{x^2} = x^{-2}$； （2）$\sqrt[3]{x^2} = x^{\frac{2}{3}}$； （3）$\sqrt{x} = x^{\frac{1}{2}}$； （4）$\frac{1}{\sqrt[4]{x^3}} = x^{-\frac{3}{4}}$．

二、复合函数

在实际问题中函数的自变量与因变量通过另外一些变量建立起它们之间的对应关系．

【例 1-6】 质量为 m 的物体自由下落，速度为 v，则功率 E 为

$$\left. \begin{array}{l} E = \frac{1}{2}mv^2 \\ v = gt \end{array} \right\} \Rightarrow E = \frac{1}{2}mg^2t^2．$$

除去该问题的实际意义，得到两个函数 $f(v) = \frac{1}{2}mv^2$，$v(t) = gt$，把 $v(t)$ 代入 $f(v)$ 得

$$f[v(t)] = \frac{1}{2}mg^2t^2$$

这样得到函数的过程称为"函数复合"，所得到的函数称为"复合函数"．

复合函数定义： 设函数 $y = f(u)$ 的定义域为 D_f，而函数 $u = \varphi(x)$ 的值域为 R_φ，若 $D_f \cap R_\varphi \neq \varnothing$，则称函数 $y = f[\varphi(x)]$ 为 x 的**复合函数**．其中，x 称为**自变量**，y 称为**因变量**，u 称为**中间变量**；$y = f(u)$ 为外层函数，$u = \varphi(x)$ 为内层函数，如图 1-23 所示．

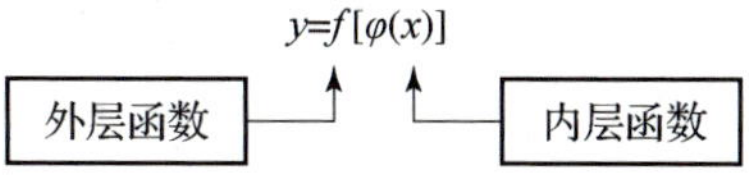

图 1-23

【例 1-7】 $y = f(u) = \sqrt{u}$，$u = g(x) = 1 - x^2$，求 $y = f[g(x)]$．

解 $y = \sqrt{1 - x^2}$．

【例 1-8】 将下列式子进行分解．

（1）$y = \arcsin\sqrt{x}$．

解 外层函数：$y = \arcsin u$，内层函数：$u = \sqrt{x}$．

（2）$y = 2^{\sin x}$．

解 外层函数：$y = 2^u$，内层函数：$u = \sin x$．

（3）$y = \log_a\sqrt{1 - x^2}$．

解 外层函数：$y = \log_a u$，内层函数：$u = \sqrt{1 - x^2}$．显然内层函数还是复合函数，需要继续分解．外层函数：$u = \sqrt{z}$，内层函数：$z = 1 - x^2$．这是两层复合运算，可以分解为三个函数．

三、初等函数

由基本初等函数经过有限次四则运算和有限次函数复合，且用一个式子表示的函数，称为**初等函数**．

例如，函数 $y=\sqrt{1-x^2}$，$y=\cos^2 x$，$y=\sqrt{\sin\dfrac{x}{2}}$ 等都是初等函数，以后遇到的大部分函数都是初等函数.

◇ **任务解决**

零件图纸认识讲解

一、分析

（1）基点定义：构成零件轮廓的不同几何素线的交点或切点称为基点（例如图 1-24 中的蓝点）.

（2）圆心定义：圆弧所在圆的圆心（例如图 1-24 中的黑点）.

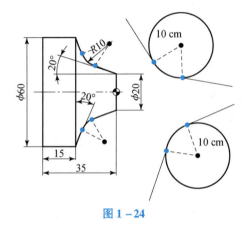

图 1-24

二、识图

零件图中各标注的含义如图 1-25 所示.

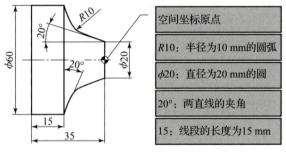

图 1-25

◇ **能力训练**

说出图 1-26 中各标注的含义.

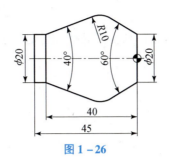

图 1-26

◇ 评估测试

1. 判断下面的函数是否相同,并说明理由.

(1) $y = x$, $y = \sqrt{x^2}$; (2) $y = \lg x^2$, $y = 2\lg x$.

2. 求下列函数的定义域:

(1) $f(x) = \dfrac{3}{5x^2 + 2x}$; (2) $f(x) = \sqrt{x+3} + \ln(x-2)$.

3. 将下列函数转换成幂函数的形式:

(1) $\sqrt[3]{x}$; (2) $\dfrac{1}{\sqrt{x}}$.

◇ 拓展阅读

"分解"是一种智慧

将零件复杂的轮廓分解为我们熟悉的直线和圆弧,这就是分解的智慧.

许多目标虽然乍看起来遥不可及,但是本着从零开始,点点滴滴去实现的决心,可以将目标分解成许多个小目标,则解决小目标要容易得多,这将大大提升我们战胜困难的信心和效率. 现实中的问题常常是错综复杂的,我们很难将问题一下完美解决. 这时,可以尝试将一个大问题分割成不同的小问题,各个击破,这样远比毫无头绪地寻找一个最佳方案实际和有用.

分解自己的期望值,会让你经常看到自己的成功;分解自己对学习的评价方式,会让你心无旁骛;分解自己的烦恼,会让你多一分理性和从容. 智慧分解后,生活会变得简单而且美丽.

启示:遇到难做的事情时,要学会将其分解为自己能够解决的小事情,并且将一件一件的小事情认真完成,就像计算零件的轮廓一样,将其分解为熟悉的直线和圆进行分析.

1.4 用三角计算法求基点和圆心坐标——解三角形

◇ **单元目标**

▶ 知识目标

（1）掌握解直角三角形的方法；
（2）掌握解一般三角形的方法.

▶ 能力目标

能够做辅助线，构造三角形，计算零件轮廓的基点和圆心坐标.

▶ 素质目标

本单元研究三角形求解的方法，三角形具有稳定性，有稳固、坚定、耐压的特点，所以被运用在多个领域. 南宋数学家杨辉在《详解九章算法》中提出三角形的数阵，该数阵又称为"杨辉三角"，了解"杨辉三角"，可增强文化自信.

◇ **任务提出**

工厂准备生产一批零件，需要根据设计图纸（图1-27），手工计算基点和圆心坐标. 请利用三角计算法，计算图纸下半部分的基点和圆心坐标.

注：三角函数计算法简称三角计算法. 在手工编程中，该种方法容易掌握，应用广泛，是数学处理的重要方法之一.

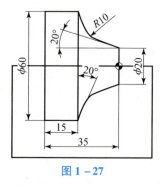

图1-27

解三角形知识点讲解

◇ **知识准备**

一、三角形的分类

三角形按角分类有三种情况：直角三角形、锐角三角形、钝角三角形. 下面将锐角三角形和钝角三角形统称为一般三角形，将三角形分为两大类，即直角三角形和一般三角形.

二、直角三角形的解法

如图 1 – 28 所示，直角三角形通常由两条直角边和一条斜边构成，最明显的特征是有一个直角.

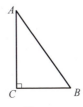

图 1 – 28

请思考：直角三角形中，至少已知哪些条件，可以求出其他的边和角？仔细思考后，可以得出：下面两种情况下，均可以解直角三角形.

情况 1 已知两条边，解直角三角形.

在通常情况下，已知三边的长度才能确定三角形，但在直角三角形中，只要已知两边的长度就可以解直角三角形，这两边可以是两条直角边，也可以是一条直角边和一条斜边.

【例 1 – 9】 如图 1 – 29 所示，已知 Rt△ABC，∠C = 90°，边长 BC = 3，边长 AB = 7，求三角形的其他边和角.

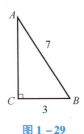

图 1 – 29

解 先求边长，利用勾股定理 $AC^2 + BC^2 = AB^2$，有

$$AC^2 + 3^2 = 7^2,$$

$$AC = \sqrt{7^2 - 3^2} \approx 6.3.$$

再求角度，在直角三角形中，$\sin A = \dfrac{\angle A \text{ 的对边 } BC}{\text{斜边 } AB}$，即 $\sin A = \dfrac{3}{7}$，利用反三角函数求角度，$\angle A = \arcsin \dfrac{3}{7} \approx 25°$（利用手机计算器可以计算反三角函数），∠B = 90° - ∠A = 90° - 25° = 65°.

注：这里已知一条直角边和一条斜边，能够解直角三角形. 如果已知两条直角边，同样也可以解直角三角形，这里不再举例说明.

情况 2 已知一个锐角和任意一条边，解直角三角形.

在通常情况下，已知边角边、角边角或角角边，才能确定一个三角形，但在直角三角形中，只需要已知一个锐角和任意一边就能解出这个三角形.

【例1-10】 如图1-30所示,已知 Rt△ABC,∠C = 90°,∠A = 35°,边长 AC = 10,求三角形的其他边和角.

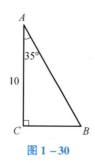

图 1-30

解 先求角度,∠C = 90°,∠A = 35°,直角三角形两锐角互余,有
$$\angle B = 90° - \angle A = 90° - 35° = 55°.$$

再求边长,在直角三角形中,因为 $\tan A = \dfrac{\angle A \text{ 的对边 } BC}{\angle A \text{ 的邻边 } AC}$,即 $\tan 35° = \dfrac{BC}{10}$,所以
$$BC = 10 \cdot \tan 35° \approx 7.$$

因为 $\cos A = \dfrac{\angle A \text{ 的邻边 } AC}{\text{斜边 } AB}$,即 $\cos 35° = \dfrac{10}{AB}$,所以
$$AB = \dfrac{10}{\cos 35°} \approx 12.2.$$

注:这里已知一个锐角和一条直角边,能够解直角三角形. 如果已知一个锐角和斜边,同样也可以解直角三角形,这里不再举例说明.

三、一般三角形的解法

在一般三角形中,至少已知哪些条件,可以求出其他的边和角?显然在下面三种情况下,均可以解出三角形.

情况1 已知两角和一边(注:角角边或角边角).

【例1-11】 如图1-31所示,在△ABC中,∠A = 50°,∠B = 60°,边长 AC = 10,求三角形的其他边和角.

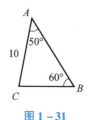

图 1-31

解 先求角度,∠A = 50°,∠B = 60°,三角形的内角和为 180°,故
$$\angle C = 180° - 50° - 60° = 70°.$$

再求边长,根据正弦定理,有
$$\dfrac{a}{\sin A} = \dfrac{b}{\sin B} = \dfrac{c}{\sin C},$$

得到
$$\frac{BC}{\sin 50°} = \frac{10}{\sin 60°} = \frac{AB}{\sin 70°}.$$

根据后两个等式得
$$AB = \frac{10 \times \sin 70°}{\sin 60°} \approx 10.9;$$

根据前两个等式得
$$BC = \frac{10 \times \sin 50°}{\sin 60°} \approx 8.8.$$

注：这里已知角角边，能够解三角形．如果已知角边角，同样也可以解三角形，这里不再举例说明．

情况 2 已知边角边（注：已知边边角不能确定三角形）．

【例 1-12】 如图 1-32 所示，在 △ABC 中，∠A = 45°，边长 AC = 10，边长 AB = 11，求三角形的其他边和角．

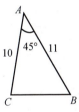

图 1-32

解 先求边长，根据余弦定理，有
$$a^2 = b^2 + c^2 - 2bc \cdot \cos A$$
或
$$\cos A = \frac{b^2 + c^2 - a^2}{2bc}.$$

将 ∠A = 45°，b = 10，c = 11，代入得到
$$\cos 45° = \frac{10^2 + 11^2 - BC^2}{2 \times 10 \times 11},$$

用手机计算器求解得 BC ≈ 8．

再求角度，根据正弦定理，有
$$\frac{a}{\sin A} = \frac{b}{\sin B} = \frac{c}{\sin C},$$

得到
$$\frac{8}{\sin 45°} = \frac{10}{\sin B} = \frac{11}{\sin C}.$$

根据前两个等式得
$$\sin B = \frac{10 \times \sin 45°}{8} \approx 0.88.$$

用反三角函数求角度：

$$\angle B = \arcsin 0.88 \approx 62°.$$

由三角形的内角和为180°，得

$$\angle C = 180° - 45° - 62° = 73°.$$

注：已知边角边，能够解出三角形其他的边和角，但已知边边角则不能完全确定三角形．如图1-33所示，在△ABC与△ADB中，其中AC = AD，有两条边和一个角相等，但是它们并不全等，这意味着已知边边角不能确定三角形，若已知边边角解三角形，情况比较复杂，需要具体情况具体分析．

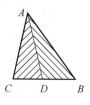

图1-33

情况3　已知边边边（注：已知角角角不能确定三角形）．

【例1-13】 如图1-34所示，在△ABC中，边长AC = 2，AB = 4，BC = 3，求三角形的角．

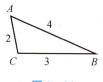

图1-34

解　求角度需要用余弦定理：

$$\cos A = \frac{b^2 + c^2 - a^2}{2bc},$$

$$\cos B = \frac{a^2 + c^2 - b^2}{2ac}.$$

将 $b = 2$，$c = 4$，$a = 3$，代入上式得到

$$\cos A = \frac{2^2 + 4^2 - 3^2}{2 \times 2 \times 4},$$

$$\cos B = \frac{3^2 + 4^2 - 2^2}{2 \times 3 \times 4}.$$

用反三角函数解出角度：

$$\angle A = \arccos \frac{2^2 + 4^2 - 3^2}{2 \times 2 \times 4} \approx 47°,$$

$$\angle B = \arccos \frac{3^2 + 4^2 - 2^2}{2 \times 3 \times 4} \approx 29°.$$

因为三角形内角和为180°，因此∠C = 180° - ∠A - ∠B = 104°．

◇任务解决

解 （1）如图 1-35 所示，建立平面直角坐标系，做辅助线构建三角形，$AC \perp DC$ 于点 C，O 是 $\overset{\frown}{FH}$ 所在圆的圆心，$OF \perp DG$ 于点 F，$OH \perp AB$ 于点 H，$DE \perp EF$ 于点 E，$AJ \perp HJ$ 于点 J，$AP \perp OP$ 于点 P，求基点 F、基点 H、圆心 O 的坐标.

三角计算法求基点和圆心坐标问题讲解

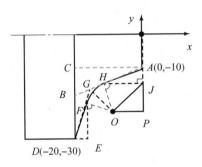

图 1-35

显然，点 A 的坐标为 $(0,-10)$，点 D 的坐标为 $(-20,-30)$. 线段 $AC = 20$，$CD = 20$，$OF = 10$，$OH = 10$，$\angle BDG = 20°$，$\angle CAB = 20°$.

（2）根据点 D 的坐标，计算基点 F 的坐标.

解 ①在 $\triangle ABC$ 中（图 1-36），$AC = 20$，$\angle A = 20°$，可以解出其他边和角.

先求角：$\angle 20° + \angle B = 90°$，得 $\angle B = 70°$；

再求边：$\tan 20° = \dfrac{BC}{20} \Rightarrow BC = 20 \cdot \tan 20° \approx 7.28$.

$\cos 20° = \dfrac{20}{AB} \Rightarrow AB = \dfrac{20}{\cos 20°} \approx 21.28$.

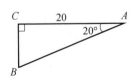

图 1-36

②在 $\triangle BDG$ 中（图 1-37），$\angle BDG = 20°$，$BD = DC - BC = 20 - 7.28 = 12.72$. $\angle DBG = 180° - 70° = 110°$，可以解出其他边和角.

先求角 $\angle 20° + \angle 110° + \angle G = 180°$，得 $\angle G = 50°$；
再求边，由正弦定理，得

$$\dfrac{12.72}{\sin 50°} = \dfrac{BG}{\sin 20°} = \dfrac{DG}{\sin 110°}.$$

所以，$BG = \dfrac{12.72 \times \sin 20°}{\sin 50°} \approx 5.7$，$DG = \dfrac{12.72 \times \sin 110°}{\sin 50°} \approx 15.6$.

图 1-37

③ 在 △OFG 中（图 1-38），$FO=10$，$\angle FGO=\dfrac{1}{2}(180°-50°)=65°$，可以解出其他边和角.

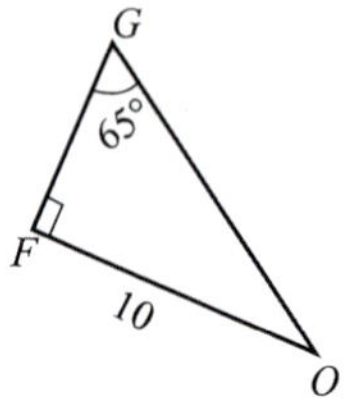

先求角：$\angle 65°+\angle O=90°$，得 $\angle O=25°$；

再求边：$\tan 65°=\dfrac{10}{FG}\Rightarrow FG=\dfrac{10}{\tan 65°}\approx 4.66$，

$\sin 65°=\dfrac{10}{GO}\Rightarrow GO=\dfrac{10}{\sin 65°}\approx 11$.

④ 在 △FDE 中（图 1-39），$\angle FDE=70°$，$FD=DG-FG=15.6-4.66=10.94$，可以解出其他边和角.

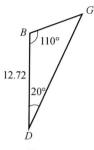

图 1-38

先求角：$\angle F+\angle 70°=90°$，得 $\angle F=20°$；

再求边：$\sin 70°=\dfrac{EF}{10.94}\Rightarrow EF=10.94\times\sin 70°\approx 10.28$，

$\cos 70°=\dfrac{DE}{10.94}\Rightarrow DE=10.94\times\cos 70°\approx 3.74$.

显然，$F(-20+3.74,-30+10.28)=F(-16.26,-19.72)$.

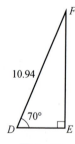

图 1-39

(3) 根据点 A 的坐标，计算基点 H 的坐标，如图 1-40 所示.

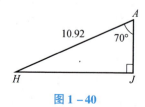

图 1-40

在△AHJ 中，∠HAJ = 70°，AH = AB − BG − GH = 10.9，可以解出其他边和角.

先求角：因为 ∠70° + ∠H = 90°，所以 ∠H = 20°；

再求边：$\cos 70° = \dfrac{AJ}{10.92} \Rightarrow AJ = 10.92 \times \cos 70° \approx 3.73$，

$\sin 70° = \dfrac{HJ}{10.92} \Rightarrow HJ = 10.92 \times \sin 70° \approx 10.26$.

显然，$H(0 - 10.26, -10 - 3.73) = H(-10.26, -13.73)$.

(4) 根据点 A 的坐标，计算圆心 O 的坐标，如图 1 − 41 所示.

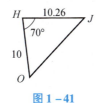

图 1 − 41

①在△OHJ 中，$HJ = 10.26$，$OH = 10$，$\angle OHJ = 90° - 20° = 70°$，可以解出其他边和角.

先求边：由余弦定理，有

$$\cos 70° = \dfrac{10^2 + 10.26^2 - OJ^2}{2 \times 10 \times 10.26},$$

解得 $OJ \approx 11.62$.

再求角：由正弦定理，有

$$\dfrac{10.26}{\sin O} = \dfrac{11.62}{\sin 70°} = \dfrac{10}{\sin J},$$

所以 $\sin O = \dfrac{10.26 \times \sin 70°}{11.62} \approx 0.83$，$\angle O = \arcsin 0.83 \approx 56°$.

所以 $\angle J = 180° - 56° - 70° = 54°$.

②在△OJP 中（图 1 − 42），$OJ = 11.62$，$\angle OJP = 90° - \angle HJO = 90° - 54° = 36°$，可以解出其他边和角.

先求角：$\angle O = 90° - 36° = 54°$；

再求边：$\sin 36° = \dfrac{OP}{11.62} \Rightarrow OP = 11.62 \times \sin 36° \approx 6.83$，

$\cos 36° = \dfrac{JP}{11.62} \Rightarrow JP = 11.62 \times \cos 36° \approx 9.4$.

显然，$O(0 - 6.83, -10 - 3.73 - 9.4) = O(-6.83, -23.13)$.

图 1 − 42

◇ **能力训练**

对于同样的零件,计算上半部分的基点坐标和圆心坐标,如图 1-43 所示.

提示:可以根据零件的对称性计算.

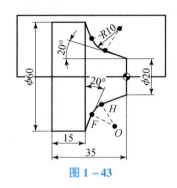

图 1-43

◇ **评估与测试**

1. 在 Rt△ABC 中,已知两条直角边分别为 1 和 2,求斜边和两锐角.

2. 在 Rt△ABC 中,已知一条直角边为 3,它所对的锐角为 30°,求其他边和另一个锐角.

3. 在△ABC 中,已知 $a=4$,$b=6$,$\angle C=60°$,求三角形的其他边和角,并求其面积.

4. 在△ABC 中,$c=10$,$\angle C=30°$,$\angle A=45°$,求三角形的其他边和角.

5. 在△ABC 中,三条边分别为 7,8,9,求三角形的角.

◇ **拓展阅读**

杨辉三角

《九章算术》是中国现存最早的数学专著,共收集了 246 个应用问题,连同问题的解法,分为九大类,每类算一章,故称"九章算术".它对周、秦以至汉代的数学发展给以完整、系统的总结,是我国古代最重要的一本数学典籍.

中国南宋数学家杨辉在 1261 年所著的《详解九章算法》一书中提出杨辉三角,它是中国古代数学的杰出研究成果之一.在欧洲,帕斯卡(1623—1662 年)在 1654 年发现这一规律,所以这个数阵又叫作帕斯卡三角形.帕斯卡的发现比杨辉要迟 393 年,比贾宪迟 600 年.

(1)杨辉三角如图 1-44 所示.

(2)杨辉三角的内在规律:中间的数字等于上一行最近的两个数字之和,如图 1-45 所示.

(3)杨辉三角与二项式系数的关系:杨辉三角的每一行都是二次项展开的系数,如图 1-46 所示.

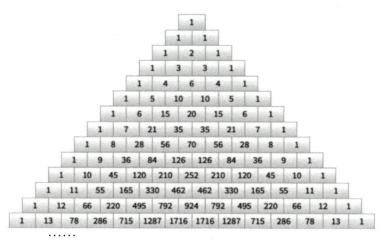

图 1-44

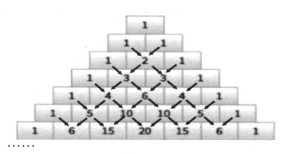

图 1-45

$(a+b)^0=1$ ……………………………… 1
$(a+b)^1=a+b$ ……………………………… 1 1
$(a+b)^2=a^2+2ab+b^2$ ……………………………… 1 2 1
$(a+b)^3=a^3+3a^2b+3ab^2+b^3$ ……………………………… 1 3 3 1
$(a+b)^4=a^4+4a^3b+6a^2b^2+4ab^3+b^4$ ……………………………… 1 4 6 4 1
$(a+b)^5=a^5+5a^4b+10a^3b^2+10a^2b^3+5ab^4+b^5$ ……………………………… 1 5 10 10 5 1
$(a+b)^6=a^6+6a^5b+15a^4b^2+20a^3b^3+15a^2b^4+6ab^5+b^6$ ……………………………… 1 6 15 20 25 6 1
……

图 1-46

（4）杨辉三角与 2 的幂的关系：第 i 行的数字和是 2^{i-1} 的值，如图 1-47 所示.

$1=2^0$
$1+1=2^1$
$1+2+1=2^2$
$1+3+3+1=2^3$
$1+4+6+4+1=2^4$
$1+5+10+10+5+1=2^5$
$1+6+15+20+15+6+1=2^6$
……

图 1-47

启示：我国古代数学家杨辉、贾宪的发现比欧洲的帕斯卡早几百年，要增强文化自信；同学们要有善于发现的眼睛，你从杨辉三角中还能发现什么规律呢？

1.5 用平面解析几何法求基点和圆心坐标——直线与圆

◇ **单元目标**

▶ **知识目标**

(1) 掌握直线的表达式;

(2) 掌握圆的表达式;

(3) 掌握直线和圆交点的求法.

▶ **能力目标**

能够利用平面解析几何法求零件的基点和圆心坐标.

▶ **素质目标**

直线和圆是生活中常见的形状,在数控编程中,零件的轮廓线常被近似为这两种元素,这种思想是将复杂的问题分解,化繁为简,值得我们学习和借鉴.

◇ **任务提出**

工厂准备生产一批零件,需要根据设计图纸(图1-48),计算基点和圆心坐标,利用平面解析几何法计算下半部分的基点和圆心坐标.

注:平面解析几何法是建立平面直角坐标系,求直线和圆的方程,并求解直线和圆交点的方法.

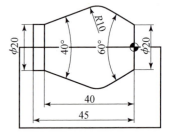

图1-48

◇ **任务分析**

前面介绍了如何用三角计算法求基点和圆心坐标,它需要在零件图纸的原点坐标上建立直角坐标系,而平面解析几何法在方便计算的情况下,可以灵活地建立新的坐标系. 比起三角计算法,平面解析几何法无须构造复杂的三角形,即可求出基点和圆心坐标. 三角计算法与平面解析几何法优、缺点对比见表1-3.

表1-3 三角计算法与平面解析几何法优、缺点对比

对比	三角计算法	平面解析几何法
优点	直观、容易掌握	简单、误差小、更精准
缺点	需添加辅助线,计算若干三角形	需建立新的直角坐标系

建立直角坐标系后,需要计算直线和圆的方程,再计算直线和圆的交点,即基点坐标. 当然,根据题目要求,三角计算法和平面解析几何法可以同时使用.

◇ 知识准备

一、直线方程

直线和圆的
知识点讲解

平面直角坐标系下,直线有很多种常见的方程,需要根据具体的已知条件来计算.

情况 1 直线的一般式方程:
$$Ax + By + C = 0.$$

注:(1) A、B、C 为实数,A 和 B 不同时为 0.

(2) 若 $A = 0$,$B \neq 0$,方程可化简变为 $y = y_0$,此时,直线平行于 x 轴.

(3) 若 $B = 0$,$A \neq 0$,方程可化简变为 $x = x_0$,此时,直线平行于 y 轴.

【例 1-14】 直线的一般式方程为
$$2x - 3y + 1 = 0.$$

此时,$A = 2$,$B = -3$,$C = 1$,这是平面直线最普通的形式.

情况 2 直线的斜截式方程:
$$y = kx + b.$$

注:斜率代表直线的倾斜度,斜率 $k = \tan\theta$,θ 是直线与 x 正半轴的夹角,b 为直线在 y 轴上的截距.

(1) 若 $k > 0$,则 $0° < \theta < 90°$,直线与 x 正半轴的夹角是锐角.

(2) 若 $k = 0$,则 $0° < \theta < 90°$,直线与 x 轴平行.

(3) 若 $k < 0$,则 $90° < \theta < 180°$,直线与 x 正半轴的夹角是钝角,与 x 负半轴的夹角是锐角.

【例 1-15】 直线的斜截式方程为
$$y = x - 1.$$

分析:斜率 $k = \tan\theta = 1$,$\theta = \arctan 1 = 45°$,即直线与 x 正半轴的夹角为 $45°$,直线在 y 轴上的截距为 -1,即直线与 y 轴交于点 $(0, -1)$ 处,如图 1-49 所示.

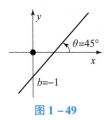

图 1-49

情况 3 直线的点斜式方程:
$$y - y_0 = k(x - x_0).$$

注:直线的斜率为 k,过点 (x_0, y_0).

【例 1-16】 直线过点 $(1, 2)$,且斜率为 3,求直线方程.

解 直线的点斜式方程为
$$y - 2 = 3(x - 1),$$

即 $y = 3x - 1$,如图 1-50 所示.

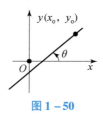

图 1-50

情况 4 直线的两点式方程：

$$\frac{y-y_1}{x-x_1}=\frac{y_2-y_1}{x_2-x_1}.$$

注：直线过(x_1,y_1)和(x_2,y_2)两点，同时$\frac{y_2-y_1}{x_2-x_1}$是斜率的值.

【例 1-17】 直线过点$(1,2)$和点$(3,4)$，求直线方程.

解 直线的两点式方程为

$$\frac{y-2}{x-1}=\frac{4-2}{3-1},$$

即$y=x+1$，如图 1-51 所示.

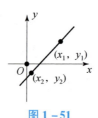

图 1-51

情况 5 直线的截距式方程：

$$\frac{x}{a}+\frac{y}{b}=1.$$

注：直线在x轴上的截距为a，在y轴上的截距为b.

【例 1-18】 直线与x轴交于点$(1,0)$，与y轴交于点$(0,-2)$，求直线方程.

解 直线的截距式方程为

$$\frac{x}{1}+\frac{y}{-2}=1,$$

即$y=2x-2$，如图 1-52 所示.

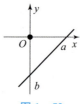

图 1-52

情况 6 直线的法线式方程：

$$x\cos\alpha+y\sin\alpha-p=0.$$

注：由原点向直线作垂线，垂线段长度是 p，α 是垂线段与 x 正半轴的夹角.

【例 1 – 19】 过原点向直线作垂线，垂线段长度为 2，倾斜角为 315°，求直线方程.

解 直线的法线式方程为
$$x\cos315° + y\sin315° - 2 = 0.$$
经过手机计算器化简得 $y = x - 2.8$，如图 1 – 53 所示.

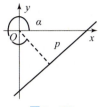

图 1 – 53

情况 7　直线的平移式方程：

若原来的直线为 $y = kx + b$，将该直线垂直平移 d 个单位得（图 1 – 54）：

垂直向上平移 d 个单位为 $y = kx + b + d\sqrt{1+k^2}$；

垂直向下平移 d 个单位为 $y = kx + b - d\sqrt{1+k^2}$.

注：d 是两条平行直线的垂直距离.

【例 1 – 20】 已知直线 $y = x - 1$，求：

（1）直线垂直向上平移 1.5 个单位的方程；

（2）直线垂直向下平移 1.5 个单位的方程.

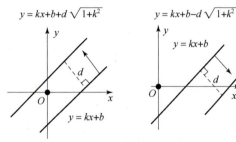

图 1 – 54

解 直线的平移式方程如下：

（1）向上平移 1.5 个单位的直线方程为
$$y = x - 1 + 1.5\sqrt{1^2 + 1^2} \Rightarrow y = x + 1.12;$$

（2）向下平移 1.5 个单位的直线方程为
$$y = x - 1 - 1.5\sqrt{1^2 + 1^2} \Rightarrow y = x - 3.12.$$

上面总结了直线方程的 7 种表达式：一般式、斜截式、点斜式、两点式、截距式、法线式、平移式. 其中最常用到的是斜截式方程：
$$y = kx + b.$$
具体问题具体分析，根据题目给出的条件，选择用适合的方法，写出直线方程的表达式.

二、圆的方程

在平面直角坐标系中,圆的方程也有多种表达式,下面介绍 4 种常见的圆的方程表达式.

情况 1 以原点为圆心,半径为 R 的圆:
$$x^2 + y^2 = R^2.$$
注：这是最简单的圆.

【**例 1-21**】 方程 $x^2 + y^2 = 4$ 表示圆心为 $(0,0)$、半径为 2 的圆,如图 1-55 所示.

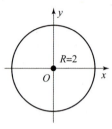

图 1-55

情况 2 以 (a,b) 为圆心,半径为 R 的圆:
$$(x-a)^2 + (y-b)^2 = R^2.$$
注：情况 2 即将情况 1 的圆水平方向平移 a 个单位,垂直方向平移 b 个单位.

【**例 1-22**】 方程 $(x-1)^2 + (y-1.5)^2 = 9$ 表圆心为 $(1,1.5)$、半径为 3 的圆,如图 1-56 所示.

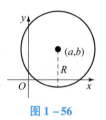

图 1-56

情况 3 圆的一般式方程:
$$x^2 + y^2 + Dx + Ey + F = 0,$$
变换得
$$\left(x + \frac{D}{2}\right)^2 + \left(y + \frac{E}{2}\right)^2 = \frac{D^2 + E^2 - 4F}{4}.$$

注：圆心为 $\left(-\dfrac{D}{2}, -\dfrac{E}{2}\right)$,半径为 $\dfrac{\sqrt{D^2 + E^2 - 4F}}{2}$.

【**例 1-23**】 已知圆的方程 $x^2 + y^2 + 2x + 4y + 1 = 0$,求圆心和圆的半径.

解 $D = 2$, $E = 4$, $F = 1$,则圆心为 $\left(-\dfrac{D}{2}, -\dfrac{E}{2}\right) = (-1, -2)$,半径为 $\dfrac{\sqrt{D^2 + E^2 - 4F}}{2} = 2$,如图 1-57 所示.

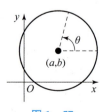

图 1-57

情况 4 圆的参数方程：

$$\begin{cases} x = a + r\cos\theta \\ y = b + r\sin\theta \end{cases} (\theta 是参数).$$

注：（1）圆心为(a,b)，半径为r，角θ的始边是圆的三点钟方向的半径，逆时针旋转一周可以得到圆．

（2）圆的参数方程形式不唯一，例如：

$$\begin{cases} x = a - r\sin\theta \\ y = b + r\cos\theta \end{cases} (\theta 是参数)$$

也表示圆心为(a,b)，半径为r的圆，但角θ的含义变了，即角θ的始边及旋转方向发生了改变，用特殊值法可以确定角θ的始边及旋转方向．

当$\theta = 0°$时，得到点$(a, b+r)$在角θ的始边上，始边是圆的十二点钟方向的半径；当$\theta = 90°$时，得到点$(a-r, b)$，结合角θ的始边所在位置，可以判断角θ逆时针旋转．同理，利用特殊值法可以判断其他形式参数方程中θ的含义．

【例 1-24】 已知圆的方程$\begin{cases} x = 3 + 3\cos\theta \\ y = 2 + 3\sin\theta \end{cases}$（$\theta$是参数），求圆心和圆的半径．

解 显然，半径$r = 3$，圆心为点$(3,2)$，如图 1-58 所示．

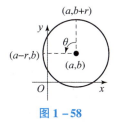

图 1-58

四种常见的圆的方程需要根据条件灵活使用．

三、直线和圆的交点

计算基点坐标时，需要求直线和圆的交点，即将直线方程代入圆的方程，求解一元二次方程的解，有下面三种情况（图 1-59）：

情况 1　方程有两个不等实根，表示直线和圆有两个交点，即直线和圆相割；

情况 2　方程有两个相等实根，表示直线和圆有一个交点，即直线和圆相切；

情况 3　方程无实根，表示直线和圆没有交点，即直线和圆相离．

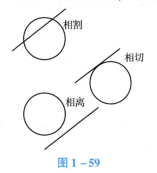

图 1-59

【例1-25】 求直线 $y=2x+4$ 与圆 $(x-1)^2+(y-2)^2=9$ 的交点.

解 将直线方程 $y=2x+4$ 代入圆的方程 $(x-1)^2+(y-2)^2=9$ 得
$$5x^2+6x-4=0.$$
由于 $a=5$，$b=6$，$c=-4$，根据求根公式
$$x=\frac{-b\pm\sqrt{b^2-4ac}}{2a}$$
解得 $x_1\approx 0.477$，$x_2\approx -1.677$，代入直线方程得 $y_1=4.954$，$y_2=0.646$，因此，直线和圆的交点为 $(0.477,4.954)$，$(-1.677,0.646)$.

注：(1) 直线和圆相切的情况实际比较难确定，因为直线方程和圆的方程是根据前面的条件计算出来的，方程中的系数是近似值，因此，解一元二次方程时可能有两个很接近的实根，也可能无解. 因此，计算直线和圆相切的情况时，用三角计算法求解更为准确.

(2) 可以用点 (x_0,y_0) 到直线 $Ax+By+C=0$ 的距离公式
$$d=\frac{|Ax_0+By_0+C|}{\sqrt{A^2+B^2}}$$
辅助判断直线和圆的关系.

◇ **任务解决**

如图1-60所示，建立直角坐标系，点 D 是 $\overset{\frown}{BC}$ 所在圆的圆心，过点 D 作平行于 OC 的直线 L_1，过点 D 作平行于 AB 的直线 L_2，过点 D 作水平线 EF，$CE\perp EF$ 于点 E，$BF\perp EF$ 于点 F.

平面解析几何法求基点和圆心坐标问题讲解

求圆心 D、基点 B、基点 C 的坐标.

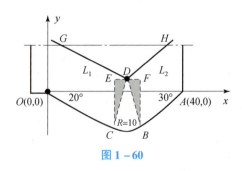

图1-60

根据图纸容易得出：点 O 的坐标为 $(0,0)$，点 A 的坐标为 $(40,0)$，因为 $\overset{\frown}{BC}$ 的半径为10，所以线段 $DC=10$，$DB=10$，观察图纸得 $\angle OAB=30°$，因为两平行线的内错角相等，所以 $\angle EDG=20°$，$\angle FDH=30°$.

1. 求解圆点 D 的坐标

(1) $OC//L_1$，根据直线 OC 的方程，求直线 L_1 的方程，如图1-61所示.

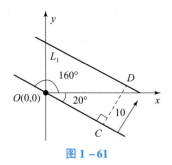

图 1-61

先求直线 OC 的斜率：
$$k = \tan 160° \approx -0.36,$$
再用直线的点斜式方程
$$y - y_0 = k(x - x_0),$$
将 $k = -0.36$，(x_0, y_0) 即 $(0,0)$ 代入得
$$y = -0.36x.$$
最后，用直线向上的平移式方程
$$y = kx + b + d\sqrt{1+k^2},$$
将 $k = -0.36$，$b = 0$，$d = 10$ 代入，计算得直线 L_1 的方程：
$$y = -0.36x + 10\sqrt{1^2 + 0.36^2}.$$
化简得 L_1 的方程：
$$y = -0.36x + 10.63.$$

（2）$AB // L_2$，根据直线 AB 的方程，求直线 L_2 的方程，如图 1-62 所示.

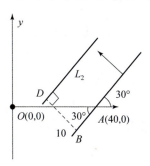

图 1-62

先求直线 AB 的斜率：
$$k = \tan 30° = 0.58,$$
再求直线 AB 的点斜式方程：
$$y = 0.58(x - 40),$$
化简得
$$y = 0.58x - 23.2.$$
最后，用直线向上的平移式方程，将 $k = 0.58$，$b = -23.2$，$d = 10$ 代入，计算直线 L_2 的方程：

$$y = 0.58x - 23.2 + 10\sqrt{1^2 + 0.58^2},$$

化简得 L_2 的方程:

$$y = 0.58x - 11.63.$$

(3) 直线 L_1 与直线 L_2 的交点是圆心 D 的坐标, 如图 1-63 所示.

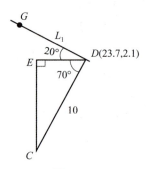

图 1-63

$$\begin{cases} y = -0.36x + 10.63 \\ y = 0.58x - 11.63 \end{cases}$$

解得 $x = 23.7$, $y = 2.1$, 因此, 圆心 D 的坐标为 $(23.7, 2.1)$.

2. 根据点 D 的坐标, 求基点 C 的坐标

点 D 的坐标为 $(23.7, 2.1)$, $\angle EDC = 70°$, $CD = 10$, 可以求出 $\triangle CDE$ 的两条直角边.

在 Rt$\triangle CDE$ 中,

$$\sin 70° = \frac{EC}{10} \Rightarrow CE = 10\sin 70° \approx 9.4,$$

$$\cos 70° = \frac{DE}{10} \Rightarrow DE = 10\cos 70° \approx 3.42,$$

显然, $C(23.7 - 3.42, 2.1 - 9.4) = C(20.28, -7.3)$.

3. 根据点 D 的坐标, 求解基点 B 的坐标

已知点 D 的坐标为 $(23.7, 2.1)$, $\angle FDB = 60°$, $DB = 10$, 可以求出 $\triangle DFB$ 的两直角边, 如图 1-64 所示.

在 Rt$\triangle DFB$ 中,

$$\sin 60° = \frac{BF}{10} \Rightarrow BF = 10\sin D = 10\sin 60° \approx 8.66,$$

$$\cos 60° = \frac{DF}{10} \Rightarrow DF = 10\cos D = 10\cos 60° \approx 5,$$

显然, $B(23.7 + 5, 2.1 - 8.66) = B(28.7, -6.56)$.

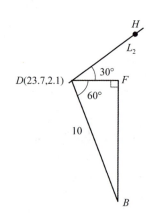

图 1-64

◇ 能力训练

利用平面解析几何法，计算上半部分的基点坐标和圆心坐标，如图 1-65 所示.
提示：可以用零件的对称性求解.

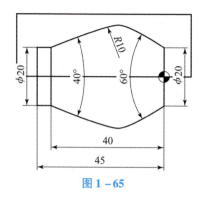

图 1-65

◇ 评估与测试

1. 求直线 l：$2x - 3y + 6 = 0$ 的斜率及其在 y 轴上的截距.
2. 写出过点 $(3,2)$、斜率为 2 的直线方程.
3. 直线 l 经过点 $(1,2)$，且它的斜率等于过 $B(1,4)$ 和 $C(3,2)$ 两点的直线的斜率，求直线 l 的方程.
4. 求直线 $y = 2x - 6$，延垂直于直线方向向下平移 10 个单位的新直线的方程.
5. 已知圆的方程 $x^2 + y^2 + 2x - 6y + 6 = 0$，求圆心坐标和半径.
6. 判断以下圆与直线的位置关系，如果相交，求交点坐标：
（1）圆 $(x-1)^2 + (y+2)^2 = 6$，直线 $2x + y - 5 = 0$；
（2）圆 $x^2 + y^2 - 4x + 3 = 0$，直线 $2x - y + 5 = 0$.

◇ 拓展阅读

解读闰年

地球绕太阳运行的周期为 365 天 5 小时 48 分 46 秒（合 365.242 19 天），即一回归年（tropical year）. 公历的平年只有 365 天，比回归年短约 0.242 2 天，所余下的时间约为每 4 年累积 1 天，故在第四年的 2 月末加 1 天，使当年的时间长度变为 366 天，这一年就是闰年. 现行公历中每 400 年有 97 个闰年. 按照每 4 年 1 个闰年计算，平均每年就要多算出 0.007 8 天，这样，每 128 年就会多算出 1 天，经过 400 年就会多算出 3 天多. 因此，每 400 年中要减少 3 个闰年. 公历规定：年份是整百数时，必须是 400 的倍数才是闰年；不是 400 的倍数的世纪年，即使是 4 的倍数也不是闰年. 例如，1900 是 4 的倍数，但不是 400 的倍数，所以 1900 年不是闰年而是平年.

启示： 年的周期处理采用化繁为简的思维，将一年近似为 365 天，再通过每 4 年增加 1 天即闰年的方法补偿，但又补得多了点，再规定年份是整百数时，必须是 400 的倍数才是闰年，再去掉多补的 3 天多．处理问题时抓住事物的决定性因素，将复杂问题近似处理为关键性简单问题，这就像处理零件轮廓线一样，将复杂的轮廓处理为简单的直线和圆的组合．

模块二　极限与复数

"极限理论"是为了进一步完善微积分理论而诞生的,是数学家们为了化解第二次数学危机而做的一种解释. 极限理论如今是数学中最重要的基础理论,是初等数学与高等数学的分界线. 它在高等数学中举足轻重,是微积分的"亲密伴侣".

"复数""虚数"这两个名词,都是人们在解方程时引入的. 1545 年,卡丹诺(Cardano,意大利数学家,1501—1576 年) 在《大术》一书中,首先研究了虚数并进行了一些计算,他是第一个把负数的平方根写到公式中的数学家. 为了解决类似方程 $x^2+1=0$ 的解的问题,必须对数的范围进行扩充,于是需要引进一个新的概念——复数,后来人们发现复数与平面向量有许多相似之处,从而使复数在数学、力学、电工学等其他学科以及工程技术中得到了广泛的应用.

2.1　节点和误差——极限的概念

◇ 单元目标

▶ 知识目标

(1) 理解数列极限的概念;
(2) 理解函数极限的概念.

▶ 能力目标

(1) 能够计算圆的内接正多边形的周长;
(2) 在圆的正多边形周长逼近圆的周长的过程中,理解"无限地接近"的含义,并用极限式子表达圆的周长.

▶ 素质目标

能够利用极限的定义预测事物发展的趋势;培养爱国情怀和学习数学家追求真理的探索精神.

◇ 任务提出

数控编程中的数学处理是将组成零件的轮廓曲线按数控系统插补功能要求,在满足允许的编程误差的条件下进行分割,即用若干直线段或圆弧来逼近给定的曲线. 逼近线段的交点或切点称为节点,常用直线逼近法和圆弧逼近法来计算节点. 这样的思想其实早在我国古代就出现了,魏晋时期的数学家刘徽提出的"割圆术",就是用圆的内接或外切正多边形的周长和面积来无限逼近圆的周长和面积.

问题：已知半径为1的圆（图2-1），用圆的内接正多边形的周长逼近圆的周长. 将圆分为 n 等份，依次连接各分点而得到圆的内接正 n 边形.

(1) 计算正六边形、正八边形、正十二边形的周长.

(2) 观察正多边形的周长是否存在规律，列出正多边形周长数列.

(3) 正多边形的周长数列与圆的周长的关系是什么？

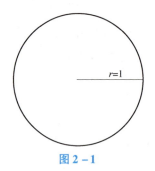

图 2-1

◇ **任务分析**

用"割圆术"求圆的周长的思路如图2-2所示，先作圆的内接正六边形，其周长记为 l_6，再作圆的内接正八边形，其周长记为 l_8，再作圆的内接正十二边形，其周长记为 l_{12}，依此进行下去，把圆的内接正多边形的周长记为 l_n，这样就得到一个数列 $\{l_n\}$.

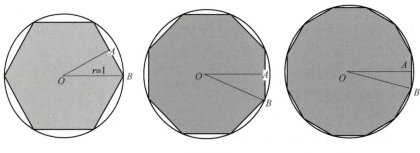

图 2-2

不难看出，随着圆的内接正多边形的边数不断增加，圆的内接正多边形的周长与圆的周长越来越接近，当圆的内接正多边形的边数无限增大时，圆的内接正多边形的周长无限地接近圆的周长. 这体现了"极限"的思想.

◇ **知识准备**

数列极限概念
知识点讲解

一、数列的极限

（一）数列

定义 2-1 按一定次序排列的无穷多个数 $x_1, x_2, \cdots, x_n, \cdots$ 称为无穷数列，简称数列，可简记为 $\{x_n\}$. 其中，x_n 称为通项或一般项，n 称为项数.

（二）数列的极限

定义 2-2 对于数列 $\{x_n\}$，当项数 n 无限增大时，如果 x_n 无限地趋近一个常数 A，那么称当 n 趋于无穷大时，常数 A 为**数列 $\{x_n\}$ 的极限**，记作

$$\lim_{n\to\infty} x_n = A \text{ 或 } x_n \to A(n\to\infty),$$

也称**数列收敛于 A**；如果数列 $\{x_n\}$ 没有极限，就称数列 $\{x_n\}$ 是**发散的**.

定理 2-1（极限的唯一性）数列不能收敛于两个不同的极限值.

定理 2-2（收敛数列的有界性）若数列收敛，则数列有界.

定理 2-3（单调有界定理）单调有界数列必有极限.

注：(1) 数列可看作数轴上的一个动点，它在数轴上依次取值 $x_1, x_2, \cdots, x_n, \cdots$.

(2) 数列可看作自变量为正整数 n 的函数：$x_n = f(n)$. 其定义域是全体正整数，当自变量 n 依次取 $1, 2, 3, \cdots$ 时，对应的函数值就排成数列 $\{x_n\}$.

(3) 如果数列 $\{x_n\}$ 对于每一个正整数 n，都有 $x_{n+1} > x_n$，那么称数列 $\{x_n\}$ 为**单调递增数列**. 类似地，如果数列 $\{x_n\}$ 对于每一个正整数 n，都有 $x_{n+1} < x_n$，那么称数列 $\{x_n\}$ 为**单调递减数列**.

(4) 如果对于数列 $\{x_n\}$，存在一个正的常数 M，使得对于每一项 x_n 都有 $|x_n| \leq M$，那么称数列 $\{x_n\}$ **有界**. 否则，称数列 $\{x_n\}$ **无界**.

【例 2-1】 用极限表示下列数列并判断它们的极限值：

(1) $\dfrac{1}{2}, \dfrac{1}{4}, \dfrac{1}{8}, \cdots, \dfrac{1}{2^n}, \cdots$；

(2) $2, \dfrac{3}{2}, \dfrac{4}{3}, \cdots, \dfrac{n+1}{n}, \cdots$；

(3) $2, 2, 2, \cdots, 2, \cdots$；

(4) $2, 4, 8, \cdots, 2^n, \cdots$；

(5) $1, -1, 1, -1, \cdots, (-1)^{n+1}, \cdots$.

解 (1) $\lim\limits_{n\to\infty} \dfrac{1}{2^n} = 0$；

(2) $\lim\limits_{n\to\infty} \dfrac{n+1}{n} = 1$；

(3) $\lim\limits_{n\to\infty} 2 = 2$；

(4) $\lim\limits_{n\to\infty} 2^n = +\infty$；

(5) $\lim\limits_{n\to\infty} (-1)^{n+1}$ 不存在.

二、函数的极限

（一）自变量趋于无穷大 ($x\to\infty$) 时函数的极限

函数极限概念的知识点讲解

如果 $x > 0$ 且无限增大时，函数 $f(x)$ 趋于一个确定的常数 A，则称 $x\to+\infty$ 时函数 $f(x)$ 以 A 为极限，记作

$$\lim_{x\to+\infty} f(x) = A \text{ 或 } f(x) \to A(x\to+\infty).$$

如果 $x < 0$ 且 x 的绝对值无限增大时，函数 $f(x)$ 趋于一个确定的常数 A，则称 $x\to-\infty$ 时函数 $f(x)$ 以 A 为极限，记作

$$\lim_{x\to-\infty} f(x) = A \text{ 或 } f(x) \to A(x\to-\infty).$$

如果 x 的绝对值无限增大时，函数 $f(x)$ 趋于一个确定的常数 A，则称 $x\to\infty$ 时函数 $f(x)$ 以 A 为极限，记作

$$\lim_{x\to\infty}f(x)=A \text{ 或 } f(x)\to A(x\to\infty),$$

即 $\lim\limits_{x\to\infty}f(x)=A \Leftrightarrow \lim\limits_{x\to+\infty}f(x)=A$ 且 $\lim\limits_{x\to-\infty}f(x)=A$.

【例 2-2】 分析以下基本初等函数当 $x\to+\infty$, $x\to-\infty$, $x\to\infty$ 时的变化趋势，求出它们的极限.

(1) $y=\dfrac{1}{x}$; （2） $y=e^x$; （3） $y=\arctan x$.

解 （1）由 $y=\dfrac{1}{x}$ 的图像（图 2-3）可知，$\lim\limits_{x\to+\infty}\dfrac{1}{x}=0$, $\lim\limits_{x\to-\infty}\dfrac{1}{x}=0$.

因为 $\lim\limits_{x\to+\infty}\dfrac{1}{x}=\lim\limits_{x\to-\infty}\dfrac{1}{x}=0$，所以 $\lim\limits_{x\to\infty}\dfrac{1}{x}=0$.

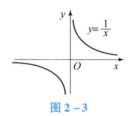

图 2-3

（2）由 $y=e^x$ 的图像（图 2-4）可知，$\lim\limits_{x\to+\infty}e^x=+\infty$, $\lim\limits_{x\to-\infty}e^x=0$.

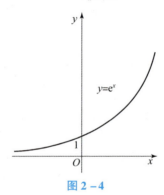

图 2-4

因为 $\lim\limits_{x\to+\infty}e^x$ 不存在，所以 $\lim\limits_{x\to\infty}e^x$ 不存在.

（3）由 $y=\arctan x$ 的图像（图 2-5）可知，$\lim\limits_{x\to+\infty}\arctan x=\dfrac{\pi}{2}$，且 $\lim\limits_{x\to-\infty}\arctan x=-\dfrac{\pi}{2}$.

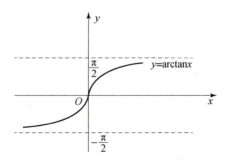

图 2-5

$$\lim_{x\to +\infty}\arctan x \neq \lim_{x\to -\infty}\arctan x,\text{ 因此, }\lim_{x\to \infty}\arctan x\text{ 不存在.}$$

(二) 自变量趋于有限值 ($x \to x_0$) 时函数的极限

若当 $x \to x_0^-$ 时, $f(x)$ 无限接近某常数 A, 则常数 A 叫作函数 $f(x)$ 当 $x \to x_0$ 时的左极限, 记为

$$\lim_{x\to x_0^-}f(x)=A \text{ 或 } f(x_0-0)=A;$$

若当 $x \to x_0^+$ 时, $f(x)$ 无限接近某常数 A, 则常数 A 叫作函数 $f(x)$ 当 $x \to x_0$ 时的右极限, 记为

$$\lim_{x\to x_0^+}f(x)=A \text{ 或 } f(x_0+0)=A;$$

如果函数 $f(x)$ 在 x_0 处的左、右极限相等时, 则称 $x \to x_0$ 时函数 $f(x)$ 以 A 为极限, 记为

$$\lim_{x\to x_0}f(x)=A,$$

即 $\lim_{x\to x_0}f(x)=A \Leftrightarrow \lim_{x\to x_0^+}f(x)=A \text{ 且 } \lim_{x\to x_0^-}f(x)=A.$

【例 2 - 3】 函数

$$f(x)=\begin{cases} x-1, & x<0 \\ 0, & x=0 \\ x+1, & x>0 \end{cases}$$

当 $x \to 0$ 时的极限是否存在?

解 如图 2 - 6 所示, $x \to 0$ 时的左极限为

$$\lim_{x\to 0^-}f(x)=\lim_{x\to 0^-}(x-1)=-1.$$

当 $x \to 0$ 时的右极限为

$$\lim_{x\to 0^+}f(x)=\lim_{x\to 0^+}(x+1)=1.$$

因为 $x \to 0$ 时, 左极限 $\neq$ 右极限, 所有 $\lim_{x\to 0}f(x)$ 不存在.

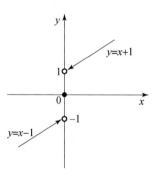

图 2 - 6

【例 2 - 4】 求极限 $\lim_{x\to 1}\dfrac{2x^2-2}{x-1}.$

解 如图 2 - 7 所示,

$x \to 1$ 时的左极限为 $\lim_{x\to 1^-}(2x+2)=4;$

$x \to 1$ 时的右极限为 $\lim_{x\to 1^+}(2x+2)=4.$

因为 $x \to 1$ 时, 左极限 = 右极限, 所以有 $\lim_{x\to 1}(2x+2)=4.$

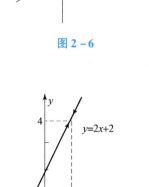

图 2 - 7

◇任务解决

解 (1) 计算正六边形、正八边形、正十二边形的周长.

①圆的内接正六边形（图 2-8）周长的计算．在 Rt△OAB 中，

$$\angle AOB = \frac{2\pi}{2\times 6} = \frac{\pi}{6},$$

所以圆的内接正六边形的边长为

$$2AB = 2OB\sin\angle AOB = 2\sin\frac{\pi}{6},$$

圆的内接正六边形的周长 $l_6 = 6\times 2\sin\frac{\pi}{6}$．

割圆术计算圆的周长问题讲解

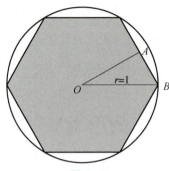

图 2-8

②圆的内接正八边形（图 2-9）周长的计算．在 Rt△OAB 中，

$$\angle AOB = \frac{2\pi}{2\times 8} = \frac{\pi}{8},$$

所以圆的内接正八边形的边长为

$$2AB = 2OB\sin\angle AOB = 2\sin\frac{\pi}{8},$$

圆的内接正八边形的周长 $l_8 = 8\times 2\sin\frac{\pi}{8}$．

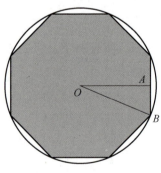

图 2-9

③圆的内接正十二边形（图 2-10）周长的计算．在 Rt△OAB 中，

$$\angle AOB = \frac{2\pi}{2\times 12} = \frac{\pi}{12},$$

所以圆的内接正十二边形的边长为

$$2AB = 2OB\sin\angle AOB = 2\sin\frac{\pi}{12},$$

圆的内接正十二边形的周长 $l_{12} = 12 \times 2\sin\frac{\pi}{12}$.

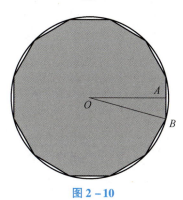

图 2-10

（2）观察上面的计算结果：圆的内接正 n 边形的周长为 $l_n = 2n\sin\frac{\pi}{n}$.

（3）在求解圆的内接正 n 边形的周长过程中发现：随着圆的内接正多边形的边数不断增加，圆的内接正多边形的周长与圆的周长越来越接近；当圆的内接正多边形的边数无限增大时，圆的内接正多边形的周长无限接近圆的周长.

由极限的概念可知，圆的周长就是当边数 $n\to\infty$ 时圆的内接正多边形周长的极限，即圆的周长 $l = \lim\limits_{n\to\infty} 2n\sin\frac{\pi}{n}$. 圆的内接正多边形的边数与周长的关系见表 2-1.

表 2-1 圆的内接正多边形的边数与周长的关系

圆的内接正多边形的边数 n	圆的内接正 n 边形的周长 l_n
6	2 × 3.000 000 00
12	2 × 3.105 828 54
24	2 × 3.132 628 61
48	2 × 3.139 350 20
96	2 × 3.141 031 94
192	2 × 3.141 452 47
384	2 × 3.141 557 61
768	2 × 3.141 583 89
1 536	2 × 3.141 590 46
3 072	2 × 3.141 592 106
⋮	⋮

另一方面,从表 2-2 中可以发现,当圆的内接正 n 边形的边数 n→∞时,对应的正 n 边形的周长无限接近 2π,所以 2π 是圆的内接正 n 边形周长的极限,也就是圆的周长,即

$$圆周长\ l = \lim_{n\to\infty} 2n\sin\frac{\pi}{n} = 2\pi.$$

◇ 能力训练

[矩形波分析] 如图 2-11 所示,振幅为 1,周期为 2π 的一种矩形脉冲在一个周期的表达式为

$$f(x) = \begin{cases} 1, & 0 \leqslant x < \pi \\ 0, & -\pi \leqslant x < 0 \end{cases}.$$

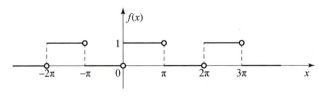

图 2-11

问 $\lim_{x\to 0} f(x)$ 是否存在?

◇ 评估测试

1. 判断下列数列的极限是否存在,若存在请用 lim 形式表示极限.

(1) $10, 10, 10, \cdots$; (2) $\dfrac{1}{2}, \dfrac{1}{3}, \dfrac{1}{4}, \dfrac{1}{5}, \dfrac{1}{6}, \cdots$;

(3) $2, -2, 2, -2, 2, -2, \cdots$; (4) $1, 2, 3, 4, 5, \cdots$;

(5) $0.99, 0.99^2, 0.99^3, \cdots, 0.99^n \cdots$; (6) $1.01, 1.01^2, 1.01^3, \cdots, 1.01^n, \cdots$.

2. 求 $\lim\limits_{x\to 0} x^3$.

3. 求 $\lim\limits_{x\to\infty} \operatorname{arccot} x$.

4. [圆的面积] 已知半径为 1 的圆,用圆的内接正多边形的面积逼近圆的面积. 将圆分为 n 等份,依次连接各分点得到圆的内接正 n 边形.

(1) 计算圆的内接正六边形、正八边形、正十二边形的面积.

(2) 观察圆的内接正多边形的面积是否存在规律,列出圆的内接正多边形的面积数列.

(3) 圆的内接正多边形的周长数列与圆的面积的关系是什么?

◇ 拓展阅读

圆 周 率

圆周率是圆的周长与直径的比值,一般用希腊字母 π(读作[pai])表示,它是

一个常数（约等于 3.141 592 653），它也是一个无理数，即无限不循环小数．在日常生活中，通常都用 3.14 代表圆周率去进行近似计算，而用十位小数 3.141 592 653 便足以应付一般计算．π 也等于圆形之面积与半径平方之比，是精确计算圆周长、圆面积、球体积等几何形状的关键值．

中国古算书《周髀算经》（约公元前 2 世纪）中有"径一而周三"的记载，意即取 π＝3．汉朝张衡得出 $\frac{\pi^2}{16} \approx \frac{5}{8}$，即 $\pi \approx \sqrt{10}$（约为 3.162）．这个值不太准确，但它简单易理解．

公元 263 年，中国数学家刘徽（图 2－12，225—295 年）用"割圆术"计算圆周率，他先从圆内接正六边形，逐次分割一直算到圆内接正 192 边形．他说："割之弥细，所失弥少，割之又割，以至于不可割，则与圆周合体而无所失矣."这包含了求极限的思想．刘徽给出 π＝3.141 024的近似值，刘徽在得到圆周率＝3.14 之后，将这个数值和晋武库中汉王莽时代制造的铜制体积度量衡标准嘉量斛的直径和容积检验，发现 3.14 这个数值还是偏小，于是继续割圆到 1 536 边形，求出 3 072 边形的面积，得到令自己满意的圆周率$\frac{3\ 927}{1\ 250} \approx 3.141\ 6$．

图 2－12

公元 480 年左右，南北朝时期的数学家祖冲之进一步得出精确到小数点后 7 位的结果，给出不足近似值 3.141 592 6 和过剩近似值 3.141 592 7，在之后的 800 年里祖冲之计算出的 π 值都是最准确的．

启示：我国对圆周率精确值的研究所获得的成就比西方国家早 1 000 多年．我们身为华夏子孙应该以此为傲，更加地热爱祖国、热爱祖国的优秀传统文化；学习刘徽、祖冲之等数学家不畏艰难、孜孜不倦、追求真理的探索精神！

2.2 老化电路分析——极限的计算

◇ 单元目标

➢ 知识目标

（1）掌握极限的四则运算；
（2）掌握函数求极限的几种重要方法．

➢ 能力目标

能够分析直流并联电路，并计算电路的总电阻．

➢ 素质目标

能够由极限的思想理解量变引起质变的哲学原理，明白成功是由一点一滴的努力积累而成的，培养砥砺前行、不畏艰难的治学态度和学习精神．

◇ **任务提出**

电路中一个 5 Ω 的电阻和一个滑动变阻器 $R(0\sim 10\ \Omega)$ 并联（图 2 – 13），分析下面情况的求总电阻.

(1) 滑变的位置在正中间时；
(2) 滑变的位置在最上端时；
(3) 滑变的位置在最下端时；
(4) 滑变老化，突然断路时.
用极限式表示上面四种情况.

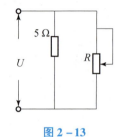

图 2 – 13

◇ **任务分析**

由并联电路的电阻知识可知：$\dfrac{1}{R_{总}} = \dfrac{1}{5} + \dfrac{1}{R_{滑}}$.

(1) 滑变的位置在正中间时，$R_{滑} = 5\ \Omega$，直接代入，因此，$\dfrac{1}{R_{总}} = \dfrac{2}{5}\ \Omega$，$R_{总} = 2.5\ \Omega$.

(2) 滑变的位置在最上端时，$R_{滑} = 10\ \Omega$，直接代入，因此，$\dfrac{1}{R_{总}} = \dfrac{3}{10}\ \Omega$，$R_{总} \approx 3.3\ \Omega$.

(3) 滑变的位置在最下端时，电路短路，即 $R_{滑} = 0\ \Omega$，且 $R_{总} = 0\ \Omega$.

(4) 滑变老化，突然断路时，电路断路，即 $R_{滑} = +\infty\ \Omega$，且 $R_{总} = 5\ \Omega$.

该如何用极限式表示上面的四种情况呢？下面学习常见的极限计算方法.

◇ **知识准备**

一、极限的四则运算法则

定理 2 – 4 设 $\lim f(x) = A$，$\lim g(x) = B$，则

(1) $\lim[f(x) \pm g(x)] = \lim f(x) \pm \lim g(x) = A \pm B$；

(2) $\lim[f(x) \cdot g(x)] = \lim f(x) \cdot \lim g(x) = A \cdot B$；

(3) $\lim\dfrac{f(x)}{g(x)} = \dfrac{\lim f(x)}{\lim g(x)} = \dfrac{A}{B}(B \neq 0)$.

极限的计算
知识点讲解

推论 2 – 1 若 $\lim f(x) = A$，则 $\lim[C \cdot f(x)] = C \cdot \lim f(x) = C \cdot A$（$C$ 为常数），即常数因子可以移到极限符号外面.

推论 2 – 2 若 $\lim f(x) = A$，则 $\lim[f(x)]^n = [\lim f(x)]^n = A^n$.

注：(1) 法则 (1)、(2) 可推广到有限个函数的情形.

(2) 对 $x \to \infty$，$x \to x_0$ 和单侧极限均成立.

(3) 定理 2 – 4 的前提是被运算的各个变量的极限必须存在，并且在除法运算中，还要求分母的极限不为零.

二、无穷大与无穷小

(一) 无穷大与无穷小的定义

定义 2 – 3 如果当 $x \to x_0$（或 $x \to \infty$）时，函数的极限为零（或函数的绝对值越来越小），即

$$\lim_{x \to x_0} f(x) = 0 \left(\text{或} \lim_{x \to \infty} f(x) = 0 \right),$$

则称函数 $f(x)$ 为 $x \to x_0$（或 $x \to \infty$）时的**无穷小量**.

例：$\lim\limits_{x \to 0} x = 0$，所以，称函数 x 是 $x \to 0$ 时的无穷小量.

注：(1) 很小的量不是无穷小量，例如：10^{-100} 虽然很小，但它不是无穷小量.

(2) 称一个函数是无穷小量时，一定要指出自变量的变化过程.

(3) 常数 0 是无穷小量.

性质 2 – 1 有限个无穷小量的和/差仍然是无穷小量.

性质 2 – 2 有限个无穷小量的乘积仍然是无穷小量.

性质 2 – 3 有界函数与无穷小量之积仍然是无穷小量.

定义 2 – 4 如果当 $x \to x_0$（或 $x \to \infty$）时，函数的绝对值无限增大，即

$$\lim_{x \to x_0} f(x) = \infty \left(\text{或} \lim_{x \to \infty} f(x) = \infty \right),$$

则称函数 $f(x)$ 为 $x \to x_0$（或 $x \to \infty$）时的无穷大量.

注：(1) 很大的量不是无穷大量，例如：10^{100} 虽然很大，但它不是无穷大量.

(2) 称一个函数是无穷大量时，一定要指出自变量的变化过程.

(二) 无穷大与无穷小的关系

定理 2 – 5 自变量在同一变化过程中，无穷大、无穷小互为倒数关系，即 "$\frac{1}{0} = \infty$，$\frac{1}{\infty} = 0$".

三、常见的极限计算方法

可以通过分析函数图像求出函数的极限．这种求极限的方法离不开函数的图像，效率较低．下面介绍几种计算函数极限的常用方法，以方便提高求极限的效率．

(1) 直接代入法；　　(2) 利用无穷小与无穷大的关系 "$\frac{1}{0} = \infty$，$\frac{1}{\infty} = 0$"；

(3) $\lim\limits_{x \to \infty} \dfrac{\text{多项式}}{\text{多项式}}$；　　(4) "$\dfrac{0}{0}$" 约分.

【例 2 – 5】 求 $\lim\limits_{x \to 1}(x^2 + 3x - 2)$（直接代入法）.

解 $\lim\limits_{x \to 1}(x^2 + 3x - 2) = 1^2 + 3 \times 1 - 2 = 2.$

注：直接代入法是求极限最常用的方法，适用于求当 $x \to x_0$（x_0 为某一常数）时，函数 $f(x)$ 的极限．只要 x_0 在 $f(x)$ 的定义域内就有 $\lim\limits_{x \to x_0} f(x) = f(x_0)$.

【例 2 – 6】 $\lim\limits_{x \to +\infty} e^x = +\infty$，求 $\lim\limits_{x \to +\infty} \dfrac{1}{e^x}$（利用无穷小与无穷大的关系）.

解 e^x 是 $x \to +\infty$ 时的无穷大量，则 $\dfrac{1}{e^x}$ 是 $x \to +\infty$ 时的无穷小量，$\lim\limits_{x \to +\infty} \dfrac{1}{e^x} = 0$.

【例 2-7】 求 $\lim\limits_{x \to \infty} \dfrac{2x^2 - x + 3}{x^2 + 2x + 2}$ $\left(\lim \dfrac{多项式}{多项式}\right)$.

解 $\lim\limits_{x \to \infty} \dfrac{2x^2 - x + 3}{x^2 + 2x + 2} = \lim\limits_{x \to \infty} \dfrac{2 - \dfrac{1}{x} + \dfrac{3}{x^2}}{1 + \dfrac{2}{x} + \dfrac{2}{x^2}} = 2.$

注 用直接代入法将 $x = \infty$ 代入式子后，发现成为 "$\dfrac{\infty}{\infty}$" 的形式，这时式子的极限不确定，需要考虑其他办法，此时，分子分母同时除以最高次项 x^2，再利用 $\dfrac{1}{\infty} = 0$，直接代入得出结果.

【例 2-8】 求下列极限：

(1) $\lim\limits_{x \to \infty} \dfrac{4x^2 + 5x - 3}{2x^3 + 8}$； (2) $\lim\limits_{x \to \infty} \dfrac{3x^4 - 2x^2 - 7}{5x^2 + 3}$；

(3) $\lim\limits_{x \to \infty} \dfrac{(x - 3)(2x^2 + 1)}{4 - 9x^3}$；

解 (1) $\lim\limits_{x \to \infty} \dfrac{4x^2 + 5x - 3}{2x^3 + 8} = 0$；

(2) $\lim\limits_{x \to \infty} \dfrac{3x^4 - 2x^2 - 7}{5x^2 + 3} = \infty$；

(3) $\lim\limits_{x \to \infty} \dfrac{(x - 3)(2x^2 + 1)}{4 - 9x^3} = -\dfrac{2}{9}.$

注 下面将 $\lim\limits_{x \to \infty} \dfrac{多项式}{多项式}$ 的情况总结成公式. 当 $a_0 \neq 0$，$b_0 \neq 0$，m 和 n 为非负整数时，有

$$\lim_{x \to \infty} \dfrac{a_0 x^m + a_1 x^{m-1} + \cdots + a_m}{b_0 x^n + b_1 x^{n-1} + \cdots + b_n} = \begin{cases} 0, & n > m \\ \infty, & n < m \\ \dfrac{a_0}{b_0}, & n = m \end{cases}.$$

【例 2-9】 求 $\lim\limits_{x \to 3} \dfrac{x^2 - 4x + 3}{x^2 - 9}$ $\left("\dfrac{0}{0}" \ 约分\right)$.

解 $\lim\limits_{x \to 3} \dfrac{x^2 - 4x + 3}{x^2 - 9} = \lim\limits_{x \to 3} \dfrac{(x-3)(x-1)}{(x-3)(x+3)} = \lim\limits_{x \to 3} \dfrac{x-1}{x+3} = \dfrac{1}{3}.$

注 用直接代入法将 $x = 3$ 代入式子后，发现成为 "$\dfrac{0}{0}$" 的形式，这时式子的极限不确定，需要考虑其他办法，对分子、分母分别进行因式分解后，再约分即可用代入法求解.

【例 2-10】 求下列极限：

(1) $\lim\limits_{x \to 2} \dfrac{x^2 - 4}{x - 2}$； (2) $\lim\limits_{x \to 1} \dfrac{x^2 - 3x + 2}{x^2 - 5x + 4}$； (3) $\lim\limits_{x \to 1} \dfrac{x^2 - x}{2x^2 - x - 1}$.

解 （1） $\lim\limits_{x\to 2}\dfrac{x^2-4}{x-2}=\lim\limits_{x\to 2}\dfrac{(x-2)(x+2)}{x-2}=\lim\limits_{x\to 2}(x+2)=4$；

（2） $\lim\limits_{x\to 1}\dfrac{x^2-3x+2}{x^2-5x+4}=\lim\limits_{x\to 1}\dfrac{(x-1)(x-2)}{(x-1)(x-4)}=\lim\limits_{x\to 1}\dfrac{x-2}{x-4}=\dfrac{1}{3}$；

（3） $\lim\limits_{x\to 1}\dfrac{x^2-x}{2x^2-x-1}=\lim\limits_{x\to 1}\dfrac{x(x-1)}{(2x+1)(x-1)}=\lim\limits_{x\to 1}\dfrac{x}{2x+1}=\dfrac{1}{3}$.

四、两个重要极限

（一）第一个重要极限：$\lim\limits_{x\to 0}\dfrac{\sin x}{x}=1$

两个重要极限的
知识点讲解

$x\to 0$ 时 $\dfrac{\sin x}{x}$ 的左、右极限见表 2 – 2.

表 2 – 2 $x\to 0$ 时 $\dfrac{\sin x}{x}$ 的左、右极限

x	1	0.5	0.1	0.01	⋯	0	⋯	−0.01	−0.1	−0.5	1
$\dfrac{\sin x}{x}$	0.841 471	0.958 85	0.998 33	0.999 98	⋯	?	⋯	0.999 98	0.998 33	0.958 8	0.841 47

从表 2 – 2 可以看出，当 $x\to 0$ 时，函数 $\dfrac{\sin x}{x}\to 1$ 变形式为

$$\lim\limits_{x\to 0}\dfrac{\sin kx}{kx}=1\ (k\neq 0,k\text{ 是常数}).$$

【例 2 – 11】 求 $\lim\limits_{x\to 0}\dfrac{\tan x}{x}$.

解 $\lim\limits_{x\to 0}\dfrac{\tan x}{x}=\lim\limits_{x\to 0}\dfrac{\sin x}{x}\cdot\lim\limits_{x\to 0}\dfrac{1}{\cos x}=1.$

【例 2 – 12】 求 $\lim\limits_{x\to 0}\dfrac{\sin 5x}{3x}$.

解 $\lim\limits_{x\to 0}\dfrac{\sin 5x}{3x}=\lim\limits_{x\to 0}\dfrac{\sin 5x}{5x}\cdot\dfrac{5}{3}=\dfrac{5}{3}.$

【例 2 – 13】 求 $\lim\limits_{x\to 0}\dfrac{1-\cos x}{x^2}$.

解 $\lim\limits_{x\to 0}\dfrac{1-\cos x}{x^2}=\lim\limits_{x\to 0}\dfrac{2\sin^2\dfrac{x}{2}}{x^2}=\dfrac{1}{2}\lim\limits_{x\to 0}\left[\dfrac{\sin\dfrac{x}{2}}{\dfrac{x}{2}}\right]^2=\dfrac{1}{2}.$

（二）第二个重要极限：$\lim\limits_{x\to\infty}\left(1+\dfrac{1}{x}\right)^x=e$

注：无理数 e 是数学中的一个重要常数，其值为 e = 2.718 281 845 904 5.

$x\to+\infty$ 时 $\left(1+\dfrac{1}{x}\right)^x$ 的极限见表 2 – 3.

表 2-3　$x \to +\infty$ 时 $\left(1+\dfrac{1}{x}\right)^x$ 的极限

x	3	10	100	1000	10 000	100 000	⋯
$\left(1+\dfrac{1}{x}\right)^x$	2.370	2.594	2.705	2.717	2.718	2.718	⋯

$x \to -\infty$ 时 $\left(1+\dfrac{1}{x}\right)^x$ 的极限见表 2-4.

表 2-4　$x \to -\infty$ 时 $\left(1+\dfrac{1}{x}\right)^x$ 的极限

x	-3	-10	-100	$-1\,000$	$-10\,000$	$-100\,000$	⋯
$\left(1+\dfrac{1}{x}\right)^x$	3.375	2.868	2.732	2.720	2.718	2.718	⋯

从上面的两个表看出，$x \to \infty$ 时，函数

$$\left(1+\dfrac{1}{x}\right)^x \to \mathrm{e}.$$

第二个重要极限还有另外一种形式：

$$\lim_{x \to 0}(1+x)^{\frac{1}{x}} = \mathrm{e} \text{ 或 } \lim_{x \to \infty}\left(1+\dfrac{1}{x}\right)^x = \mathrm{e}.$$

【例 2-14】　求 $\lim\limits_{x \to \infty}\left(1+\dfrac{2}{x}\right)^x$.

解　$\lim\limits_{x \to \infty}\left(1+\dfrac{2}{x}\right)^x = \lim\limits_{x \to \infty}\left[\left(1+\dfrac{2}{x}\right)^{\frac{x}{2}}\right]^2 = \mathrm{e}^2.$

【例 2-15】　求 $\lim\limits_{x \to \infty}\left(1+\dfrac{1}{2x}\right)^{4x-3}$.

解　$\lim\limits_{x \to \infty}\left(1+\dfrac{1}{2x}\right)^{4x-3} = \lim\limits_{x \to \infty}\left[\left(1+\dfrac{1}{2x}\right)^{2x}\right]^2 \cdot \left(1+\dfrac{1}{2x}\right)^{-3} = \mathrm{e}^2.$

【例 2-16】　求 $\lim\limits_{x \to \infty}\left(\dfrac{2x+3}{2x+1}\right)^{x+1}$.

解　$\lim\limits_{x \to \infty}\left(\dfrac{2x+3}{2x+1}\right)^{x+1} = \lim\limits_{x \to \infty}\left(1+\dfrac{2}{2x+1}\right)^{x+1} = \lim\limits_{x \to \infty}\left(1+\dfrac{2}{2x+1}\right)^{\frac{2x+1}{2}} \cdot \left(1+\dfrac{2}{2x+1}\right)^{\frac{1}{2}} = \mathrm{e}.$

◇ 任务解决

（1）滑变的位置在正中间时，$\dfrac{1}{R_{总}} = \lim\limits_{R_{滑} \to 5}\left(\dfrac{1}{5}+\dfrac{1}{R_{滑}}\right) = \dfrac{2}{5}$，$R_{总} = 2.5\ \Omega$（直接代入法）.

老化电路分析
问题讲解

（2）滑变的位置在最上端时：$\dfrac{1}{R_{总}} = \lim\limits_{R_{滑}\to 10}\left(\dfrac{1}{5}+\dfrac{1}{R_{滑}}\right) = \dfrac{3}{10}$，$R_{总} = 3.3\ \Omega$（直接代入法）.

（3）滑变的位置在最下端时：$\dfrac{1}{R_{总}} = \lim\limits_{R_{滑}\to 0}\left(\dfrac{1}{5}+\dfrac{1}{R_{滑}}\right) = \infty$，$R_{总} = 0\ \Omega$（"$\dfrac{1}{0} = \infty, \dfrac{1}{\infty} = 0$"）.

（4）滑变老化，突然断路时：$\dfrac{1}{R_{总}} = \lim\limits_{R_{滑}\to\infty}\left(\dfrac{1}{5}+\dfrac{1}{R_{滑}}\right) = \dfrac{1}{5}$，$R_{总} = 5\ \Omega$（"$\dfrac{1}{0} = \infty, \dfrac{1}{\infty} = 0$"）.

◇ **能力训练**

[影长分析] 小美准备走到路灯下面（图 2 - 14），她发现自己的影子在不断地变短，已经知道路灯的高度是 4 m，且小美的身高是 1.6 m. 小美的影子长度最后会变成多少？解释原因.

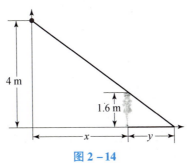

图 2 - 14

◇ **评估测试**

1. 判断对错.
（1）无穷小就是其值越来越小的量.
（2）越来越接近零的变量是无穷小.
（3）无穷大一定是一个正数.

2. 判断下列函数哪些是无穷小，哪些是无穷大：

（1）$\dfrac{x-3}{x}$，当 $x \to 0$ 时； （2）$\dfrac{x-3}{x}$，当 $x \to 3$ 时；

（3）$\ln x$，当 $x \to 1$ 时； （4）$\ln x$，当 $x \to 0^+$ 时；

（5）$\dfrac{1}{x-1}$，当 $x \to 1$ 时； （6）$\dfrac{1}{x-1}$，当 $x \to \infty$ 时.

3. 求下列函数的极限：

（1）$\lim\limits_{x\to\infty}\dfrac{4x^3+x-3}{2x^2-x}$； （2）$\lim\limits_{x\to\infty}\dfrac{2x^2+x-3}{3x^2-x}$；

（3）$\lim\limits_{x\to\infty}\dfrac{5x-3}{7x^2-x}$； （4）$\lim\limits_{x\to 1}\dfrac{2x-3}{x^2-5x+4}$；

（5）$\lim\limits_{x\to 3}\dfrac{x-3}{x^2-x-6}$； （6）$\lim\limits_{x\to -2}\dfrac{x+2}{x^2-4x-12}$；

(7) $\lim_{x\to 0}\dfrac{\sin 3x}{2x}$;

(8) $\lim_{x\to 0}\dfrac{\sin x}{4x}$;

(9) $\lim_{x\to \infty}\left(1+\dfrac{3}{x}\right)^x$;

(10) $\lim_{x\to \infty}\left(1-\dfrac{1}{x}\right)^x$.

4. 如图 2-15 所示,当推出一种新的电子游戏软件时,在短时间内其销售量会迅速增加,然后开始下降,销售量的函数为 $s(t)=\dfrac{200t}{t^2+100}$,其中 t 为月份.

(1) 计算电子游戏软件推出后第 6 个月和第三年 12 月份的销量.

(2) 如果对该产品的长期销售做出预测,请用极限建立相应的表达式,并做出分析.

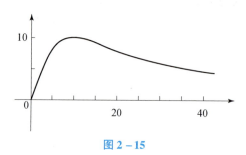

图 2-15

5. 小张的母亲存 10 000 元进行理财,理财产品的年化利率为 4%,如果按照连续复利计算,那么一年后本息和为多少?

◇ 拓展阅读

量变和质变的辩证关系

量变是事物数量的增减和次序的变动,是一种渐进的、不显著的变化,显示了事物发展的连续性. 质变是事物根本性质的变化,显示了事物发展的非连续性,即连续性的中断.

量变和质变是相互转化、相互渗透的辩证关系.

量变和质变是相互转化的:量变是质变的必要准备,质变是量变的必然结果,当量变达到一定程度时,突破事物的度,就产生质变. 质变又引起新的量变,开始一个新的发展过程.

量变和质变是相互渗透的:在总的量变过程中包含着部分质变;在质变中有旧质在量上的收缩和新质在量上的扩张.

事物的变化是否超出度的范围,是区分量变和质变的根本标志.

启示:量变引起质变,成功是由一点一滴的努力积累而成的;不以善小而不为,不以恶小而为之.

2.3　RL 串联电路求复阻抗——复数的定义及表示

◇ 单元目标

▶ 知识目标

(1) 了解复数的概念及复数的四种表示方法;
(2) 掌握一元二次方程在复数范围内的解.

▶ 能力目标

能够计算交流电压下,元器件串联电路的复阻抗值.

▶ 素质目标

一元二次方程在实数范围内无解时,若扩充到复数范围,就有了虚数解.同样的问题,在不同的范围内,结论是不同的.

◇ 任务提出

如图 2-16 所示,RL 串联电路中,电阻 $R=40\ \Omega$,电感 $L=95.5\ \text{mH}$,外加电压的频率 $f=50\ \text{Hz}$,计算电路的复阻抗.

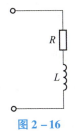

图 2-16

◇ 知识准备

一、虚数单位

复数的几何表示
知识点讲解

方程 $x^2-1=0$ 的解是 $x=\pm 1$,那么 $x^2+1=0$ 的解是什么?在实数范围内,-1 是不能开平方的,故该方程在实数范围内是无解的.为了能够使负数开平方,引入一个新的数 i,叫作**虚数单位**,它具有以下性质:

(1) $i^2=-1$,即 $\sqrt{-1}=i$;
(2) 实数可以与虚数 i 进行四则运算,原有的四则运算法则仍然成立.

二、复数

复数 $a+bi$,其中 a、b 都是实数,a 称为复数的**实部**,b 称为复数的**虚部**,复数常用符号 z 表示,即 $z=a+bi$.全体复数所组成的集合叫作**复数集**,一般用字母

C 表示.

【例 2-17】 分别指出下列复数的实部和虚部:
(1) $z = 3 + 4i$; (2) $z = 5i$; (3) $z = -1 - 3i$; (4) $z = 3$.

解 (1) $a = 3$, $b = 4$; (2) $a = 0$, $b = 5$;
(3) $a = -1$, $b = -3$; (4) $a = 3$, $b = 0$.

对于复数 $a + bi$（a、b 都是实数），由定义可知：
(1) 当 $b = 0$ 时，复数 $a + bi$ 是实数；
(2) 当 $b \neq 0$ 时，复数 $a + bi$ 叫作虚数；
(3) $a = 0$，$b \neq 0$ 时，复数 $a + bi$ 叫作纯虚数.
复数的结构如图 2-17 所示.

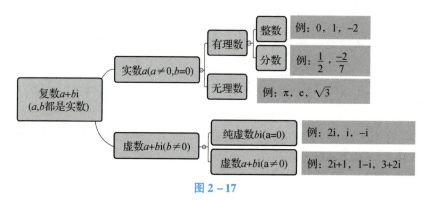

图 2-17

三、一元二次方程在复数范围内的根

对于一元二次方程 $ax^2 + bx + c = 0$，有以下结论：
(1) $\Delta = b^2 - 4ac > 0$，方程有两个不相等的实根；
(2) $\Delta = b^2 - 4ac = 0$，方程有两个相等的实根；
(3) $\Delta = b^2 - 4ac < 0$，方程有两个虚根（成对）.

求根公式为 $x = \dfrac{-b \pm \sqrt{\Delta}}{2a} = \dfrac{-b \pm \sqrt{b^2 - 4ac}}{2a}$.

【例 2-18】 求 $x^2 - 2x + 5 = 0$ 的根.

解 该方程中 $a = 1$，$b = -2$，$c = 5$，$\Delta = b^2 - 4ac = -16$.

由一元二次方程的求根公式得 $x = \dfrac{-b \pm \sqrt{b^2 - 4ac}}{2a} = \dfrac{2 \pm \sqrt{-16}}{2}$，其中 $\sqrt{-16} = \sqrt{-1} \cdot \sqrt{16} = 4i$，故 $x = 1 \pm 2i$. 其中，$1 + 2i$ 和 $1 - 2i$ 称为一对共轭虚根.

四、复数的模和辐角主值

复数可以在复平面中用向量表示（图 2-18），复平面的 x 轴为实轴，实轴上的单位是 1，y 轴为虚轴，虚轴上的单位是 i，且复数与复平面内的向量是一一对应的关系. 向量有大小和方向，复数有模 r 和辐角主值 θ.

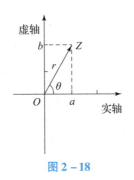

图 2-18

复数的模 r： 向量 $\overrightarrow{OZ}$ 的长度 $r = \sqrt{a^2+b^2}$.

辐角： 始边为实轴正半轴，旋转至向量 $\overrightarrow{OZ}$ 的角．逆时针旋转为正，顺时针旋转为负．

辐角主值 θ： 范围为（-180°，180°］，不在该范围内的辐角，通过 ±360° 的整数倍调整．

注： 电工中，复数的辐角主值 θ 的范围是 $-180° < \theta \leq 180°$.

【例 2-19】 计算复数 $z = 1 + 2i$ 的模和辐角主值并画出向量图.

解 实部 $a = 1$，虚部 $b = 2$，模 $r = \sqrt{a^2+b^2} = \sqrt{5}$，根据实部和虚部在复平面画出向量图（图 2-19），由图可知向量在第一象限，辐角主值 $\theta = \arctan\left|\dfrac{b}{a}\right| \approx 63°$.

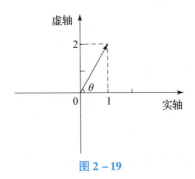

图 2-19

注： 复向量在第一象限时辐角主值 $\theta = \arctan\left|\dfrac{b}{a}\right|$.

【例 2-20】 计算下列复数的模和辐角主值并画出向量图：

(1) $z_3 = -2 + \sqrt{3}i$;　　　　　　(2) $z_4 = -1 - \sqrt{3}i$;
(3) $z_2 = 1 - i$;　　　　　　　　(4) $z_1 = -i$.

解 (1) $z_3 = -2 + \sqrt{3}i$，实部 $a = -2$，虚部 $b = \sqrt{3}$，模 $|z_3| = \sqrt{a^2+b^2} = \sqrt{7}$，根据实部和虚部在复平面画出向量图（图 2-20），复向量在第二象限，辐角主值 $\theta = \pi - \arctan\left|\dfrac{b}{a}\right| \approx \pi - 41° = 139°$.

注： 复向量在第二象限时辐角主值 $\theta = \pi - \arctan\left|\dfrac{b}{a}\right|$.

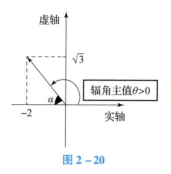

图 2-20

（2）$z_4 = -1 - \sqrt{3}i$，实部 $a = -1$，虚部 $b = -\sqrt{3}$，模 $|z_4| = 2$，根据实部和虚部在复平面画出向量图（图 2-21），复向量在第三象限，辐角主值 $\theta = -\pi + \arctan\left|\dfrac{b}{a}\right| = -180° + 60° = -120°$。

注： 复向量在第二象限时辐角主值 $\theta = -\pi + \arctan\left|\dfrac{b}{a}\right|$。

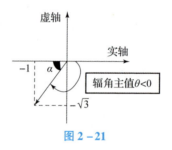

图 2-21

（3）$z_2 = 1 - i$，实部 $a = 1$，虚部 $b = -1$，模 $|z_2| = \sqrt{a^2 + b^2} = \sqrt{2}$，根据实部和虚部在复平面画出向量图（图 2-22），复向量在第四象限，辐角主值 $\theta = -\arctan\left|\dfrac{b}{a}\right| = -45°$。

注： 复向量在第四象限时辐角主值 $\theta = -\arctan\left|\dfrac{b}{a}\right|$。

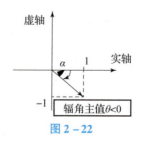

图 2-22

（4）$z_1 = -i$，实部 $a = 0$，虚部 $b = -1$，模 $r = \sqrt{a^2 + b^2} = 1$，根据实部和虚部在复平面画出向量图（图 2-23），向量在坐标轴上可以直接判断辐角主值 $\theta = -90°$。

注： 向量在坐标轴上时，不需要用公式计算，直接根据向量位置写出辐角主值。

通过上面的例题总结已知复数的代数式 $a + bi$，求模 r 和辐角主值 θ 的步骤如下：

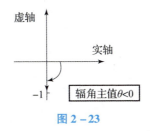

图 2-23

步骤 1 写出实部 a 和虚部 b，并画出向量图，计算模 $r = \sqrt{a^2 + b^2}$.

步骤 2 根据向量图，判断辐角主值 θ，注意：$-180° < \theta \leq 180°$.

情况 1 若向量在实轴或虚轴上，直接判断辐角主值 θ.

情况 2 若向量在象限内，先计算锐角 $\alpha = \arctan\left|\dfrac{b}{a}\right|$（$\alpha$ 是向量与实轴形成的锐角），数形结合，再计算辐角主值 θ.

（1）当辐角主值 θ 在第一象限时（图 2-24）：辐角主值 $\theta = \alpha = \arctan\left|\dfrac{b}{a}\right|$.

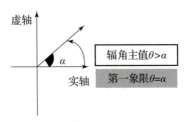

图 2-24

（2）当辐角主值 θ 在第二象限时（图 2-25）：辐角主值 $\theta = \pi - \alpha = \pi - \arctan\left|\dfrac{b}{a}\right|$.

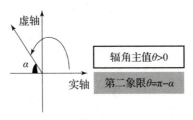

图 2-25

（3）当辐角主值 θ 在第三象限时（图 2-26）：辐角主值 $\theta = -\pi + \alpha = -\pi + \arctan\left|\dfrac{b}{a}\right|$.

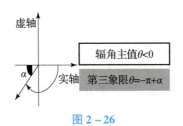

图 2-26

(4) 当辐角主值 θ 在第四象限时（图 2 – 27）：辐角主值 $\theta = -\alpha = -\arctan\left|\dfrac{b}{a}\right|$.

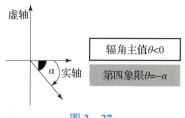

图 2 – 27

五、复数的四种表示方法

（1）代数式：$z = a + bj$；　　　　（2）三角式：$z = r(\cos\theta + j\sin\theta)$；

（3）指数式：$z = re^{j\theta}$；　　　　　（4）极坐标式：$z = r\angle\theta$.

电工中复数有四种表达方式，可以分为两个大类，两类之间的转化关系如下图 2 – 28 所示.

注：电工中为了不与正弦交流电 i 混淆，常用 j 表示虚数单位.

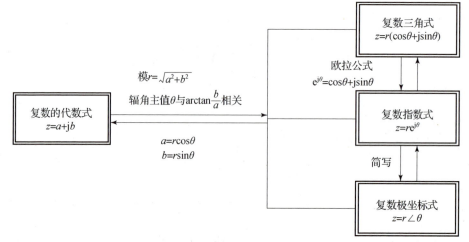

图 2 – 28

【例 2 – 21】　将下列复数的代数式转化成三角式、指数式和极坐标式：

（1）$z = 1 + j\sqrt{3}$；　　　　（2）$z = -2 - j2$；　　　　（3）$z = -4$.

解　（1）实部 $a = 1$，虚部 $b = \sqrt{3}$，模 $r = \sqrt{a^2 + b^2} = 2$，复向量在第一象限，故辐角主值为

$$\theta = \arctan\left|\dfrac{b}{a}\right| = \arctan\sqrt{3} = 60°.$$

根据模 $r = 2$，辐角主值 $\theta = \dfrac{\pi}{3}$，得出：

三角式为 $2(\cos60° + j\sin60°)$；指数式为 $2e^{j60°}$；极坐标式为 $2\angle 60°$.

（2）实部 $a = -2$，虚部 $b = -2$，模 $r = \sqrt{a^2 + b^2} = 2\sqrt{2}$，复向量在第三象限，故辐

角主值为

$$\theta = -\pi + \arctan\left|\frac{b}{a}\right| = -135°.$$

根据模 $r = 2\sqrt{2}$，辐角主值 $\theta = -135°$，得出：

三角式为 $2\sqrt{2}(\cos(-135°) + j\sin(-135°))$；指数式为 $2\sqrt{2}e^{-j135°}$；极坐标式为 $2\sqrt{2}\angle -135°$．

（3）实部 $a = -4$，虚部 $b = 0$，模 $r = \sqrt{a^2 + b^2} = 4$，复向量在实轴负半轴，故辐角主值为

$$\theta = \pi.$$

根据模 $r = 4$，辐角主值 $\theta = \pi$，得出：

三角式为 $4(\cos\pi + j\sin\pi)$；指数式为 $4e^{j\pi}$；极坐标式为 $2\angle \pi$．

六、数学中复数的运算规则

若已知复数 $z_1 = a + bi$，$z_2 = c + di$，则有：

（1）加法：$z_1 + z_2 = (a + bi) + (c + di) = (a + c) + (b + d)i$；

（2）减法：$z_1 - z_2 = (a + bi) - (c + di) = (a - c) + (b - d)i$；

（3）乘法：$z_1 \cdot z_2 = (a + bi)(c + di) = ac + adi + cbi + bdi^2 = (ac - db) + (ad + bc)i$；

（4）除法：

$$\frac{z_1}{z_2} = \frac{(a + bi)}{(c + di)} = \frac{(a + bi)(c - di)}{(c + di)(c - di)} = \frac{(ac + bd) + (bc - ad)i}{c^2 + d^2}.$$

【例 2-22】 计算下列式子：

（1）$(5 - 6i) + (-2 - i)$；　　　　　　　　（2）$(1 - i) - (-2 + 5i)$；

（3）$(1 - 2i) \times (-2 + 3i)$；　　　　　　　（4）$(1 + 2i) \div (3 - 4i)$．

解　（1）$(5 - 6i) + (-2 - i) = (5 - 2) + (-6 - 1)i = 3 - 7i$；

（2）$(1 - i) - (-2 + 5i) = (1 + 2) + (-1 - 5)i = 3 - 6i$；

（3）$(1 - 2i) \times (-2 + 3i) = -2 + 4i + 3i - 6i^2 = 4 + 7i$；

（4）$(1 + 2i) \div (3 - 4i) = \dfrac{(1 + 2i)(3 + 4i)}{(3 - 4i)(3 + 4i)} = \dfrac{(3 - 8) + (6 + 4)i}{9 + 16} = \dfrac{-5 + 10i}{25}$

$$= -\frac{1}{5} + \frac{2}{5}i.$$

注：电工电子等专业课程中，复数的加、减法常用代数式，复数的乘、除法常用指数式或极坐标式，后面将讲解它们之间的转换方法．

◇任务解决

解　由电工知识，可得 RL 串联电路中复阻抗 $Z = R + jX_L$．

感抗 $X_L = \omega L = 2\pi f L = 2 \times 3.14 \times 50 \times 95.5 \times 10^{-3} \approx 30(\Omega)$，其中 ω 是角频率，单位为 rad/s，$\omega = 2\pi f$．

问题：RL 串联电路求复阻抗 - 复数的定义及表示

复阻抗 $Z = R + jX_L = 40 + j30\,(\Omega)$.

注：(1) 电工中，为了防止虚数单位 i 与电流 i 混淆，习惯将虚数单位用 j 表示；

(2) 电工中，习惯将虚数单位 j 写在虚部前面，即 $a + jb$.

◇ 能力训练

在图 2-29 所示 RLC 串联电路中，电阻 $R = 100\ \Omega$，电感 $L = 0.5$ H，电容 $C = 30\ \mu F$，电压 $U = 220\sqrt{2}\sin\left(314t + \dfrac{\pi}{3}\right)$，求电路的复阻抗.

提示：复阻抗 $Z = R + j\left(\omega L - \dfrac{1}{\omega C}\right)$.

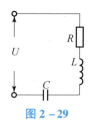

图 2-29

◇ 评估与测试

1. 指出下列各数中哪些是实数，哪些是虚数，哪些是纯虚数：

$1 + 2i,\ 1 - i,\ -i,\ \dfrac{-1 + 3i}{2},\ 2 + \sqrt{3}i,\ 2 + \sqrt{7},\ \pi,\ i(1 - \sqrt{3}),\ (3 + \sqrt{2}) + (4 - \sqrt{5})i$

2. 指出下列复数的实部与虚部：

(1) $-3 + 5i$； (2) $-\sqrt{3}$； (3) i； (4) 0； (5) $\dfrac{\sqrt{3}}{2} - \dfrac{1}{2}i$.

3. 计算下列式子的值：

(1) $\sqrt{-16}$； (2) $\sqrt{-1}$； (3) $\sqrt{8}$； (4) $\sqrt{-8}$.

4. 在复数范围内解方程 $3x^2 + 2x + 1 = 0$.

5. 已知 $z = -2 + 5i$.

(1) 写出复数的实部和虚部；

(2) 画出向量图，判断向量属于第几象限；

(3) 计算模 r 和辐角主值 θ；

(4) 写出 z 的三角式、指数式、极坐标式.

◇ 拓展阅读

高度不同　视野不同

不同的高度，对应于不同的视野、不同的风景. 上行二百余步，周围高楼立于足下；再登三百余步，田野阡陌映入眼帘；再行五百余步，到达新高峰，群山尽收眼底，山外薄雾升腾，村影朦胧，风景如画. 登高望远者，视野开阔，阅历丰富，更善于看到希望，找到出路；反之，若不登山，则只能立于地面，视野不过百步，群山遮目，徘徊难行，愁苦自然烦心.

人生亦是如此. 有人觉得考上了大学就到达了高峰，到了大学才知道独立的人生才刚刚开始；有人以为工作后人生就平稳了，可是工作中的考验接踵而至，一个又一个挑战才刚刚开始.

启示：相同的事物，在不同的视野下会带给人不同的感受. 就像一元二次方程在不同的数域范围下，是否有解的结论是不相同的；人生在更大的视野下做出的决定，才是更有意义. 请同学们扬起学习的风帆，成为新的登高者，不断提升自己的人生高度，去领略人生壮美的风景.

2.4 两个正弦交流电流求和——复数的加、减法

◇ **单元目标**

▶ 知识目标

（1）掌握正弦量与复相量的互化；
（2）掌握复数极坐标式化为代数式的方法；
（3）掌握复数代数式的加、减法.

▶ 能力目标

能够计算两个正弦交流电的和.

▶ 素质目标

正弦交流电在生活中很常见，例如插座里的电就是正弦交流电，其优点是高压输电可以减少线路上的损耗，我们要发扬事物的优点为人类服务. 正弦量可以与复平面的相量相互转化，因此电学的基础是复数知识.

◇ **任务提出**

已知两个正弦交流电流分别为 $i_1 = 70.7\sin(314t - 30°)$ A，$i_2 = 60\sin(314t + 60°)$ A，求两个正弦交流电流之和 $i = i_1 + i_2$.

◇ **任务分析**

如果直接将两个正弦交流电流求和 $i = 70.7\sin(314t - 30°) + 60\sin(314t + 60°)$，那么只能应用公式 $\sin(\alpha \pm \beta) = \sin\alpha\cos\beta \pm \cos\alpha\sin\beta$ 计算，这样使计算变得越来越复杂. 事实上，同频率的正弦量的相加（或相减）所得的和（或差）仍然是一个频率相同的正弦量，即 $i = I_m\sin(314t - \theta) = 70.7\sin(314t - 30°) + 60\sin(314t + 60°)$. 解题思路如图 2 - 30 所示.

图 2-30

◇ 知识准备

一、正弦量

在正弦交流电路中，电压和电流的大小随时间按照正弦规律变化的统称为**正弦量**。例如正弦交流电流 $i = I_m\sin(\omega t + \varphi)$ 就是正弦量，其中，I_m 为振幅（即电流最大值），$\dfrac{I_m}{\sqrt{2}}$ 为电流的有效值，ω 为角频率 $\omega = 2\pi f$，f 为频率，φ 为初相（$|\varphi| \leqslant 180°$），将最大值、角频率、初相称为正弦量的三要素。

【例 2-23】 已知正弦交流电流 $i = 5\sin(\omega t + 30°)$ A，频率 $f = 50$ Hz，问：

（1）该电流的最大值、有效值、角频率是多少？

（2）在 0.1 s 时电流的瞬时值是多少安？

解 （1）电流的最大值是 5 A，电流的有效值是 $\dfrac{I_m}{\sqrt{2}} \approx 3.5$ A，角频率 $\omega = 2\pi f = 2 \times 314 \times 50 = 314$ (rad/s)。

（2）$t = 0.1$ s，$i = 5\sin(314t + 30°) = 2.5$ (A)。

二、正弦量的相量表示

正弦交流电流 $i = I_m\sin(\omega t + \varphi)$ 可以用复平面上的旋转相量图（图 2-31）表示，正弦量的相量与复平面内的旋转向量相对应。从正弦量的三要素出发：

最大值：I_m；

角频率：ω；

初相：φ。

正弦量与复相量的互化知识点讲解

如果以正弦量的最大值 I_m 表示复数的模，用初相 φ 表示复数的幅角主值，并且此复向量以角频率 ω 为角速度逆时针旋转，则此旋转的复向量叫作该正弦量的**最大值相量**：

$$\dot{I} = I_m \angle \varphi .$$

图 2-31 相量图

如果用正弦量有效值 $\dfrac{I_m}{\sqrt{2}}$ 表示复数的模,用初相 φ 表示复数的幅角主值,且此复向量以角频率 ω 为角速度逆时针旋转,则此旋转的复向量叫作该正弦量的**有效值相量**:

$$\dot{I} = \dfrac{I_m}{\sqrt{2}} \angle \varphi.$$

通常情况下,电学上相量是指有效值相量. 图 2 - 32 叫作该正弦量的相量图. 这种用复数进行正弦交流电路分析的方法称为**符号法**,表示正弦量的复数称为**相量**,故符号法又称为**相量法**.

【例 2 - 24】 画出正弦量 $i = 10\sin(314t + 45°)$ A 的相量图并求出相应的相量形式,写出正弦电流 $\dot{I} = 10 \angle 45°$ 的瞬时表达式.

解 正弦量 $i = 10\sin(314t + 45°)$ A 的**最大值** I_m 为 10 A,**角频率** ω 为 314 rad/s,**初相位**为 45°.

该正弦量的相量图如图 2 - 32 所示,其最大值相量为 $\dot{I} = 10 \angle 45°$,其有效值相量为 $\dot{I} = \dfrac{10}{\sqrt{2}} \angle 45°$.

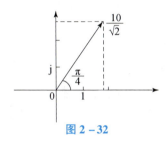

图 2 - 32

在角频率 314 rad/s 不变的情况下,正弦电流 $\dot{I} = 10 \angle 45°$ 的瞬时表达式为 $10\sqrt{2}\sin(314t + 45°)$ A.

注: 通常情况下,电学上给出的相量是指有效值相量.

【例 2 - 25】 若正弦交流电压为 $u = 100\sqrt{2}\sin(300t - 30°)$ V,求:

(1) 最大值和有效值;

(2) 最大值相量和有效值相量.

解 (1) 正弦交流电压的角频率是 300 rad/s,初相是 -30°,最大值为 $100\sqrt{2}$ V,有效值为 100 V.

(2) 最大值相量为 $100\sqrt{2} \angle -30°$ V,有效值相量为 $100 \angle -30°$ V.

在复平面内,最大值相量和有效值相量都是以角频率 300 rad/s 为角速度逆时针转动.

【例 2 - 26】 已知以下正弦交流电流的角频率都是 200 rad/s.

(1) 有效值相量:$30 \angle 30°$ A;   (2) 最大值相量:$60 \angle -40°$ A.

求正弦量的表达式.

解 (1) 有效值相量为 $30 \angle 30°$ A,有效值为 30,初相为 30°,角频率为 200 rad/s,

因此，最大值为 $30\sqrt{2}$，正弦量为 $30\sqrt{2}\sin(200t+30°)$ A.

(2) 最大值相量为 $60\angle-40°$ A，最大值为 60，初相为 $-40°$，角频率为 200 rad/s，因此，正弦量为 $60\sin(200t-40°)$ A.

三、复数的加、减法

复数的加、减法
知识点讲解

法则：复数的加、减法用代数式，实部与实部相加减，虚部与虚部相加减.

若已知复数 $z_1=a+bi$，$z_2=c+di$，则有：

(1) 加法：$z_1+z_2=(a+bi)+(c+di)=(a+c)+(b+d)i$；

(2) 减法：$z_1-z_2=(a+bi)-(c+di)=(a-c)+(b-d)i$.

【**例 2-27**】 (1) $z_1=-2+3i$，$z_2=5-4i$，计算 z_1+z_2；

(2) $z_1=-1+7i$，$z_2=-4i$，计算 z_1-z_2.

解 (1) $z_1+z_2=(-2+3i)+(5-4i)=(-2+5)+(3-4)i=3-i$；

(2) $z_1-z_2=(-1+7i)-(-4i)=(-1-0)+(7+4)i=-1+11i$.

用向量图表示复数的加、减运算，用平行四边形法则：两个向量相加，以这两个向量为邻边作平行四边形，平行四边形中以这两个向量的交点为顶点的对角线向量，就是所求复数的和向量. 当复数用向量表示后，复数的加法可以在复平面内按向量加法的运算法则进行.

如图 2-33 所示，设向量 $\overrightarrow{OM}$ 表示复数 $z_1=a+bi$，向量 $\overrightarrow{ON}$ 表示复数 $z_1=c+di$，将 $\overrightarrow{OM}$ 和 $\overrightarrow{ON}$ 分解到实轴和虚轴，容易看出，$\overrightarrow{OL}$ 就是复数 $(a+c)+(c+d)i$ 的向量表示. 以 $\overrightarrow{OM}$ 和 $\overrightarrow{ON}$ 为邻边作平行四边形 $OMLN$，由向量的平行四边形法则可知，$\overrightarrow{OL}$ 就是复数 $(a+c)+(c+d)i$ 的向量表示.

同样，复数相减也可以在复平面内用向量相减的方法进行.

如图 2-34 所示，先做出表示被减数 $a+bi$ 的向量 $\overrightarrow{OM}$ 与表示减数 $c+di$ 的向量 $\overrightarrow{ON}$，然后以 $\overrightarrow{OM}$ 为对角线，以 $\overrightarrow{ON}$ 为边作平行四边形 $OLMN$，该平行四边形的另一边 $\overrightarrow{OL}$ 即复数 $(a-c)+(b-d)i$ 的向量表示. 用向量表示上面复数的减法，即 $\overrightarrow{OM}-\overrightarrow{ON}=\overrightarrow{OL}$.

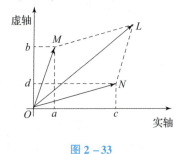

图 2-33   图 2-34

正弦量可以很容易地转化为极坐标式，对极坐标式该如何进行加、减法呢？需要先将极坐标式化为代数式，再进行加、减法.

四、复数转化为代数式

复数有四种表示方法，如果遇到复数的加、减法运算，需要将复数的另外三种形式转化为代数式后进行加、减法运算. 对于三角式 $r(\cos\theta + i\sin\theta)$、指数式 $re^{i\theta}$、极坐标式 $r\angle\theta$，都需要确定模 r 和辐角主值 θ，将 r 和 θ 代入三角形式 $r(\cos\theta + i\sin\theta)$ 中化简后，可以得到复数的代数式.

【例 2-28】 将下列复数的极坐标式化为代数式：

(1) $z = 3e^{i45°}$；   (2) $z = 5(\cos120° + i\sin120°)$；   (3) $z = 10\angle-20°$.

解 (1) $r = 3$，$\theta = 45°$，$z = r\cos\theta + ir\sin\theta = \dfrac{3\sqrt{2}}{2} + \dfrac{3\sqrt{2}}{2}i$；

(2) $r = 5$，$\theta = 120°$，$z = r\cos\theta + ir\sin\theta = -\dfrac{5}{2} + \dfrac{5\sqrt{3}}{2}i$；

(3) $r = 10$，$\theta = -20°$，$z = r\cos\theta + ir\sin\theta = 9.4 - 3.4i$.

注：可以用手机计算器求解.

通常情况下，正弦量可以化为平面内的旋转的复向量（相量），复向量的形式是复数的极坐标式，因此也能化为代数式.

【例 2-29】 求正弦量 $i = 10\sin(2t + 50°)$ A 的相量极坐标式并转化为代数式.

解 最大值是 10 A，有效值是 $\dfrac{10}{\sqrt{2}}$（A）.

相量（极坐标式）表示：$\dfrac{10}{\sqrt{2}}\angle 50°$（A）；

相量（代数式）表示：$\dfrac{10}{\sqrt{2}}(\cos50° + j\cdot\sin50°) = 4.5 + j5.4$（A）.

同样，知道模和辐角主值及角频率 ω，逆向思考也可以将相量化为正弦量.

◇ **任务解决**

解 先将两个正弦电流 $i_1 = 70.7\sin(314t - 30°)$（A），$i_2 = 60\sin(314t + 60°)$（A）化为相量的形式：

$$\dot{I}_1 = \dfrac{70.7}{\sqrt{2}}\angle-30°，\dot{I}_2 = \dfrac{60}{\sqrt{2}}\angle 60°.$$

两正弦交流电求和问题的讲解

由于要计算复数的加法 $i_1 + i_2$，故需要将 $\dot{I}_1$ 和 $\dot{I}_2$ 的极坐标式转化成代数式.

$$i_1 = \dfrac{70.7}{\sqrt{2}}(\cos(-30°) + j\sin(-30°)) \approx 43.3 - j25,$$

$$i_2 = \dfrac{60}{\sqrt{2}}(\cos60° + j\sin60°) \approx 21.2 + j36.8,$$

$$i = i_1 + i_2 = (43.3 - j25) + (21.2 + j36.8) = 64.5 + j11.8.$$

将 i 还原回正弦量，故需要将代数式转化成极坐标式.

$i = 64.5 + j11.8$，因为 $a = 64.5$，$b = 11.8$ 所以，$r = \sqrt{a^2 + b^2} = 65.5$，复数在第一象限，故辐角主值 $\theta = \arctan\dfrac{b}{a} = 10.37°$，故 $\dot{I} = 65.5\angle 10.37°$.

将和电流还原成正弦量为 $i = 65.5\sqrt{2}\sin(314t + 10.37°)$（A）.

◇ 能力训练

$u_1 = 100\sqrt{2}\sin(\omega t - 30°)$ V，$u_2 = 220\sqrt{2}\sin(\omega t + 45°)$ V，求两电压之和 $u_1 + u_2$（注：两电压的 ω 值相等才能相加）．

◇ 评估与测试

1. 已知正弦量 $50\sin(30t - 10°)$．

（1）写出其三要素和有效值；

（2）画出相量图，求模 r 和辐角主值 θ；

（3）写出最大值相量和有效值相量．

2. $z_1 = 3 + 4i$，$z_2 = -8i$，计算 $z_1 + z_2$．

3. 在复平面内画出下列复数图像，并计算模和辐角主值：

（1）$z = 1 - 2i$；　　（2）$z = -\sqrt{2}$；　　（3）$z = 2i$；　　（4）$z = -1 - \sqrt{3}i$．

4. 将下列复数的代数式转化成三角式、指数式和极坐标式：

（1）$z = 2 + \sqrt{3}i$；　　（2）$z = -2 - i$．

5. 将下列复数的指数式化为代数式：

（1）$z = 2e^{i\frac{\pi}{4}}$；　　（2）$z = 4e^{i\frac{\pi}{3}}$；　　（3）$z = 3e^{i\frac{3\pi}{2}}$．

6. 已知 $z_1 = 100\angle 130°$，$z_2 = 40\sqrt{2}\angle -40°$，计算 $z_1 + z_2$．

7. 将 $3 + 4i$ 化为角频率为 314 rad/s 的正弦量．

8. 将正弦量 $180\sin(314t + 30°)$ 化为代数式．

◇ 拓展阅读

正弦交流电的特点

大小和方向随时间按正弦规律变化的电流称为正弦交变电流．在日常生活、生产中，大量使用的电能都是正弦交流电．正弦交流电具有以下特点．

（1）正弦交流电压易于改变．在电力系统中，应用变压器可以方便地改变电压，高压输电可以减少线路上的损耗；降低电压可以满足不同用电设备的电压等级．

（2）交流发电机比直流发电机结构简单．

直流电和交流电有一场电流之争．1882 年，爱迪生发明的白炽灯彻底获得市场认可后，爱迪生所创办的电气公司（现通用电气公司的前身）开始建立电力网，输送直流电．不久之后，曾在爱迪生公司工作过的尼古拉·特斯拉发明了交流电，最终这项技术被威斯汀豪斯电气公司买下，成为爱迪生直流电网最大的竞争对手．爱迪生不愿意承认交流电的使用价值，固执地站在交流电的对立面，认为"交流电不如直流电"．

事实上，直流电具有不利于长途传输送电等缺点，成本很高，如每隔 1 km 就要增设发电站，但交流电却可用变压器变压进行长途输电．交流电比直流电在很多方面更具优越性，因此它占据了绝大多数的领域．

启示：任何事物都有其优缺点，应发挥事物的优点为人类服务，避开其缺点. 例如直流电具有传输成本高的缺点，则用交流电进行高压传输，这就是利用了交流电传输成本低的优点.

2.5 求 RLC 串联电路的电流——复数的乘、除法

◇ 单元目标

▶ 知识目标

（1）掌握复数的乘、除法；
（2）灵活转化复数的四种表达方式进行复数的四则运算.

▶ 能力目标

能够计算 RLC 串联电路的复阻抗及瞬时电流.

▶ 素质目标

复数有四种表示方法：代数式、三角式、指数式、极坐标式. 进行复数的四则运算时，应用具体问题具体分析的辩证思维，根据复数运算要求，对于加、减法选择代数式，对于乘、除法选择极坐标式，因此代数式与极坐标式之间灵活的转化成为解决问题的关键.

◇ 任务提出

如图 2-35 所示，在 RLC 串联电路中，已知电阻 $R = 100\ \Omega$，电感 $L = 0.5\ \text{H}$，外加电压的频率 $f = 50\ \text{Hz}$，电容 $C = 30\ \mu\text{F}$，电压 $u = 220\sqrt{2}\sin\left(314t + \dfrac{\pi}{3}\right)\text{V}$，计算：

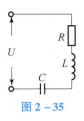

图 2-35

（1）该电路的复阻抗；
（2）电路的瞬时电流.

◇ 知识准备

复数的乘、除法知识点讲解

一、复数的乘、除法运算法则

乘法：$z_1 \cdot z_2 = (a + b\text{i})(c + d\text{i}) = ac + ad\text{i} + cb\text{i} + bd\text{i}^2 = (ac - db) + (ad + bc)\text{i}$.

除法：

$$\frac{z_1}{z_2} = \frac{(a+bi)}{(c+di)} = \frac{(a+bi)(c-di)}{(c+di)(c-di)} = \frac{(ac+bd)+(bc-ad)i}{c^2+d^2}.$$

以上是数学中复数乘、除法的运算法则，但是在电工中通常用极坐标式 $r\angle\theta$ 进行乘、除法的运算，若将复数表示为 $z_1 = r_1\angle\theta_1$，$z_2 = r_2\angle\theta_2$，则有：

复数相乘：

$$z_1 \cdot z_2 = r_1 \cdot r_2 \angle \theta_1 + \theta_2;$$

复数相除：

$$\frac{z_1}{z_2} = \frac{r_1}{r_2} \angle \theta_1 - \theta_2.$$

运算法则：乘法，模相乘，角相加；除法，模相除，角相减.

【例 2-30】 已知 $z_1 = 60\angle -30°$，$z_2 = 5\angle 53°$，求 $z_1 \cdot z_2$，$\frac{z_1}{z_2}$.

解 $z_1 \cdot z_2 = (60 \times 5)\angle 53° - 30° = 300\angle 23°$；

$$\frac{z_1}{z_2} = \frac{60}{5}\angle -30° - 53° = 12\angle -83°.$$

计算复数的乘、除法时，若遇到复数的代数式 $a+bi$、三角式 $r(\cos\theta + i\sin\theta)$、指数式 $re^{i\theta}$，需要先将这三种形式化为复数的极坐标式 $r\angle\theta$，再利用复数的乘、除法的运算法则计算.

【例 2-31】 $z_1 = 60\angle -30°$，$z_2 = 2+3i$，求 $z_1 \cdot z_2$，$\frac{z_1}{z_2}$.

解 z_2 的代数式为 $2+3i$，是第一象限向量，模 $r = \sqrt{2^2+3^2} \approx 3.6$，辐角主值为

$$\theta = \arctan\frac{|b|}{|a|} \approx 56°,$$

因此，z_2 的极坐标式为 $3.6\angle 56°$，利用复数乘、除法的运算法则可得

$$z_1 \cdot z_2 = 60 \times 3.6\angle -30° + 56° = 216\angle 26°,$$

$$\frac{z_1}{z_2} = \frac{60}{3.6}\angle -30° - 56° = 16.7\angle -86°.$$

二、虚数单位 i 的性质

前面介绍了虚数单位 i 的性质：$i^2 = -1$，从另一个角度看这个式子是两个复数乘法，能不能用复数乘法的运算法则来验证这个性质呢？

分析：代数式 i，模 $r = 1$，辐角主值 $\theta = 90°$，i 的极坐标式：$1\angle 90°$.

复数乘法的运算法则：模相乘，角相加，即

$$i^2 = 1 \times 1 \angle 90° + 90° = 1\angle 180° = -1,$$

$$i^3 = i^2 \times i = -1 \times i = -i,$$

$$i^4 = i^3 \times i = -i \times i = 1.$$

结合图像观察（图 2-36），虚数单位 i 乘以一个虚数单位，图像上向量逆时针旋转了 90°，每乘一个虚数单位，原向量就逆时针旋转 90°．

结论推广：复平面内，任意一个复数乘以虚数单位 i，向量将会逆时针旋转 90°．

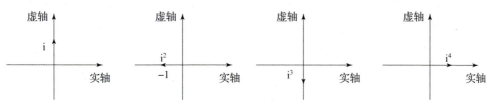

图 2-36

三、复数的四则运算

根据需要将复数的四种表达形式进行互化，再进行四则运算．如果遇到复数的加、减法用代数式求解，如果遇到复数的乘、除法用极坐标式求解．

【例 2-32】 已知 $z_1 = 1 + \sqrt{3}i$，$z_2 = 4\left(\cos\dfrac{\pi}{3} + i\sin\dfrac{\pi}{3}\right)$，求：

(1) $z_1 + z_2$；　　　　　　(2) $z_1 \cdot z_2$，$\dfrac{z_1}{z_2}$，z_1^{10}．

解 (1) 复数的加、减法，应该用复数的代数式进行计算，需将 z_2 的三角式化为代数式．

$$z_2 = 4(\cos 60° + i\sin 60°) = 2 + 2\sqrt{3}i,$$

故 $z_1 + z_2 = (1 + \sqrt{3}i) + (2 + 2\sqrt{3}i) = 3 + 3\sqrt{3}i$．

(2) 复数的乘、除法，应该用复数的极坐标式，需将 $z_1 = 1 + \sqrt{3}i$ 的代数式化为极坐标式，实部 $a = 1$，虚部 $b = \sqrt{3}$，模 $r = \sqrt{a^2 + b^2} = 2$，可知向量在第一象限，辐角主值为

$$\theta = \arctan\left|\dfrac{b}{a}\right| = 60°,$$

因此，将 z_1 化为极坐标式为 $2\angle 60°$．

z_2 的三角式为 $4\left(\cos\dfrac{\pi}{3} + i\sin\dfrac{\pi}{3}\right)$，可知模 $r = 4$，辐角主值 $\theta = \dfrac{\pi}{3}$，将 z_2 化为极坐标式为 $4\angle 60°$．

$$z_1 \cdot z_2 = 2 \times 4 \angle 60° + 60° = 8 \angle 120°,$$

$$\dfrac{z_1}{z_2} = \dfrac{1}{2} \angle 60° - 60° = \dfrac{1}{2},$$

$$z_1^{10} = 2^{10} \angle 600° = 2^{10} \angle 600° - 720° = 2^{10} \angle -120°.$$

注：(1) 辐角主值 $\theta = 0°$ 时，复数只有实部，因此可以用实数表示．

(2) 辐角主值的范围是 $-180° < \theta \leqslant 180°$，这里辐角主值为 600°，超出了范围，需要通过减去 360° 的整数倍进行调整．

◇ 任务解决

解 电压 $u = 220\sqrt{2}\sin\left(314t + \dfrac{\pi}{3}\right)$ V，则其相应的相量形式为 $\dot{U} = 220\angle 60°$ V.

复阻抗 $z = R + j\left(\omega L - \dfrac{1}{\omega C}\right) = 100 + j50.84 = 112\angle 27°$.

电路总电流 $\dot{I} = \dfrac{\dot{U}}{Z} = \dfrac{220}{112}\angle(60° - 27°) = 2\angle 33°$，瞬时表达式为 $i = 2\sqrt{2}(314t + 33°)$ A.

RLC 串联电路求电流问题的讲解

◇ 能力训练

已知电压 $u = 100\sin(2t - 45°)$ V，电流 $i = 20\sin(2t + 30°)$ A，求复阻抗 Z.

注：复阻抗 $z = \dfrac{\dot{U}}{\dot{I}}$.

◇ 评估与测试

1. 已知 $z_1 = 6\angle 30°$，$z_2 = 5\angle 50°$，求 $z_1 \cdot z_2$，$\dfrac{z_1}{z_2}$.

2. $z_1 = 6\angle -30°$，$z_2 = 2 - 2i$，求 $z_1 \cdot z_2$，$\dfrac{z_1}{z_2}$.

3. $z_1 = 14e^{i60°}$，$z_2 = 5e^{i172°}$，求 $z_1 \cdot z_2$，$\dfrac{z_1}{z_2}$.

4. $z_1 = 12(\cos33° + i\sin33°)$，$z_2 = 2(\cos45° + i\sin45°)$，求 $z_1 \cdot z_2$，$\dfrac{z_1}{z_2}$.

5. 已知 $z_1 = 2 - \sqrt{3}i$，$z_2 = 2\left(\cos\dfrac{\pi}{2} + i\sin\dfrac{\pi}{2}\right)$，$z_3 = 4e^{i\frac{2\pi}{3}}$，$z_4 = 5\angle 135°$，求：

（1）$z_1 + z_2$；　　（2）$z_2 \cdot z_3$；　　（3）$\dfrac{z_3}{z_4}$；　　（4）$(z_4)^{10}$.

◇ 拓展阅读

具体问题具体分析

具体问题具体分析是指在矛盾普遍性原理的指导下，具体分析矛盾的特殊性，并找出解决矛盾的正确方法．它要求人们在做事情、想问题时，要根据事情的不同情况采取不同措施，不能一概而论，搞一刀切．具体问题具体分析是马克思主义哲学的一个重要原则，是马克思主义活的灵魂．

具体问题具体分析是正确认识事物的基础．区分和认识事物的前提和基础是矛盾的特殊性．事物千差万别的原因，就在于它们各有其特殊矛盾，这种特殊矛盾规定了某一事物区别于其他事物的特殊本质. 对一般事物的认识如此, 科学研究亦是如此.

具体问题具体分析是正确解决矛盾的关键. 我们认识矛盾是为了正确解决矛盾. 事物的矛盾各不相同, 决定了解决矛盾的方法也不同. 只有对具体问题作具体分析, 把握事物的特殊性, 才能找到解决矛盾的正确方法.

启示: 中国特色的社会主义道路是中国国情与马克思主义理论相结合的产物, 是具体问题具体分析结果. 同学们, 用具体问题具体分析的理论对你的职业生涯提前做个规划吧. 你是准备专升本考试? 还是找工作? 根据自己的实际情况而定, 从现在起开始为自己的目标而奋斗.

模块三　导数及其应用

在工程、社会经济管理等各个领域，有许多与变化率有关的量，它们都可以用导数表示．例如电路中的瞬时电流，物体运动的速度、加速度，经济增长率，人口出生率等．导数反应函数相对于自变量的变化快慢程度，微分能够刻画当自变量有一微小改变时，相应的函数改变了多少．导数是瞬时变化率，这种变化率在生活中通常叫作增长率或者改变率，经济中叫作边际．导数在生活中有广泛的用途，在实际生活中求函数最值的问题就是用导数来计算的．

微积分是高等数学的重要组成部分，导数和微分更是积分的基础．希望同学们掌握导数的计算和应用．

3.1　根据电量求电流（一）——导数的概念

◇ **单元目标**

▶ 知识目标

掌握变化率、导数的概念．

▶ 能力目标

能够根据电量函数计算电路中某时刻的瞬时电流．

▶ 素质目标

导数是微积分中重要的基础概念，体现了量变到质变的过程．从早期导数的提出、研究及至发展到如今的简便形式，数学家们积极钻研，探索，追求科学极致，为基础学科做出了巨大贡献．我们应了解数学文化历史，提高人文素养，增强责任感、使命感．

◇ **任务提出**

某交流电路中，电量与时间的关系为 $Q(t)=t^3+t$，求电路中 t 时刻的瞬时电流 $I(t)$．

◇ **任务分析**

对于直流电，电流大小不变，根据定义可知，直流电路中电流为 $I(t)=\dfrac{Q(t)}{t}$．

对于交流电，电流大小时刻改变，若根据 $I(t)=\dfrac{Q(t)}{t}=\dfrac{t^3+t}{t}=t^2+1$，该结论显然

是交流电路中 t 秒内的平均电流. t 秒内的平均电流与第 t 秒的瞬时电流是否一样？如何计算？

◇ 知识准备

导数的概念及意义
知识点讲解

一、实例分析

（一）电路中瞬时电流的计算

某交流电中，电量与时间的关系为 $Q(t) = t^3 + t$，求电路中第 1 秒时刻的瞬时电流 $I(1)$.

分析：假设 $1+\Delta t$ 秒为 1 秒的邻近时刻，由题意可知：

电路中 1 秒内的总电量：$Q(1) = 1^3 + 1 = 2$；

电路中 $1+\Delta t$ 秒内的总电量：$Q(1+\Delta t) = (1+\Delta t)^3 + 1 + \Delta t$.

显然，电路中 Δt 秒内的总电量 $\Delta Q = Q(1+\Delta t) - Q(1)$. 根据定义可以得到，电路中 Δt 秒内平均电流为 $\dfrac{\Delta Q}{\Delta t} = \dfrac{Q(1+\Delta t) - Q(1)}{\Delta t} = 4 + 3\Delta t + (\Delta t)^2$.

如果时间间隔 Δt 较短，这个比值在实践中也可以表示 1 秒时刻的电流，但这样做是不精确的，如果 $\Delta t \to 0$ 时，比值 $\dfrac{\Delta Q}{\Delta t}$ 的极限存在，即

$$I(1) = \lim_{\Delta t \to 0} \dfrac{Q(t)}{\Delta t} = \lim_{\Delta t \to 0}(4 + 3\Delta t + (\Delta t)^2) = 4(\text{A}),$$

则称这个极限值 4（A）为电路中 1 秒时刻的瞬时电流.

（二）平面曲线的切线斜率（一般情形）

在曲线 L 上点 M_0 附近，再取一点 M 作割线 M_0M，当点 M 沿曲线 L 移动而趋向 M_0 时，割线 M_0M 的极限位置 M_0T 就定义为曲线 L 在点 M_0 处的切线.

设函数 $y = f(x)$ 的图像为曲线 L，如图 3-1 所示.

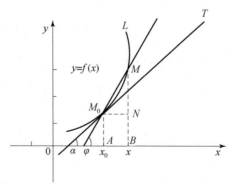

图 3-1

$M_0(x_0, f(x_0))$ 和 $M(x, f(x))$ 为曲线 L 上的两点，它们到 x 轴的垂足分别为 A 和 B，作 M_0N 垂直 BM 并交 BM 于 N，则

$$M_0N = \Delta x = x - x_0，MN = \Delta y = f(x) - f(x_0)，$$

而比值

$$\frac{\Delta y}{\Delta x} = \frac{f(x) - f(x_0)}{x - x_0} = \frac{f(x_0 + \Delta x) - f(x_0)}{\Delta x}$$

便是割线 M_0M 的斜率 $\tan\varphi$，当 $\Delta x \to 0$ 时，M 沿曲线 L 趋于 M_0，从而得到切线的斜率

$$\tan\alpha = \lim_{\Delta x \to 0} \tan\varphi = \lim_{\Delta x \to 0} \frac{\Delta y}{\Delta x} = \lim_{\Delta x \to 0} \frac{f(x_0 + \Delta x) - f(x_0)}{\Delta x}.$$

由此可见，曲线 $y = f(x)$ 在点 M_0 处的纵坐标 y 的增量 Δy 与横坐标 x 的增量 Δx 之比，当 $\Delta x \to 0$ 时的极限即曲线在点 M_0 处的切线斜率.

二、导数的定义

以上两个例子虽然各自的几何和物理意义不同，但都有一个共同特点，即都可以归纳为如下极限：

$$\lim_{\Delta x \to 0} \frac{f(x_0 + \Delta x) - f(x_0)}{\Delta x},$$

于是，给出下面的导数定义.

定义 3-1 设函数 $y = f(x)$ 在点 x_0 及其附近有定义，当自变量 x 在 x_0 处有增量 Δx 时，相应地函数有增量

$$\Delta y = f(x_0 + \Delta x) - f(x_0).$$

如果当 $\Delta x \to 0$ 时，极限

$$\lim_{\Delta x \to 0} \frac{\Delta y}{\Delta x} = \lim_{\Delta x \to 0} \frac{f(x_0 + \Delta x) - f(x_0)}{\Delta x}$$

存在，则称函数 $y = f(x)$ 在点 x_0 处可导，并称这个极限值为函数 $y = f(x)$ 在点 x_0 处的导数（瞬时变化率），记作 $f'(x_0)$，$y'|_{x=x_0}$，$\dfrac{df(x)}{dx}\bigg|_{x=x_0}$ 或 $\dfrac{dy}{dx}\bigg|_{x=x_0}$，即

$$f'(x_0) = \lim_{\Delta x \to 0} \frac{\Delta y}{\Delta x} = \lim_{\Delta x \to 0} \frac{f(x_0 + \Delta x) - f(x_0)}{\Delta x}.$$

注：(1) 函数 $y = f(x)$ 在点 x_0 处可导也称 $f(x)$ 在点 x_0 处有导数或导数存在，如果极限 $\lim\limits_{\Delta x \to 0} \dfrac{f(x_0 + \Delta x) - f(x_0)}{\Delta x}$ 不存在，则称函数 $y = f(x)$ 在点 x_0 处不可导.

(2) 导数的定义还有其他形式，常见的有

$$f'(x_0) = \lim_{h \to 0} \frac{f(x_0 + h) - f(x_0)}{h} \ \text{或} \ f'(x_0) = \lim_{x \to x_0} \frac{f(x) - f(x_0)}{x - x_0}.$$

(3) 如果函数 $f(x)$ 在区间 (a, b) 内每一点处都可导. 就称函数 $f(x)$ 在区间 (a, b) 内可导. 这时函数 $f(x)$ 对于每一个 $x \in (a, b)$ 都有一个确定的导数值与之对应，这样就构成了以 x 为自变量的一个新函数，这个新函数叫作函数 $f(x)$ 对 x 的导数，记为 y'，$f'(x)$，$\dfrac{dy}{dx}$ 或 $\dfrac{df(x)}{dx}$，即

$$f'(x) = \lim_{\Delta x \to 0} \frac{f(x + \Delta x) - f(x)}{\Delta x}.$$

(4) 根据定义求导一般分为三步：

①求增量：$\Delta y = f(x_0 + \Delta x) - f(x_0)$；

②算比值：$\dfrac{\Delta y}{\Delta x} = \dfrac{f(x_0 + \Delta x) - f(x_0)}{\Delta x}$（平均变化率）；

③求极限：$\lim\limits_{\Delta x \to 0} \dfrac{\Delta y}{\Delta x}$（瞬时变化率）.

三、求导数举例

【例3–1】 求函数 $f(x) = x^2$ 在点 $x_0 = 1$ 处和点 x_0 处的导数.

解 （1）求在 $x_0 = 1$ 处的导数.

第一步：计算增量 $\Delta y = f(x_0 + \Delta x) - f(x_0)$
$$= f(1 + \Delta x) - f(1) = (1 + \Delta x)^2 - 1^2 = 2\Delta x + (\Delta x)^2;$$

第二步：计算比值 $\dfrac{\Delta y}{\Delta x} = 2 + \Delta x$；

第三步：求极限 $\lim\limits_{\Delta x \to 0} \dfrac{\Delta y}{\Delta x} = \lim\limits_{\Delta x \to 0}(2 + \Delta x) = 2$.

（2）求在任意点 x_0 处的导数.
$$\Delta y = f(x_0 + \Delta x) - f(x_0) = (x_0 + \Delta x)^2 - x_0^2 = 2x_0 \Delta x + (\Delta x)^2,$$

故
$$\lim\limits_{\Delta x \to 0} \dfrac{\Delta y}{\Delta x} = \lim\limits_{\Delta x \to 0}(2x_0 + \Delta x) = 2x_0.$$

注：由导数的定义不难得到以下求导公式：

（1） $C' = 0$.

（2） $(x^\alpha)' = \alpha x^{\alpha - 1}$，其中 $\alpha \in \mathbf{R}$. 特殊地：$x' = 1$，$(\sqrt{x})' = \dfrac{1}{2\sqrt{x}}$，$\left(\dfrac{1}{x}\right)' = -\dfrac{1}{x^2}$.

四、导数的几何意义

由前面的案例可知 $\lim\limits_{\Delta x \to 0} \dfrac{\Delta y}{\Delta x} = \tan\alpha$，结合导数的定义即 $y' = \tan\alpha$，故函数 $f(x)$ 在点 x_0 处的导数 $f'(x_0)$ 的几何意义为：曲线 $y = f(x)$ 在点 $M_0(x_0, f(x_0))$ 处切线的斜率，如图 3–2 所示.

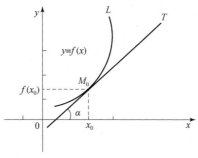

图 3–2

直线的点斜式方程：$y-y_0=k(x-x_0)$，其中，k 是直线的斜率，(x_0,y_0) 是直线上的一点.

根据直线的点斜式方程和导数的几何意义，可以得到曲线 $y=f(x)$ 在点 $M_0(x_0,f(x_0))$ 处的切线方程和法线方程.

(1) 曲线 $y=f(x)$ 在点 $M_0(x_0,f(x_0))$ 处的切线方程为
$$y-f(x_0)=f'(x_0)(x-x_0);$$

(2) 曲线 $y=f(x)$ 在点 $M_0(x_0,f(x_0))$ 处的法线方程为
$$y-f(x_0)=-\frac{1}{f'(x_0)}(x-x_0).$$

说明：法线为过切点与切线垂直的直线，切线和法线互相垂直，互相垂直的两条直线的斜率乘积为 -1.

【例 3-2】 求曲线 $y=\frac{1}{x}$ 在点 $\left(\frac{1}{2},2\right)$ 处切线的斜率，并写出在该点处的切线方程和法线方程.

解 因 $y'=-\frac{1}{x^2}$，故所求切线的斜率为
$$k_1=-\frac{1}{x^2}\bigg|_{x=\frac{1}{2}}=-4.$$

所求切线方程为 $y-2=-4\left(x-\frac{1}{2}\right)$，即 $4x+y-4=0$.

切线与法线互相垂直，故法线的斜率为 $\frac{1}{4}$，法线方程为 $y-2=\frac{1}{4}\left(x-\frac{1}{2}\right)$，即 $y=\frac{1}{4}x+\frac{15}{8}$.

◇ **任务解决**

解 $I(t)=\lim\limits_{\Delta t\to 0}\frac{\Delta Q}{\Delta t}=\lim\limits_{\Delta t\to 0}\frac{Q(t+\Delta t)-Q(t)}{\Delta t}=\lim\limits_{\Delta t\to 0}(3t^2+3t\Delta t+(\Delta t)^2+1)=3t^2+1.$

根据电量求电流问题应用导数概念求解

◇ **能力训练**

若汽车在公路上做变速直线运动，当 $t\in[0,10]$ 时汽车行驶路程函数为 $s(t)=t^3$. 求：
(1) 汽车在第 1 秒的瞬时速度 $v(1)$；
(2) 汽车在任意时刻 t 的瞬时速度函数 $v(t)$.

◇ **评估与测试**

1. 设 $f(x)$ 在 x_0 处可导，下列式子中与 $f'(x_0)$ 相等的是（　　）.

(1) $\lim\limits_{\Delta x\to 0}\dfrac{f(x_0)-f(x_0-2\Delta x)}{2\Delta x}$；　　(2) $\lim\limits_{\Delta x\to 0}\dfrac{f(x_0+\Delta x)-f(x_0-\Delta x)}{\Delta x}$；

(3) $\lim\limits_{\Delta x \to 0} \dfrac{f(x_0 + 2\Delta x) - f(x_0 + \Delta x)}{\Delta x}$； (4) $\lim\limits_{\Delta x \to 0} \dfrac{f(x_0 + \Delta x) - f(x_0 - 2\Delta x)}{\Delta x}$.

A．(1)(2) B．(1)(3) C．(2)(3) D．(1)(2)(3)(4)

2．若 $\lim\limits_{\Delta x \to 0} \dfrac{f(x_0 + 2\Delta x) - f(x_0)}{\Delta x} = 1$，则 $f'(x_0) = ($ $)$．

A．$\dfrac{1}{2}$ B．$-\dfrac{1}{2}$ C．2 D．-2

3．如果 $f'(6) = 10$，则 $\lim\limits_{x \to 0} \dfrac{f(6) - f(6 - x)}{5x} = ($ $)$．

A．-2 B．2 C．-10 D．10

4．如果 $f'(3) = 6$，则 $\lim\limits_{x \to 0} \dfrac{f(3 - x) - f(3)}{2x} = ($ $)$．

A．-6 B．-3 C．3 D．6

5．求幂函数 $y = \sqrt{x}$ 在点 $(4, 2)$ 处的切线方程和法线方程．

6．试求曲线 $y = \dfrac{1}{3}x^3$ 上与直线 $x - 4y - 5 = 0$ 平行的切线方程．

◇ 拓展阅读

导数的起源和历史

1. 早期导数概念——特殊的形式

大约在 1629 年，法国数学家费马研究了作曲线的切线和求函数极值的方法；1637 年左右，他写了一篇手稿《求最大值与最小值的方法》．在作切线时，他构造了差分 $f(A+E) - f(A)$，发现的因子 E 就是现在所说的导数 $f'(A)$．

2. 17 世纪——广泛使用的"流数术"

17 世纪生产力的发展推动了自然科学和技术的发展，在前人创造性研究的基础上，大数学家牛顿、莱布尼茨等从不同的角度开始系统地研究微积分．

牛顿的微积分理论被称为"流数术"，他称变量为流量，称变量的变化率为流数，相当于现代所说的导数．牛顿的有关"流数术"的主要著作是《求曲边形面积》《运用无穷多项方程的计算法》和《流数术和无穷级数》，流数理论的实质可概括为：重点在于一个变量的函数而不在于多变量的方程；在于自变量的变化与函数的变化的比的构成；在于决定这个比当变化趋于零时的极限．

3. 19 世纪的导数——逐渐成熟的理论

1750 年达朗贝尔在为法国科学院出版的《百科全书》第四版写的"微分"条目中提出了关于导数的一种观点，可以用现代符号简单表示：$\dfrac{\mathrm{d}y}{\mathrm{d}x} = \lim\limits_{\Delta x \to 0} \dfrac{\Delta y}{\Delta x}$．

1823 年，柯西在他的《无穷小分析概论》中定义导数：如果函数 $y = f(x)$ 在变量 x 的两个给定的界限之间保持连续，并且为这样的变量指定一个包含在这两个不同界限之间的值，那么可使变量得到一个无穷小增量．

19 世纪 60 年代以后，魏尔斯特拉斯创造了 $\varepsilon-\delta$ 语言，对微积分中出现的各种类型的极限重新表达，导数的定义也就获得了今天常见的形式.

启示：根据辩证唯物主义思想，量变引起质变. 平均值与瞬时值的转化体现了量变与质变的关系，量变积累到了一定程度会产生质变，质变的产生就是通过取极限实现的，因此近似的瞬时值就变成了精确的瞬时值，从而也体现了矛盾对立统一的关系.

3.2 根据电量求电流（二）——基本求导公式

◇ **单元目标**

➢ **知识目标**

掌握基本初等函数求导公式.

➢ **能力目标**

能够根据电量函数计算电路中某时刻的瞬时电流.

➢ **素质目标**

导数四则运算法则是初等函数求导的关键，在计算导数的过程中应按照准则规范进行，正所谓无规矩不成方圆，应养成严谨细致、独立思考的习惯.

◇ **任务提出**

电路中某时刻的电流 i 是电量 q 关于时间 t 的瞬时变化率，如果某交流电中电量与时间的关系为 $q(t)=t^3+t$，求：

（1）电流函数 $i(t)$（用公式求解）；

（2）$t=3$ 时的电流；

（3）电流为 49 A 的时刻.

基本公式及求导法则
知识点讲解

◇ **知识准备**

一、基本初等函数的求导公式

（1）$(c)'=0$（c 是常数）；　　　　（2）$(x^u)'=ux^{u-1}$.

常函数求导为零，幂函数求导：指数拿下来当系数，指数再减 1.

【例 3-3】 （1）$(2)'$； （2）$(e)'$； （3）$(\ln 2)'$； （4）$(\log_2 6)'$.

解 （1）$(2)'=0$； （2）$(e)'=0$； （3）$(\ln 2)'=0$； （4）$(\log_2 6)'=0$.

【例 3-4】 （1）$(x)'$； （2）$(x^2)'$； （3）$(x^3)'$； （4）$(x^4)'$；

（5）$\left(\dfrac{1}{x}\right)'$； （6）$(\sqrt{x})'$； （7）$(x^{\frac{2}{3}})'$； （8）$(x^{-\frac{5}{4}})'$.

解   (1) $(x)' = 1$；   (2) $(x^2)' = 2x$；   (3) $(x^3)' = 3x^2$；   (4) $(x^4)' = 4x^3$；

(5) $\left(\dfrac{1}{x}\right)' = \dfrac{-1}{x^2}$；   (6) $(\sqrt{x})' = \dfrac{1}{2\sqrt{x}}$；

(7) $(x^{\frac{2}{3}})' = \dfrac{2}{3}x^{-\frac{1}{3}}$；   (8) $(x^{-\frac{5}{4}})' = -\dfrac{5}{4}x^{-\frac{9}{4}}$.

---

(3) $(a^x)' = a^x \ln a$；   (4) $(e^x)' = e^x$.

指数函数求导：公式（4）是公式（3）的特例；指数函数求导都包含指数函数本身，再乘以常数 $\ln a$.

【例 3-5】 (1) $(2^x)'$；   (2) $(e^x)'$.

解   (1) $(2^x)' = \ln 2 \cdot 2^x$；   (2) $(e^x)' = e^x \cdot \ln e = e^x$.

---

(5) $(\log_a x)' = \dfrac{1}{x \ln a}$；   (6) $(\ln x)' = \dfrac{1}{x}$.

对数函数求导：公式（6）是公式（5）的特例；对数函数求导都包含 $\dfrac{1}{x}$，再除以常数 $\ln a$.

【例 3-6】 (1) $(\log_2 x)'$；   (2) $(\lg x)'$；   (3) $(\ln x)'$.

解   (1) $(\log_2 x)' = \dfrac{1}{x \cdot \ln 2}$；   (2) $(\lg x)' = \dfrac{1}{x \cdot \ln 10}$；   (3) $(\ln x)' = \dfrac{1}{x \cdot \ln e} = \dfrac{1}{x}$.

---

(7) $(\sin x)' = \cos x$；   (8) $(\cos x)' = -\sin x$；

(9) $(\tan x)' = \sec^2 x$；   (10) $(\cot x)' = -\csc^2 x$；

(11) $(\sec x)' = \sec x \tan x$；   (12) $(\csc x)' = -\csc x \cot x$.

三角函数求导：正弦、正切、正割求导为正；余弦、余切、余割求导为负.

---

(13) $(\arcsin x)' = \dfrac{1}{\sqrt{1-x^2}}$；   (14) $(\arccos x)' = \dfrac{-1}{\sqrt{1-x^2}}$；

(15) $(\arctan x)' = \dfrac{1}{1+x^2}$；   (16) $(\text{arccot}\, x)' = \dfrac{-1}{1+x^2}$.

反三角函数求导：反正弦与反余弦求导后差负号，反正切与反余切求导后差负号.

基本初等函数的求导公式是初等函数求导的基础，也是积分的基础，因此，希望同学们熟练掌握.

二、导数的四则运算

定理 3-1   设函数 $u = u(x)$，$v = v(x)$ 在点 x 处可导，则它们的和、差、积、商在

点 x 处也可导，且有以下公式成立：

(1) $(u \pm v)' = u' \pm v'$；

(2) $(uv)' = u'v + uv'$；

(3) $\left(\dfrac{u}{v}\right)' = \dfrac{u'v - uv'}{v^2} (v \neq 0)$.

特别地：$(cu)' = cu'$（c 为常数）.

三、求导举例

【例 3-7】 设 $y = 3x^4 - \sin x + 8$，求 y'.

解 $y' = (3x^4 - \sin x + 8)' = (3x^4)' - (\sin x)' + 8' = 12x^3 - \cos x$.

【例 3-8】 设 $y = e^x \cos x$，求 y'.

解 $y' = (e^x \cos x)' = (e^x)' \cos x + e^x (\cos x)' = e^x \cos x + e^x (-\sin x)$
$= e^x \cos x - e^x \sin x$.

【例 3-9】 设 $y = \dfrac{\ln x}{x}$，求 y'.

解 $y' = \left(\dfrac{\ln x}{x}\right)' = \dfrac{(\ln x)' x - \ln x (x)'}{x^2} = \dfrac{1 - \ln x}{x^2}$.

【例 3-10】 求 $y = \tan x$ 的导数.

解 $y' = (\tan x)' = \left(\dfrac{\sin x}{\cos x}\right)' = \dfrac{(\sin x)' \cos x - \sin x (\cos x)'}{\cos^2 x}$
$= \dfrac{\cos^2 x + \sin^2 x}{\cos^2 x} = \dfrac{1}{\cos^2 x} = \sec^2 x$,

即
$$(\tan x)' = \sec^2 x.$$

用类似的方法，可求得

$(\cot x)' = -\csc^2 x$；　　$(\sec x)' = \sec x \tan x$；　　$(\csc x)' = -\csc x \cot x$.

说明：$\sec x = \dfrac{1}{\cos x}$，$\csc x = \dfrac{1}{\sin x}$.

四、初等函数的导数

初等函数是由基本初等函数经过有限次的四则运算、有限次的复合运算，最后由一个解析式表达的函数．基本初等函数的求导公式是基础，导数的四则运算是初等函数求导的关键，需要同学们熟练记忆并掌握．

◇ **任务解决**

解 （1）电流函数：$i(t) = q'(t) = 3t^2 + 1$；

（2）$i(3) = 3 \times 3^2 + 1 = 28$；

（3）解方程：$i(t) = 3t^2 + 1 = 49$，得 $t = \pm 4$（舍负），即当 $t = 4$ s 时，

根据电量求电流
应用导数
公式求解

电流为 49 A.

◇ 能力训练

[**广告对销售的影响**] 已知某广告公司的广告花费 x（千元）与总销售量 $S(x)$ 的关系是

$$S(x) = -0.002x^3 + 0.6x^2 + 2x + 400 \quad (0 \leqslant x \leqslant 200),$$

问广告费用为 10 万元时，广告费用再增加一千元，销售量将如何变化？

◇ 评估与测试

1. 下列求导运算正确的是（　　）．

   A. $\left(x + \dfrac{1}{x}\right)' = 1 + \dfrac{1}{x^2}$ 　　　　B. $(\log_2 x)' = \dfrac{1}{x\ln 2}$

   C. $(3x)' = 3x\log_3 e$ 　　　　D. $(x^2 \cos x)' = -2x\sin x$

2. 下列导函数中错误的是（　　）．

   A. $(x^{n-1})' = (n-1)x^{n-2}$ 　　　　B. $(\log_a x)' = \dfrac{1}{x}\log_a e$

   C. $(\tan 2x)' = \sec^2 2x$ 　　　　D. $(a^x)' = a^x \ln a$

3. 设 $f(x) = 3^x + \log_2 x + \arctan x$，则 $[f(1)]' = ($ 　 $)$．

   A. $3\ln 3 + \dfrac{1}{\ln 2} + \dfrac{1}{2}$ 　　　　B. $4\dfrac{1}{2}$

   C. 0 　　　　D. $3 + \log_2 3 + \dfrac{\pi}{4}$

4. 求下列函数导数：

   (1) $y = x^9 - 9^x - 9^9$；　　(2) $y = 5x^2 \cdot \ln x$；　　(3) $y = \sqrt{x} \cdot e^x$；

   (4) $y = \dfrac{x-1}{x+1}$；　　(5) $y = x\log_2 x + \lg e$；　　(6) $y = 3e^x - \cos x + \sqrt{x}$；

   (7) $y = e^x \cos x$；　　(8) $y = \dfrac{\ln x}{\sin x}$；　　(9) $y = 3\tan x - 2\arcsin x$．

5. 已知 $f(x) = \dfrac{1-\sqrt{x}}{1+\sqrt{x}}$，求 $f'(4)$．

6. 一物体做变速直线运动，其路程与时间的关系为 $s = t^3$，求物体在 $t = 3$ s 时的速度．

◇ 拓展阅读

遵守规则的重要性

古人云："无规矩不成方圆."所谓规则，就是人人应当遵守的规范和准则．在现代社会中，我们需要遵守各种规则：红灯停绿灯行是行驶规则；诚信经营是经商规则；

清正廉洁是为官规则. 让人人按规则行事, 是为了保证社会机器的良好高效运行, 减少不确定性, 降低风险, 从而达到保护我们自己的最终目的.

规则是社会运行的基石, 不遵守规则不仅会破坏社会秩序, 影响他人, 最终还可能搬起石头砸自己的脚, 祸及自身.

但是, 社会上总有些人喜欢抱着侥幸的心态, 漠视规则, 挑战规则. 在他们看来, 规则是麻烦, 是障碍, 他们总是想着如何逾越规则为自己谋利, 一旦得逞就因此沾沾自喜, 却不知道, 从长远来看, 违反规则付出的人生成本是最高昂的.

漠视规则也许能为个人提供一时之便, 但是伤害的却是公共秩序和他人利益. 很多时候我们只看到罔顾规则的好处与低成本, 却很容易忘记不守规则的巨大风险: 一旦形成漠视规则的意识, 那么即使今天侥幸逃脱惩罚, 也难保明天不受惩罚, 因为规则意识的缺乏往往是灾祸之始.

制定规则的初衷是保护而非惩罚. 社会中人人遵守规则, 各守其道, 那么人人都是受益者; 反之, 人人各行其是, 我行我素, 违规逾矩, 必将导致一片混乱, 人人都是受害者, 个人权利又如何得到有效保护呢?

启示: 没有规矩, 生活秩序将会一团糟, 人们也无法正常生活、学习和工作. 做人就要懂规矩, 守规矩, 家园才能温馨, 社会方能和谐; 当代大学生应时刻规范自己的行为, 严格要求自己, 根据标准衡量自己, 为将来能有一个美好的未来打好基础.

3.3 电容的充电速度——复合函数求导

◇ **单元目标**

➤ **知识目标**

掌握复合函数求导的方法.

➤ **能力目标**

能够计算电容的充电速度.

➤ **素质目标**

复合函数求导是导数章节的难点, 这里引用生活中的剥洋葱技巧, 把抽象复杂的数学问题转化为浅析的生活常识, 通俗易懂, 培养学生仔细观察、深度探究的能力.

◇ **任务提出**

如图 3-3 所示, 电容充电过程中, 两端电压逐渐增大, 直至充电结束. 在对电容充电的过程中, 电容充电的电压为 $U_C = 10(1 - e^{-\frac{t}{20}})$.

求电容器的充电速度?

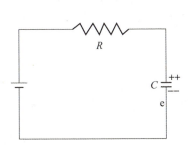
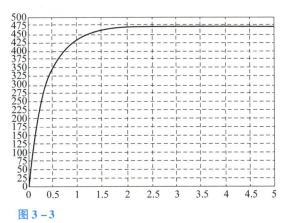

图 3-3

◇ 知识准备

一、复合函数

定义 3-2 设函数 $y=f(u)$ 的定义域为 D_1，函数 $u=\varphi(x)$ 在 D_2 上有定义，且 $u=\varphi(x)$ 的值域与 D_1 的交集非空，则 y 通过中间变量 u 构成 x 的函数，称为 x 的复合函数，记作 $y=f[\varphi(x)]$。

【例 3-11】 设 $y=\sqrt{u}$，$u=\sin x$，求复合函数 $y(x)$。

解 复合函数为：$y=\sqrt{\sin x}$。

【例 3-12】 将复合函数 $y=\ln(1-x)$ 进行分解。

解 外层函数：$y=\ln u$；内层函数：$u=1-x$。

注意：分解成熟悉的函数。

二、复合函数的求导法则

链式法则：如果函数 $u=\varphi(x)$ 在点 x 处可导，而函数 $y=f(u)$ 在相应点 u 处可导，则复合函数 $y=f[\varphi(x)]$ 在点 x 处可导，且有

$$\frac{dy}{dx}=\frac{dy}{du}\cdot\frac{du}{dx} \quad \text{或} \quad y'=y'_u\cdot u'_x.$$

【例 3-13】 设 $y=\sin 2x$，求 y'。

解 这个函数由 $y=\sin u$，$u=2x$ 复合而成，所以

$$\frac{dy}{dx}=\frac{dy}{du}\cdot\frac{du}{dx}=(\sin u)'\cdot(2x)'=2\cdot\cos u=2\cos 2x.$$

【例 3-14】 设 $y=(4x+7)^5$，求 y'。

解 这个函数由 $y=u^5$，$u=4x+7$ 复合而成，所以

$$y'=y'_u\cdot u'_x=5u^4\cdot 4=20u^4=20(4x+7)^4.$$

【例 3-15】 设 $y=3\sin^4(3x-6)$，求 y'。

解 这个函数由 $y=3u^4$，$u=\sin v$，$v=3x-6$ 复合而成，所以

$$y' = y'_u \cdot u'_v \cdot v'_x = 12u^3 \cdot \cos v \cdot 3 = 36u^3 \cdot \cos v = 36\sin^3(3x-6)\cos(3x-6).$$

当四则运算和复合运算混合在一起求导时,引进中间变量后,用链式法则求导的过程比较烦琐且容易出错,下面介绍一种"剥洋葱"形式的求导方法,既方便又快捷. 计算过程仍然是区分内层函数和外层函数,遇到嵌套多层的函数,只需要辨别出最外层的函数.

复合函数求导技巧:"剥洋葱".

(1) 首先,心算出最外层函数的导数,保留内层函数的导数.
(2) 其次,计算内层导函数,若内层函数仍然是复合函数,则重复上一步骤.
(3) 最后,整理化简.

【例 3-16】 设 $y = \ln(\cos 5x)$,求 y'.

解 $y = (\ln(\cos 5x))' = \dfrac{1}{\cos 5x} \cdot (\cos 5x)' = \dfrac{1}{\cos 5x} \cdot (-\sin 5x) \cdot (5x)' = -5 \cdot \tan 5x.$

【例 3-17】 设 $y = \dfrac{1}{\sqrt{4-x^2}}$,求 y'.

解 $y = \left(\dfrac{1}{\sqrt{4-x^2}}\right)' = \dfrac{-1}{4-x^2} \cdot (\sqrt{4-x^2})' = \dfrac{-1}{4-x^2} \cdot \dfrac{1}{2\sqrt{4-x^2}} \cdot (4-x^2)'$

$= \dfrac{x}{(4-x^2)\sqrt{4-x^2}}.$

【例 3-18】 设 $y = x\sin^2 x - \cos x^2$,求 y'.

解 $y' = (x)' \cdot \sin^2 x + x \cdot (\sin^2 x)' - (\cos x^2)'$

$= \sin^2 x + x \cdot 2\sin x \cdot (\sin x)' + \sin x^2 \cdot (x^2)'$

$= \sin^2 x + x \cdot \sin 2x + 2x \cdot \sin x^2.$

注:对于复合函数求导,引进中间变量 u,将复合函数拆成内层函数和外层函数,再应用链式法则求导的方法是理论基础. 实际计算中应用"剥洋葱"的方法较快,需要熟练掌握.

◇ 任务解决

解 充电速度反映电压随时间变化的快慢程度,也就是变化率,因此,求任意时刻的电容充电速度,就是求电压对时间导数,即

电容的充电速度问题的讲解

$$\dfrac{dU_C}{dt} = (10(1-e^{-\frac{t}{20}}))' = -10(e^{-\frac{t}{20}})'$$

$$= -10 \cdot e^{-\frac{t}{20}} \cdot \left(-\dfrac{t}{20}\right)' = \dfrac{1}{2}e^{-\frac{t}{20}}.$$

◇ 能力训练

[汽车销售变化率计算] 资料显示,某地汽车在 2000—2008 年间的销售量(单位:万辆)由下面的函数给出:

$$f(t) = 30.5\sqrt{1 + 2.056t}(0 \leq t \leq 8),$$

其中 $t=0$ 对应 2000 年, 问该地汽车在 2005 年的销售量的变化率是多少?

◇ 评估与测试

1. 求下列函数的导数:

(1) $y=10(3x+8)^6$;　　　　　(2) $y=6\cos(2x+8)$;

(3) $y=10^{-x}$;　　　　　　　(4) $y=\arctan\sqrt{x}$;

(5) $y=\log_2(x^2+1)$;　　　　(6) $y=2^{x^2}$;

(7) $y=\cos x^2$;　　　　　　　(8) $y=\dfrac{x+1}{\sqrt{1-2x}}$.

2. 若 $y=\ln\tan x$, 求 $y'|_{x=\frac{\pi}{6}}$.

3. 若 $y=\ln(1+x^2)+\cos^2 x$, 求 $y'(0)$.

4. [电压的变化率] 一个固定电阻为 3 Ω、可变电阻为 R 的电路中电压由下式给出:

$$V=\dfrac{6R+25}{R+3},$$

求在 $R=7$ Ω 时电压关于可变电阻 R 的变化率.

5. [游戏销售] 当推出一种新的电子游戏程序时, 短期内其销售量会迅速增加, 然后开始下降. 销售量 s 与时间 t 的函数关系为 $s(t)=\dfrac{200t}{t^2+100}$, t 的单位为月. 求:

(1) $s'(t)$;　　　　(2) $s'(5)$ 和 $s(5)$, 并解释其意义.

◇ 拓展阅读

洋葱理论是什么?

洋葱理论也被称为洋葱模型, 这个模型把事物比作一个洋葱. 以人为例, 最外层的是知识和技能, 把这一层皮再剥开, 里面的内容就是道德和态度, 再往下面深入就是素质和意识. 其实这就是一个完整的洋葱模型, 这个模型也可以套用到非常多的方面去. 将一个事物比作洋葱的话, 那么它就会有很多方面需要我们去探, 我们不可能关注洋葱所有的方面. 如果想进一步了解, 那么只能继续深入.

这就和认识一个人一样, 当我们最开始认识某个人的时候, 可能会被他的谈吐穿着或者颜值所吸引, 但是等你进一步接触, 会逐渐认识到这个人的性格是怎么样的、这个人的三观是什么样的, 在与其接触的时候, 就会发现与这个人相处的这种感觉又是什么样的, 其实这也就相当于一个洋葱模型. 用一句话来说, 就是我们需要透过现象来看本质, 把洋葱皮剥开, 然后看到其中的内核是什么样的.

启示: 不管复杂多么问题, 只要认真思考探究, 都可以像剥洋葱一样将其层层分解, 逐个击破, 直到解决问题. 遇到复杂问题时不要畏惧, 而要勇往直前, 认清事物本质, 树立积极向上的人生观.

3.4 用料最省——函数最值的求法

◇ 单元目标

➤ 知识目标

掌握实际问题求最值的原理.

➤ 能力目标

能够根据易拉罐外形简化出圆柱体模型,并计算出用料最省方案.

➤ 素质目标

极值是局部性概念,最值是整体概念,局部和整体是辩证统一的关系,取决于我们看问题的角度. 正所谓"横看成岭侧成峰,远近高低各不同",我们要学会从不同的角度看问题,正确看待人生的低谷与高潮,树立正确的人生观.

◇ 任务提出

要设计一个容积为 330 ml 的圆柱形易拉罐(图 3-4),设易拉罐壁四周的厚度是均匀的,问其底面半径与高是多少时,所消耗材料最少?

图 3-4

◇ 知识准备

一、极值

学习极值的定义后,判断 $x_1, x_2, x_3, x_4, x_5, x_6$ (图 3-5)中哪些是极值点,哪些不是.

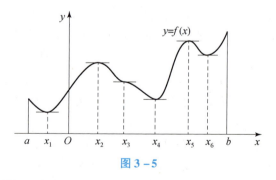

图 3-5

函数最值求法
知识点讲解

定义 3-3 设函数 $f(x)$ 在区间 (a,b) 内有定义,x_0 是 (a,b) 内的一个点,如果存在点 x_0 的一个邻域,对于该邻域内的任意点 x,除了点 x_0 外,$f(x) < f(x_0)$ 均成立,就称 $f(x_0)$ 是函数 $f(x)$ 的一个**极大值**;如果存在点 x_0 的一个邻域,对于该邻域内的任意点 x,除了点 x_0 外,$f(x) > f(x_0)$ 均成立,就称 $f(x_0)$ 是函数 $f(x)$ 的一个**极小值**.

注意:(1)函数的极大值与极小值统称极值,使函数取得极值的点称为极值点;

（2）极值是函数的局部性概念，与最值不同；

（3）极大值可能小于极小值，极小值可能大于极大值.

由上面的定义可以判断：x_1, x_4, x_6 是极小值点，x_2, x_5 是极大值点，x_3 不是极值点.

二、函数的最值

最值问题是最优化问题的重要内容，有了函数极值的知识与求解方法，下面讨论如何求函数的最值.

函数 $f(x)$ 在闭区间 $[a,b]$ 上的最大值或最小值在函数的极大（小）值点处达到，或在区间的端点 $x=a$ 或 $x=b$ 处取得，而函数的极值点可能出现在驻点或不可导点. 因此，求函数 $f(x)$ 在区间 $[a,b]$ 上的最值的步骤如下：

（1）找出方程 $f'(x)=0$ 的根以及使 $f'(x)$ 不存在的点 $x_1, x_2, \cdots, x_n$；

（2）比较 $f(x_1), f(x_2), \cdots f(x_n), f(a)$ 及 $f(b)$ 的大小，最大值就是函数 $f(x)$ 在区间 $[a,b]$ 上的最大值，最小值就是函数 $f(x)$ 在区间 $[a,b]$ 上的最小值.

【例 3 – 19】 求函数 $f(x)=2x^3+3x^2-12x+10$ 在区间 $[-3,4]$ 上的最大值与最小值.

解 $f'(x)=6x^2+6x-12=6(x+2)(x-1)$.

令 $f'(x)=0$，得 $x_1=-2, x_2=1$.

由于

$$f(-2)=30, f(1)=3, f(-3)=19, f(4)=138,$$

比较可以得到 $f(x)$ 在 $x=4$ 处取最大值 $f_{\max}(4)=138$，在 $x=1$ 处取最小值 $f_{\min}(1)=3$.

三、实际问题中的最值

一元函数求最值原理：在实际生活中，求目标函数 $y=f(x)$ 的最值，使 $y'=0$ 的唯一实数解是 $y=f(x)$ 取得最值的地方.

注：这里不再需要用定理验证唯一的实数解是最值.

【例 3 – 20】 汽车厂家正在测试新开发的汽车发动机效率，发动机的效率 $p(\%)$ 与汽车的速度 v（km/h）的关系为 $p=0.768v-0.000\,04v^3$，问发动机的最大效率是多少？

解 求发动机的最大效率 $p_{\max}$，即求函数 $p=0.768v-0.000\,04v^3$ 的最大值. 先求导：

$$\frac{\mathrm{d}p}{\mathrm{d}v}=(0.768v-0.000\,04v^3)'=0.768-0.000\,12v^2.$$

令 $\dfrac{\mathrm{d}p}{\mathrm{d}v}=0$，得 $v=80$（km/h）. 由实际问题知，此时发动机的效率最大，最大效率为 $p(80)\approx 41(\%)$.

【例 3 – 21】 在图 3 – 6 所示电路中，电源电动势为 E，内阻为 r（E, r 均为常量），问负载电阻 R 多大时，输出功率 P 最大？

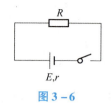

图 3-6

解 消耗在电阻 R 上的功率为 $P = I^2 R$，其中 I 是回路中的电流，由欧姆定律知 $I = \dfrac{E}{R+r}$，所以 $P = \dfrac{E^2 R}{(R+r)^2}$ $(0 < R < +\infty)$.

$$\frac{dP}{dR} = \frac{E^2(R+r)^2 - 2E^2 R(R+r)}{(R+r)^4} = \frac{E^2}{(R+r)^3}(r - R) = 0.$$

令 $\dfrac{dP}{dR} = 0$，解之得 $R = r$，此时 $P = \dfrac{E^2}{4R}$.

由于此闭合电路的最大输出功率一定存在，且在 $(0, +\infty)$ 内取得，所以必须在 P 的唯一驻点 $R = r$ 处取得，因此当 $R = r$ 时，输出功率最大，为 $P = \dfrac{E^2}{4R}$.

◇任务解决

解 设其底面半径为 r（cm），高为 h（cm），其表面积为：

目标函数：$y = 2 \cdot \pi r^2 + 2\pi r h$，因为容积为 330 mL，则 $h = \dfrac{330}{\pi r^2}$；

目标函数：$y = 2 \cdot \pi r^2 + \dfrac{660}{r}$；

求导：$y' = 4\pi r - 660 \dfrac{1}{r^2}$.

易拉罐的最优设计问题讲解

令 $y' = 0$，解方程：$4\pi r - 660 \dfrac{1}{r^2} = 0$，解得 $r \approx 3.75$ cm，$h = \dfrac{330}{\pi r^2} \approx 7.47$ cm，即圆柱的底面圆的半径为 3.75 cm，高为 7.47 cm 时，易拉罐的表面积最小，所用材料最省.

◇能力训练

设有一个长 8 dm、宽 5 dm 的矩形铁片，在四个角切去大小相同的小正方形，问切去的小正方形的边长为多少 dm 时，才能使以剩下的铁片折成的开口盒子的容积最大？求开口盒子容积的最大值.

◇评估与测试

1. 将球从桥上抛向空中，t s 后球相对于地面的高度为 y（m），$y = -5t^2 + 15t + 12$. 求：

(1) 桥距离地面的高度;
(2) 球在 [0,1] s 内的平均速度;
(3) 球在 $t=1$ s 时的瞬时速度;
(4) 球达到最大高度的时刻.

2. 某窗户的形状为半圆置于矩形之上,若此窗框的周长为一定值 L,试确定半圆的半径 r 和矩形的高 h,使通过窗户的光线是最充足的.

3. 要做一个上、下均有底的圆柱形容器,容积是常量 V. 问底面圆的半径 r 为多大时,容器的表面积最小?求出此最小表面积.

4. 将长为 L 的钢丝截成两段,将一段围成正方形,将另一段围成圆形,使正方形和圆形的面积之和最小,问该如何截取?

5. 现要出版一本书,每页纸张的面积为 600 cm², 要求上、下各留出 3 cm 的空白,左、右各留出 2 cm 的空白,试确定纸张的长和宽,使每页纸面能安排印刷最多内容.

◇ **拓展阅读**

多角度看问题

"横看成岭侧成峰,远近高低各不同",通过不同的角度会看到不一样的风景. 在生活中,我们换一个角度看问题,就会得到不一样的结果.

多角度看问题,能够将问题认识得更全面. 比如,有几个盲人想知道大象是什么样子的,于是有人给他们牵来了一头大象. 几个盲人便伸手去摸,每个人摸的位置不同,所认识的大象也都不同. 对待问题也是这样,只从一个角度观察,不会有非常正确的认识,也就没办法很好地解决问题. 盲人们再从头到尾摸了一遍大象,都知道了大象的真实样子. 对待问题,也要像盲人一样,从头到尾,多方面去观察,方能更好地认识真相. 不能多角度正确认识问题,也就没办法正确解决问题.

解决问题,需要了解问题的多个方面,需要正确地解释问题,才能够解决问题. 我们要做的,就是摆正自己的心态,冷静思考,谨慎处理,用乐观的心态去迎接挑战.

启示:经典古诗词精妙绝伦,将事物本质描述得形象具体,可提高人文素养;结合辩证法,从不同角度看问题,结果也不同. 我们每个人在每个阶段,其实都是在追求一个极大值,需要我们不断奋斗,不断努力. 当我们达到这个极大值时,还要为了新的目标去奋斗,应时刻努力不放松,认识到人外有人,山外有山.

3.5 零件曲率的计算——高阶导数

◇ **单元目标**

▶ **知识目标**

(1) 了解高阶导数的概念;
(2) 掌握高阶导数的求法.

➢ **能力目标**

能够根据已知零件截面曲线计算曲线上任意点处的曲率.

➢ **素质目标**

高阶导数指的是二阶及二阶以上的导数,它是解决曲率、加速度、凹凸性等问题的关键. 要求高阶导数,只能从一阶导数开始,一次次地往上求导才能达到目标. 人生也是如此,需要脚踏实地,一步一个脚印,切记好高骛远.

◇ 任务提出

如图 3-7 所示,某弹头形工件内表面的截线为抛物线 $y = 0.4x^2$,现在要用砂轮磨削其内表面,问直径为多大的砂轮比较合适?

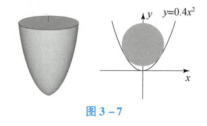

图 3-7

高阶导数及曲率
知识点讲解

◇ 知识准备

一、曲率

曲率反映了曲线的弯曲程度,曲率越大,弯曲程度越大;反之,曲率越小,弯曲程度越小.

注意:(1)对于直线,没有弯曲程度,曲率为零(直线是不弯曲的);

(2)抛物线上顶点处弯曲程度最大;

(3)同一个圆上每点处弯曲程度相同;

(4)小圆比大圆弯曲程度大.

定义 3-4 设曲线 $y = f(x)$ 在点 $M(x,y)$ 处的曲率为 K($K \neq 0$),在曲线的 M 处的法线上,在凹的一侧取一点 D,使 $|DM| = \dfrac{1}{K} = \rho$,以 D 为圆心,以 ρ 为半径作圆,这个圆称为曲线在点 M 处的曲率圆,曲率圆的圆心 D 称为曲线在点 M 处的曲率中心,曲率圆的半径 ρ 称为曲线在点 M 处的**曲率半径**,即 $\rho = \dfrac{1}{K}$(图 3-8).

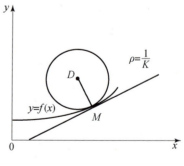

图 3-8

二、高阶导数

如果函数 $y=f(x)$ 的导数 $y'=f'(x)$ 在点 x 处可导，则称 $(f'(x))'$ 为函数 $y=f(x)$ 在点 x 处的二阶导数，记作 y''，$f''(x)$，$\dfrac{\mathrm{d}^2 y}{\mathrm{d}x^2}$，$\dfrac{\mathrm{d}^2 f(x)}{\mathrm{d}x^2}$.

类似地，二阶导数的导数称为三阶导数，记作 y'''，$f'''(x)$，$\dfrac{\mathrm{d}^3 y}{\mathrm{d}x^3}$，$\dfrac{\mathrm{d}^3 f(x)}{\mathrm{d}x^3}$. 三阶导数的导数称为四阶导数，……，一般地，$n-1$ 阶导数的导数叫作 n 阶导数，记作 $y^{(n)}$，$f^{(n)}(x)$，$\dfrac{\mathrm{d}^n y}{\mathrm{d}x^n}$，$\dfrac{\mathrm{d}^n f(x)}{\mathrm{d}x^n}$.

说明：二阶及二阶以上的导数统称为高阶导数.

【例3－22】 设 $y=3x-6$，求 y''.

解 $y'=(3x-6)'=3$，$y''=0$.

【例3－23】 设 $y=\mathrm{e}^x$，求 $y^{(n)}$.

解 $y'=(\mathrm{e}^x)'=\mathrm{e}^x$，$y''=(y')'=(\mathrm{e}^x)'=\mathrm{e}^x$，$y'''=\mathrm{e}^x$，…，$y^{(n)}=\mathrm{e}^x$.

【例3－24】 设 $y=x^n$，求 $y^{(n)}$.

解 $y'=nx^{n-1}$，$y''=n(n-1)x^{n-2}$，$y'''=n(n-1)(n-2)x^{n-3}$，…，
$$y^{(n)}=n(n-1)(n-2)\cdots 1 \cdot x^0 = n!.$$

如：$y=x^7$，$y^{(7)}=7!$，$y^{(8)}=0$.

【例3－25】 设 $y=\sin x$，求 $y^{(n)}$.

解 $y'=\cos x = \sin\left(x+\dfrac{\pi}{2}\right)$,

$y'' = \cos\left(x+\dfrac{\pi}{2}\right) = \sin\left(x+\dfrac{\pi}{2}+\dfrac{\pi}{2}\right) = \sin\left(x+2\cdot\dfrac{\pi}{2}\right)$,

$y''' = \cos\left(x+2\cdot\dfrac{\pi}{2}\right) = \sin\left(x+3\cdot\dfrac{\pi}{2}\right)$,

……

$y^{(n)} = \sin\left(x+n\cdot\dfrac{\pi}{2}\right)$.

类似地：$(\cos x)^{(n)} = \cos\left(x+n\cdot\dfrac{\pi}{2}\right)$. 说明：$\cos\alpha = \sin\left(\alpha+\dfrac{\pi}{2}\right)$.

三、曲率公式

设曲线的方程为 $y=f(x)$，且 $y=f(x)$ 具有二阶导数，则曲线 $y=f(x)$ 的曲率为
$$K = \left|\dfrac{y''}{(1+(y')^2)^{\frac{3}{2}}}\right|.$$

【例3－26】 若某一桥梁的桥面设计为抛物线，其方程为 $y=-x^2$，求桥梁在点 $M(1,-1)$ 处的曲率.

解 $y'=-2x$，$y''=-2$，$K = \left|\dfrac{y''}{(1+(y')^2)^{\frac{3}{2}}}\right|\bigg|_{x=1} = \left|\dfrac{-2}{(1+4x^2)^{\frac{3}{2}}}\right|\bigg|_{x=1} = \dfrac{2\sqrt{5}}{25} \approx 0.18.$

◇ **任务解决**

解 在磨削弧形工件时，为了不使砂轮与工件接触处附近的那部分工件磨去太多，砂轮的半径应该不大于弧形工件上各点处曲率半径中的最小值．已知抛物线在其顶点处的曲率最大，也就是说抛物线在其顶点处的曲率半径最小．应该选顶点处的曲率半径作为砂轮的内径．

零件曲率问题讲解

由题意可知 $y' = 0.8x$，$y'' = 0.8$．

曲率 $K = \left| \dfrac{y''}{(1+(y')^2)^{\frac{3}{2}}} \right|_{x=0} = \left| \dfrac{0.8}{(1+(0.8x)^2)^{\frac{3}{2}}} \right|_{x=0} = 0.8.$

半径 $\rho = \dfrac{1}{0.8} = 1.25$，所以选用砂轮的半径不得超过 1.25 单位长，即直径不得超过 2.5 单位长．

◇ **能力训练**

[工件弯曲程度比较] 设有两个弧形工件 A，B，工件 A 满足曲线方程 $y = x^3$，工件 B 满足方程 $y = x^2$，试比较这两个工件在 $x = 1$ 处的弯曲程度．

◇ **评估与测试**

1. 求下列函数的二阶导数：

(1) $y = x^3 + 2x^2$；　　　　　　　(2) $y = \sin(3x+5)$；

(3) $y = x\mathrm{e}^{-x^2}$；　　　　　　　　(4) $y = x\cos x$；

(5) $y = \ln(3x-9)$；　　　　　　(6) $y = \arcsin 2x$．

2. 根据要求计算下列函数在给定点的值：

(1) $y = (4x+2)^5$，求 $y'''|_{x=0}$；

(2) $f(x) = \ln(\ln x)$，求 $f'(\mathrm{e}^2)$，$f''(\mathrm{e}^2)$；

(3) 已知 $f(x) = \dfrac{x}{\sqrt{1-x^2}}$，求 $f''(0)$．

3. 求下列函数的 n 阶导数：

(1) $y = 3^x$；　　　　　　　　　(2) $y = \ln(1+x)$．

4. 求曲线 $y = \dfrac{1}{x}$ 在点 $(1,1)$ 处的曲率及曲率圆半径．

◇ **拓展阅读**

脚踏实地，走好人生每一步

一个人想要成就自己的事业，必须按照一个公式去做：成功之法 = 敬业精神 + 脚踏实地. 人生需要务实, 人生需要脚踏实地地前行, 不要好高骛远, 不要期待一步登天, 因为成功的过程充满艰辛和困难, 不可能一蹴而就. 如果基础打得不扎实、不牢固, 那么所谓的伟业和成功就如同"空中楼阁", 会随时轰然倒塌, 所以真正的聪明者就应该脚踏实地、一步一个脚印地走好每一步.

我们要想成功, 就需要脚踏实地地前行. 不积跬步无以至千里, 我们需要有一种滴水穿石的精神, 只有付出汗水, 才能有收获. 我们要想成功, 需要脚踏实地地前行, 需要一步一个脚印, 认真学习, 努力思考, 需要多做, 多动手, 多思考, 从中得到启示, 获得成功经验, 最终成功, 从而使自己在事业上完成飞跃, 达到一流水平, 引领时代的发展, 成为时代的精英, 破茧成蝶, 实现自己的梦想, 做一个无愧于家庭、社会、国家的有用之人.

"一句谎言, 百句难圆; 一脚踏错, 百步难还." 我们要紧跟时间的脚步, 谨慎地走好人生的每一步.

启示: 在日常的生活、学习和工作中, 我们做事情不能好高骛远, 要从基层做起, 打好基础, 脚踏实地, 一步一个脚印, 才能获得成功, 实现人生目标.

3.6 误差计算——微分及其应用

◇ **单元目标**

➤ **知识目标**

掌握微分的概念及利用微分进行近似计算的方法;
掌握绝对误差和相对误差的概念和计算.

➤ **能力目标**

能够根据微分进行圆钢截面面积的误差估算.

➤ **素质目标**

测量计算中误差不可避免, "零误差"更加难以实现. 在计算中应尽可能减小误差. 在实际工作中追求完美极致是当代大学生必须具备的优良品质, 这是向大国工匠发展的基本前提.

◇ **任务提出**

多次测量一根圆钢截面直径(图 3-9), 其值分别为 49.9 mm、49.8 mm、50.0 mm、50.1 mm、50.2 mm、50.2 mm、50.0 mm、49.8 mm, 已知测量仪器的绝对误差不超过 0.04 mm, 试计算该圆钢截面面积, 并估算其误差.

图 3-9

微分的概念及意义
知识点讲解

◇ 知识准备

一、函数微分

定义 3-5 如果函数 $y=f(x)$ 在点 x_0 及其附近可导,则称 $f'(x_0)\Delta x$ 为函数 $y=f(x)$ 在点 x_0 处的微分,记作 dy 或 $df(x)$,即 $dy=f'(x_0)\Delta x$. 这里习惯将自变量的改变量 Δx 记作 dx,称为自变量的微分. 一般地,可导函数在任意一点处的微分为 $dy=f'(x)dx$. 请思考函数的增量 Δy 与函数的微分 dy 有什么关系.

注:自变量的微分 $dx=\Delta x$.

【例 3-27】 已知函数 $y=x^3$,求:

(1) 函数微分 dy;

(2) 当 $x=2$ 时函数的微分;

(3) 当 $x=2$,$\Delta x=0.02$ 时函数的微分.

解 (1) 由函数的定义知,在任意一点 x 处的微分为
$$dy=f'(x)dx=(x^3)'dx=3x^2dx.$$

(2) 当 $x=2$ 时函数的微分为
$$dy|_{x=2}=f'(x)dx|_{x=2}=3x^2dx|_{x=2}=12dx.$$

(3) 当 $x=2$,$\Delta x=0.02$ 时函数的微分为
$$dy|_{x=2,\Delta x=0.02}=f'(x)\Delta x|_{x=2,\Delta x=0.02}=3x^2\Delta x|_{x=2,\Delta x=0.02}=0.24.$$

由例 3-27 可知:$\Delta y=2.02^3-2^3=0.242408$,可以看出 $\Delta y \approx dy$.

二、微分的几何意义

图形上函数的增量 Δy 和函数在 x_0 处的微分 dy 该如何表示呢?如图 3-10 所示,曲线 $y=f(x)$ 在 $M(x_0,f(x_0))$ 处的切线为 MT,给自变量 x_0 一个增量 Δx,即 $N(x_0+\Delta x,f(x_0+\Delta x))$,过点 N 作垂直于 x 轴的垂线 NQ 交 MT 于点 P.

显然,当自变量 x_0 增加为 $x_0+\Delta x$ 时,对应函数的增量 $\Delta y=f(x_0+\Delta x)-f(x_0)=NQ$.

由微分的定义得 x_0 处的微分 $dy = f'(x_0) \cdot dx$，其中 $f'(x_0)$ 是过点 $M(x_0, f(x_0))$ 处的切线的斜率为 $\tan\alpha = \dfrac{PQ}{MQ}$，而 MQ 恰好是 $\Delta x = dx$，即 $dy = PQ$.

从图像上来看 $\Delta y = NQ$ 和 $dy = PQ$，Δy 是曲线 $y = f(x)$ 上点的纵坐标增量时，dy 就是曲线的切线上点纵坐标的相应增量. 当 $|\Delta x|$ 很小时，$|\Delta y - dy|$ 比 $|\Delta x|$ 小得多，即
$$\Delta y \approx dy.$$

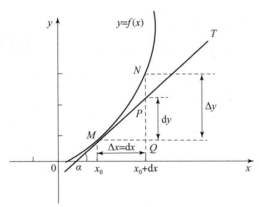

图 3 – 10

三、微分的应用

当 $|\Delta x|$ 很小时，可用 dy 近似代替 Δy，进行近似计算：

（1） $\Delta y = f(x_0 + \Delta x) - f(x_0) \approx f'(x_0)\Delta x$；

（2） $f(x_0 + \Delta x) \approx f(x_0) + f'(x_0)\Delta x$.

【例 3 – 28】 某公司生产一种新型游戏程序，若能全部出售，收入函数 $R = 36x - \dfrac{x^2}{20}$，其中 x 为公司的日产量. 如果公司的日产量从 250 增加到 260，请估算公司每天收入的增加量.

解 当公司的日产量从 250 增加到 260 时，公司每天产量的增加量为 $\Delta x = 10$，用 dR 估算每天的收入增加量为

$$\Delta R \Big|_{\substack{\Delta x = 10 \\ x = 250}} \approx dR \Big|_{\substack{\Delta x = 10 \\ x = 250}} = \left(36x - \dfrac{x^2}{20}\right)' \Delta x \Big|_{\substack{\Delta x = 10 \\ x = 250}} = \left(36 - \dfrac{x}{10}\right)\Delta x \Big|_{\substack{\Delta x = 10 \\ x = 250}} = 110.$$

【例 3 – 29】 一机械挂钟的钟摆的周期为 1 s，在冬季，摆长因受冷而缩短了 0.01 cm，已知单摆的周期为 $T = 2\pi\sqrt{\dfrac{l}{g}}$，其中 $g = 980$ cm/s²，问这只钟每秒大约快还是慢多少？

解 因为钟摆的周期为 1 s，所以有 $2\pi\sqrt{\dfrac{l}{g}} = 1$，解得摆的原长为 $l = \dfrac{g}{(2\pi)^2}$，又摆长的改变量为 $\Delta l = -0.01$ cm，用 dT 近似计算 ΔT，得

$$\Delta T \approx dT = \dfrac{\pi}{\sqrt{gl}} \cdot \Delta l = \dfrac{\pi}{\sqrt{g \cdot \dfrac{g}{(2\pi)^2}}} \cdot (-0.01)$$

$$= \frac{2\pi^2}{g} \cdot (-0.01) \approx -0.000\,2(\text{s}).$$

冬季摆长缩短了 0.01 cm，钟摆的周期相应地缩短了约 0.000 2 s.

四、绝对误差和相对误差

如果某个量的精确值为 A，它的近似值为 a，那么 $|A-a|$ 叫作近似值 a 的绝对误差，而绝对误差 $|A-a|$ 与 $|a|$ 的比值 $\dfrac{|A-a|}{|a|}$ 叫作近似值 a 的相对误差.

【例 3-30】 测得一根圆柱的直径为 43 cm，并已知在测量中绝对误差不超过 0.2 cm，试用此数据计算圆柱的横截面面积所引起的绝对误差和相对误差.

解 圆柱的横截面的直径 $D=43$ cm，直径的绝对误差 $|\Delta D|\leq 0.2$，圆柱的横截面面积的近似值为

$$A = \frac{1}{4}\pi D^2 = \frac{1}{4}\pi 43^2 = 462.25\ \text{cm}^2$$

由 D 的测量误差 ΔD 所引起的面积 A 的计算误差 ΔA，可用微分 $\mathrm{d}A$ 近似计算.

$$\Delta A \approx \mathrm{d}A = A'\big|_{D=43} \cdot \Delta D = \frac{1}{2}\pi D\big|_{D=43} \cdot \Delta D = \frac{1}{2}\pi 43 \cdot \Delta D \leq 4.3\pi,$$

所以绝对误差为

$$|\Delta A| \approx |\mathrm{d}A| \leq 4.3\pi\ \text{cm}^2$$

相对误差为

$$\left|\frac{\Delta A}{A}\right| \approx \left|\frac{\mathrm{d}A}{A}\right| = \frac{\frac{1}{2}\pi D \cdot |\Delta D|}{\frac{1}{4}\pi D^2} = 2 \cdot \left|\frac{\Delta D}{D}\right| \leq 2 \cdot \frac{0.2}{43} = 0.93\%.$$

◇ **任务解决**

解 由题意可以计算出圆钢截面 8 组数据直径的平均值为 50 mm，所以，截面圆的面积近似值为：$S = \pi r^2 = \pi \dfrac{D^2}{4} \approx 1\,962.5\,(\text{mm}^2)$.

圆钢截面的面积
误差估算问题讲解

绝对误差：$\Delta S \approx \mathrm{d}S = \pi \dfrac{D}{2}\Delta D = 3.14\,(\text{mm}^2)$.

相对误差：$\dfrac{\Delta S}{S} = \dfrac{3.14}{1\,962.5} \approx 0.16\%$.

◇ **能力训练**

[估算扩音器涂层量的体积] 某机器设备里的扩音器杆头为圆柱形，截面半径 r 为 0.15 cm，长度 l 为 4 cm. 为了提高它的导电性能，要在圆柱的侧面镀上一层厚为 0.001 cm 的铜，试估计大约需要多少克铜？（铜的密度是 8.9 g/cm³）

评估与测试

1. 在下列各题的括号内填入适当的式子或数，使等式成立.
   (1) d(   ) $= x\mathrm{d}x$；
   (2) $\mathrm{d}\ln x^2 = ($ $)\mathrm{d}x$；
   (3) (   )$\mathrm{d}x = \mathrm{d}\mathrm{e}^{2x}$；
   (4) d(   ) $= 2\mathrm{d}x$.

2. 已知函数 $y = x^3 - x$，计算在 $x = 2$ 处 $\Delta x = 0.1$ 时的 Δy 及 $\mathrm{d}y$.

3. 求下列函数的微分：
   (1) $y = 3x^5 - 7\sin x + \ln 9$；
   (2) $y = \log_3 \sqrt{x}$；
   (3) $y = \mathrm{e}^x \sin x$；
   (4) $y = \dfrac{\mathrm{e}^x}{x}$.

4. 根据微分近似计算下列值：
   (1) $\cos 30°12'$；
   (2) $\sqrt{4.2}$.

拓展阅读

大国工匠：深海钳工专注筑梦

港珠澳大桥是粤港澳首次合作共建的超大型跨海交通工程，其中岛隧工程是大桥的控制性工程，也是目前世界上在建的最长公路沉管隧道. 工程采用世界最高标准，设计、施工难度和挑战均为世界之最，被誉为"超级工程".

在这个超级工程中，有位普通的钳工大显身手，成为明星工人. 他就是管延安，中交港珠澳大桥隧道工程V工区航修队首席钳工. 经他安装的沉管设备，已成功完成18次海底隧道对接任务，无一次出现问题. 接缝处间隙误差达到了"零误差"标准. 因为操作技艺精湛，管延安被誉为中国"深海钳工"第一人.

零误差来自近乎苛刻的认真. 管延安有两个多年养成的习惯，一是给每台修过的机器、每个修过的零件做笔记，将每个细节详细记录在个人的"修理日志"中，遇到什么情况、怎么样处理都"记录在案". 从入行到现在，他已记了厚厚四大本，闲暇时他都会拿出来温故知新. 二是维修后的机器在送走前，他都会检查至少三遍. 正是这种追求极致的态度，不厌其烦地重复检查、练习，成就了管延安精湛的操作技艺.

"我平时最喜欢听的就是锤子敲击时发出的声音."管延安说. 20多年钳工生涯虽然艰苦，但他深深地体会到其中的乐趣.

启示：港珠澳大桥被誉为"新世界七大奇迹之一"，是中国桥梁历史上的"珠穆朗玛峰". 我们要增强民族自豪感，在工作中，在误差条件允许范围内，尽量减小误差，争取"零误差"；学习大国工匠追求完美、认真极致的态度；养成严谨的科学作风，每天进步一点点，做最好的自己.

模块四 积分及其应用

定积分起源于求图形的面积和体积等实际问题. 17世纪中叶, 牛顿和莱布尼茨先后提出了定积分的概念, 并发现了积分与微分之间的内在联系, 给出了计算定积分的一般方法, 从而使定积分成为解决有关实际问题的有力工具, 并使各自独立的微分学与积分学联系在一起, 构成完整的理论体系——微积分学.

积分是高等数学的重要概念之一, 包括不定积分和定积分, 它在工程、经管以及科学技术等领域中有着十分广泛的应用. 本模块通过3D打印引入定积分与不定积分的概念, 并进一步讨论其计算方法及其具体应用.

4.1 异形螺丝侧面积的计算（一）——定积分的概念

◇ 单元目标

➢ **知识目标**

掌握曲边梯形、定积分的概念.

➢ **能力目标**

能够用定积分表示异形螺丝侧面积.

➢ **素质目标**

深刻理解"无限细分, 近似求解, 无限求和"的积分思想, 将其与学习生活结合起来, 遇到看似复杂难解问题时, 应将其化整为零, 各个击破, 最终解决难题.

◇ 任务提出

一、3D 打印原理介绍

3D打印（3DP）是快速成型技术的一种, 又称增材制造, 是近些年来工业制造领域方兴未艾的前沿技术. 它是一种以数字模型文件为基础, 运用粉末状金属或塑料等可黏合材料, 通过逐层打印的方式构造物体的技术.

3D打印通常是采用数字技术材料打印机来实现的, 常在模具制造、工业设计等领域用于制造模型, 后逐渐用于一些产品的直接制造, 已经有使用这种技术打印而成的零部件. 目前这项技术在工业设计、建筑、工程、汽车、航空航天、牙科和医疗产业、教育、地理信息系统、土木工程以及其他领域都有广泛的应用, 其基本制造过程如图4-1所示.

模块四 积分及其应用

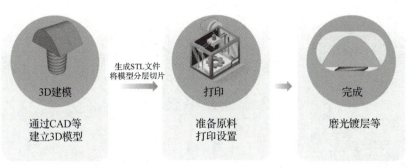

图 4-1

二、情境引入

现需要通过3D打印技术制作图 4-2 所示的异形螺丝. 机械制造中某些机器设备对异形螺丝的性能要求非常高, 生产厂家为提高异形螺丝的性能, 通常要为其电镀金属. 电镀费用按零部件面积计算, 但部分工件不规则（由曲线构成）, 粗略估算, 面积与实际差异很大, 经常引起厂家与客户的争议, 如何保证面积计算精确是一个关键问题.

图 4-2

三、问题提出

异形螺丝侧面样图如图 4-3 所示.

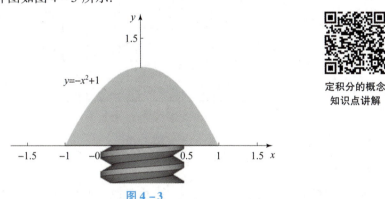

图 4-3

定积分的概念
知识点讲解

具体问题：在直角坐标系中, 由曲线 $y = -x^2 + 1$ 及 x 轴所围成的图形即异形螺丝侧面, 给出计算其面积的一种方法.

◇知识准备

一、曲边梯形的面积

1. 曲边梯形的概念

在直角坐标系下, 由闭区间 $[a, b]$ 上的连续曲线 $y = f(x)$ ($f(x) \geq 0$), 直线 $x = a$, $x = b$, 和 $y = 0$（即 x 轴）所围成的平面图形 $AabB$ 叫作曲边梯形（图 4-4）.

103

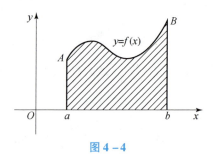

图 4-4

2. 曲边梯形的面积计算

1）分割

如图 4-5 所示，任取分点 $a = x_0 < x_1 < x_2 < \cdots < x_i < \cdots < x_{n-1} < x_n = b$，把区间 $[a,b]$ 分成 n 个小区间 $[x_0,x_1]$，$[x_1,x_2]$，$\cdots$，$[x_{i-1},x_i]$，$\cdots$，$[x_{n-1},x_n]$。每个小区间段的长度 $\Delta x_i = x_i - x_{i-1}(i=1,2,\cdots,n)$。过每个分点作 x 轴的垂线，把曲边梯形 $AabB$ 分成 n 个小曲边梯形，每个小曲边梯形的面积记为 $\Delta A_i(i=1,2,\cdots,n)$。

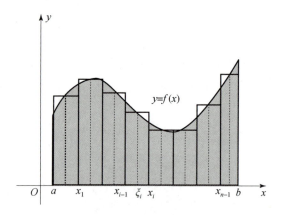

图 4-5

2）近似代替

在每个小区间 $[x_{i-1},x_i](i=1,2,\cdots,n)$ 内任取一点 $\xi_i(x_{i-1} \leqslant \xi_i \leqslant x_i)$，以 $f(\xi_i)$ 为高，以 Δx_i 为底作小矩形，用此小矩形的面积近似代替小曲边梯形的面积 ΔA_i，即 $A_i \approx f(\xi_i)\Delta x_i(i=1,2,\cdots,n)$。

3）求和

把这 n 个小矩形的面积加起来，就得到曲边梯形的面积 A 的近似值，即 $A \approx f(\xi_1)\Delta x_1 + f(\xi_2)\Delta x_2 + \cdots + f(\xi_n)\Delta x_n$，记为

$$A \approx \sum_{i=1}^{n} f(\xi_i)\Delta x_i.$$

4）取极限

若用 $\Delta x = \max_{1 \leqslant i \leqslant n}\{\Delta x_i\}$ 表示所有小区间长度的最大者，当 $\Delta x \to 0$ 时，和式 $A \approx \sum_{i=1}^{n} f(\xi_i)\Delta x_i$ 的极限就是曲边梯形的面积，即

$$A = \lim_{\Delta x \to 0} \sum_{i=1}^{n} f(\xi_i) \Delta x_i.$$

【例 4-1】 利用上述方法计算 $y = x^2$，$x = 1$ 以及 x 轴所围区域的面积 S（图 4-6）．

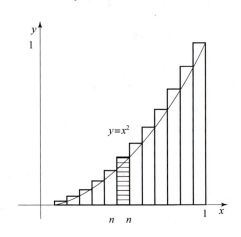

图 4-6

解 （1）将 $[0, 1]$ 区间等分为 n 份，即取分点

$$0 < \frac{1}{n} < \frac{2}{n} < \cdots < \frac{i-1}{n} < \frac{i}{n} < \cdots < \frac{n-1}{n} < \frac{n}{n} = 1,$$

$$\Delta x_1 = \Delta x_2 = \cdots \Delta x_i = \frac{1}{n};$$

（2）$\left[\dfrac{i-1}{n}, \dfrac{i}{n}\right]$ 区间上的小曲边梯形近似为以 $\Delta x_i = \dfrac{1}{n}$、以 $\left(\dfrac{i}{n}\right)^2$ 为高的矩形；

（3）将所有小矩形面积相加记得到原曲边形状的近似，即：

$$S \approx \left(\frac{1}{n}\right)^2 \cdot \frac{1}{n} + \left(\frac{2}{n}\right)^2 \cdot \frac{1}{n} + \cdots + \left(\frac{i}{n}\right)^2 \cdot \frac{1}{n} + \cdots + \left(\frac{n}{n}\right)^2 \cdot \frac{1}{n} \approx \frac{1}{n^3} \sum_{i=1}^{n} i^2$$

$$S \approx \frac{n(n+1)(2n+1)}{6n^3} \text{（利用平方和公式可得）}$$

（4）$S = \lim\limits_{n \to \infty} \dfrac{n(n+1)(2n+1)}{6n^3} = \dfrac{1}{3}$．

二、定积分的定义

定义 4-1 设函数 $f(x)$ 为区间 $[a, b]$ 上的有界函数，任意取分点 $a = x_0 < x_1 < x_2 < \cdots < x_{n-1} < x_n = b$，将区间 $[a, b]$ 分成 n 个小区间 $[x_{i-1}, x_i]$，其长度记为

$$\Delta x_i = x_i - x_{i-1} (i = 1, 2, \cdots, n).$$

在每个小区间 $[x_{i-1}, x_i]$ $(i = 1, 2, \cdots, n)$ 上任取一点 ξ_i $(x_{i-1} \leqslant \xi_i \leqslant x_i)$，得相应的函数值 $f(\xi_i)$，作乘积 $f(\xi_i) \Delta x_i (i = 1, 2, \cdots, n)$．把所有这些乘积加起来，得和式：

$$S_n = \sum_{i=1}^{n} f(\xi_i) \Delta x_i.$$

记 $\Delta x = \max\limits_{1 \leqslant i \leqslant n} \{\Delta x_i\}$，当 $\Delta x \to 0$ 时，如果上述和式 S_n 的极限存在，则称函数 $f(x)$ 在区间

$[a,b]$ 上**可积**,并将此极限值称为函数 $f(x)$ 在 $[a,b]$ 上的**定积分**,记作 $\int_a^b f(x)\mathrm{d}x$,即

$$\int_a^b f(x)\mathrm{d}x = \lim_{\Delta x \to 0} \sum_{i=1}^n f(\xi_i)\Delta x_i.$$

其中,$\int$ 称为**积分(符)号**,$f(x)$ 称为**被积函数**,$f(x)\mathrm{d}x$ 称为**被积表达式**,x 叫作**积分变量**,$[a,b]$ 为**积分区间**,a 为**积分下限**,b 为**积分上限**.

符号 $\int_a^b f(x)\mathrm{d}x$ 读作函数 $f(x)$ 从 a 到 b 的定积分.

$\int$ 是英文中 sum(和)的第一个字母 s 的拉长形式.

说明:

(1) 所谓和式的极限存在(即函数可积)是指不论区间 $[a,b]$ 怎样分法和 $\xi_i(x_{i-1} \le \xi_i \le x_i)$ 怎样取法,极限都存在且相等.

(2) 因为和式的极限是由函数 $f(x)$ 及区间 $[a,b]$ 所确定的,所以定积分只与被积函数和积分区间有关,而与积分变量的符号无关,即 $\int_a^b f(x)\mathrm{d}x = \int_a^b f(t)\mathrm{d}t$.

(3) 该定义是在 $a<b$ 的情况下给出的,但不管 $a<b$ 还是 $a>b$,总有

$$\int_a^b f(x)\mathrm{d}x = -\int_b^a f(x)\mathrm{d}x.$$

特别地,当 $a=b$ 时,规定 $\int_a^a f(x)\mathrm{d}x = 0$.

由定积分的定义可知,两个引例中的实际量可以用**定积分**表示如下:

曲边梯形的面积 A 可表示为函数 $y=f(x) \ge 0$ 在区间 $[a,b]$ 上的定积分,即

$$A = \int_a^b f(x)\mathrm{d}x = \lim_{\Delta x \to 0} \sum_{i=1}^n f(\xi_i)\Delta x_i.$$

例 4-1 中图形的面积利用定积分的符号可以表示为

$$S = \int_0^1 x^2 \mathrm{d}x = \frac{1}{3}.$$

三、定积分的几何意义

(1) 当 $f(x) \ge 0$ 时,定积分 $\int_a^b f(x)\mathrm{d}x$ 在几何上表示曲线 $y=f(x)$ 与直线 $x=a$,$x=b$ 及 x 轴所围成的曲边梯形的面积,即 $\int_a^b f(x)\mathrm{d}x = A$(图 4-7).

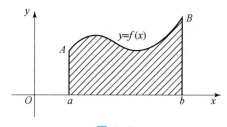

图 4-7

（2）当 $f(x)<0$ 时，定积分 $\int_a^b f(x)dx$ 在几何上表示曲线 $y=f(x)$ 与直线 $x=a$，$x=b$ 及 x 轴所围成的曲边梯形的面积的负值，即 $\int_a^b f(x)dx = -A$（图 4-8）．

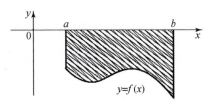

图 4-8

（3）若函数 $f(x)$ 在 $[a,b]$ 上有正有负，定积分 $\int_a^b f(x)dx$ 在几何上表示曲线 $y=f(x)$ 与直线 $x=a$，$x=b$ 及 x 轴所围的各种图形面积的 代数和，在 x 轴上方图形的面积取 正值，在 x 轴下方图形的面积取 负值，即 $\int_a^b f(x)dx = S_1 - S_2 + S_3$（图 4-9）．

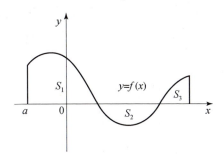

图 4-9

由积分的几何意义，不难看出奇、偶函数在对称区间 $[a,-a]$ 上的积分性质．若函数 $f(x)$ 在对称区间 $[a,-a]$ 上连续，则

$$\int_{-a}^{a} f(x)dx = \begin{cases} 2\int_0^a f(x)dx, & \text{当}f(x)\text{为偶函数时}[\text{图}4-10(a)] \\ 0, & \text{当}f(x)\text{为奇函数时}[\text{图}4-10(b)] \end{cases}.$$

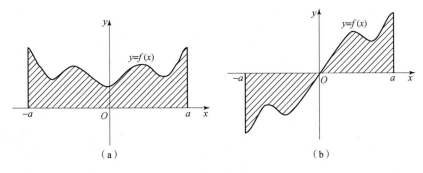

图 4-10

四、定积分的基本性质

设函数 $f(x)$，$g(x)$ 在所讨论的区间上可积，则定积分有如下性质.

性质 4-1 两个函数和（差）的定积分等于定积分的和（差），即

$$\int_a^b [f(x) \pm g(x)] dx = \int_a^b f(x) dx \pm \int_a^b g(x) dx.$$

性质 4-2 被积表达式中的常数因子可以提到积分号外面来，即

$$\int_a^b kf(x) dx = k \int_a^b f(x) dx.$$

性质 4-3 对任意的 c，有 $\int_a^b f(x) dx = \int_a^c f(x) dx + \int_c^b f(x) dx$.

这一性质叫作定积分对区间 $[a,b]$ 的可加性，即不论 $c \in [a,b]$ 还是 $c \notin [a,b]$ 均成立.

性质 4-4 如果在 $[a,b]$ 上，$f(x) \equiv 1$，那么 $\int_a^b f(x) dx = b - a$.

性质 4-5 若在 $[a,b]$ 上有 $f(x) \leq g(x)$，则 $\int_a^b f(x) dx \leq \int_a^b g(x) dx$.

这个性质说明，若比较两个定积分的大小，只要比较被积函数的大小即可.

特别地，有 $\left| \int_a^b f(x) dx \right| \leq \int_a^b |f(x)| dx$.

性质 4-6 （估值定理）如果函数 $f(x)$ 在 $[a,b]$ 上的最大值为 M，最小值为 m，那么

$$m(b-a) \leq \int_a^b f(x) dx \leq M(b-a).$$

性质 4-7 （定积分中值定理）如果 $f(x)$ 在区间 $[a,b]$ 内连续，那么在 (a,b) 内至少存在一点 ξ，使 $\int_a^b f(x) dx = f(\xi)(b-a)$.

几何解释：一条连续曲线 $y = f(x)$ 在 $[a,b]$ 上曲边梯形的面积等于以区间 $[a,b]$ 长度为底，以 $[a,b]$ 中一点 ξ 的函数值为高的矩形的面积，如图 4-11 所示.

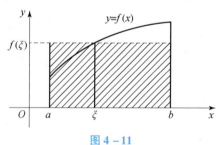

图 4-11

◇任务解决

异形螺丝的侧面积可以看成一个曲边梯形，因此也可以利用计算曲边梯形的分割、近似、求和、取极限的步骤来解决问题，如图 4-12 所示.

异形螺丝侧面积表示的问题讲解

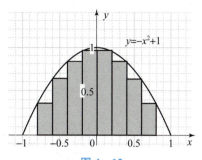

图 4-12

同时根据定积分的定义，可以将其表示为如下定积分：

$$S = \int_{-1}^{1}(-x^2+1)\,dx.$$

后面将介绍如何快速求解上面式子中的定积分.

◇ **能力训练**

某机械工程师用 CAD 设计某一零件，该零件外观表面由曲线 $y=x^3$，$x=-1$，$x=1$ 及 x 轴所围成，画出零件轮廓图形，结合定积分的概念表示该零件面积，用手机计算器计算其面积.

◇ **评估检测**

1. $\dfrac{d}{dx}\int_{a}^{b}f(x)\,dx =$ _____，$\int_{a}^{b}1\,dx =$ _____.

2. 将下列图形表示为定积分：

   (1) 由曲线 $y=\sqrt{x}$ 与直线 $y=x$ 所围图形的面积；

   (2) 由 $y=x^3$，$x=1$，$x=2$ 及 $y=0$ 所围成的曲边梯形的面积；

   (3) 由 $y=\ln x$，$x=\dfrac{1}{e}$，$x=2$ 及 x 轴所围成的曲边梯形的面积.

3. 根据定积分的性质，比较下列各积分值的大小：

   (1) $\int_{0}^{1}x^2\,dx$ 和 $\int_{0}^{1}x^3\,dx$；　　　(2) $\int_{0}^{1}\left(\dfrac{1}{2}\right)^x dx$ 和 $\int_{0}^{1}\left(\dfrac{1}{3}\right)^x dx$；

   (3) $\int_{3}^{4}\ln x\,dx$ 和 $\int_{3}^{4}\ln^2 x\,dx$；　　(4) $\int_{0}^{1}e^x\,dx$ 和 $\int_{0}^{1}(1+x)\,dx$.

4. 用定积分表示图 4-13 中阴影部分的面积.

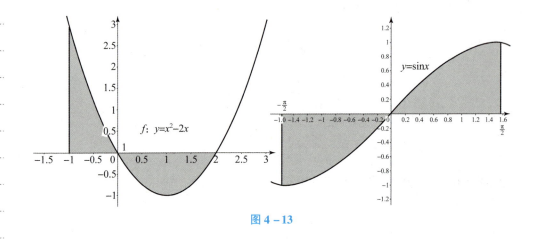

图 4-13

◇拓展阅读

微积分思想的起源

在微积分产生之前,数学发展处于初等数学时期. 人类只能研究常量,而对于变量则束手无策. 在几何上只能讨论三角形和圆,而对于一般曲线则无能为力. 到了 17 世纪中叶,由于科学技术发展的需要,人们开始关注变量与一般曲线的研究. 在力学上,人们关心如何根据路程函数确定质点的瞬时速度,或者根据瞬时速度求质点走过的路程. 在几何上,人们希望找到求一般曲线的切线的方法,并计算一般曲线所围图形的面积. 令人惊讶的是,不同领域的问题却归结为相同模式的数学问题:求因变量在某一时刻对自变量的变化率;因变量在一定时间过程中所积累的变化. 前者导致了微分的概念;后者导致了积分的概念. 两者都包含了极限与无穷小的思想.

极限、无穷小、微分、积分的思想在中国古代早已有之. 公元 4 世纪,中国古代思想家和哲学家庄子在《天下篇》中论述:"至大无外,谓之大一;至小无内,谓之小一." 其中"大一"和"小一"就是无穷大和无穷小的概念. 而"一尺之棰,日取其半,万世不竭." 更是道出了无限分割的极限思想.

公元 3 世纪,中国古代数学家刘徽首创的"割圆术",即用无穷小分割求面积的方法,就是古代极限思想的深刻表现. 他用圆的内接正多边形的边长来逼近圆周,得到:

$$3.141\ 024 < \pi < 3.142\ 704,$$

并深刻地指出:"割之弥细,所失弥少;割之又割,以至于不可割,则与圆周合体而无所失矣."

我国南北朝时期的数学家祖暅(中国古代数学家祖冲之之子)发展了刘徽的思想,在求出球的体积的同时,得到了一个重要的结论(后人称之为"祖暅原理"):"夫叠基成立积,缘幂势既同,则积不容异." 用现在的话来讲,一个几何体("立积")是由一系列很薄的小片("基")叠成的;若两个几何体相应的小片的截面积("幂势")都相同,那它们的体积("积")必然相等,如图 4-14 所示.

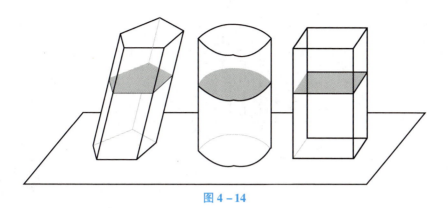

图 4-14

4.2 异形螺丝侧面积的计算（二）——微积分基本定理

◇ **单元目标**

▶ **知识目标**

（1）理解不定积分的概念；
（2）掌握不定积分基本公式；
（3）掌握牛顿-莱布尼茨公式.

▶ **能力目标**

能够应用牛顿-莱布尼茨公式计算异形螺丝侧的面积.

▶ **素质目标**

从牛顿-莱布尼茨公式出发，了解微积分基本定理的重要意义，增强对微积分知识是其他学科基础的认知，提升学习的主动性.

◇ **任务提出**

根据定积分的概念，异形螺丝侧面积已用定积分表示出，如何准确计算其结果，对电镀厂家意义重大. 根据零件图得到积分表达式：

$$S = \int_{1}^{-1} (-x^2 + 1) dx$$

如果利用定积分的基本概念来计算，需要进行分割、近似、求和以及取极限这四个步骤（图 4-15），这并不容易，那么是否有更加快捷、高效、准确的计算方法呢？

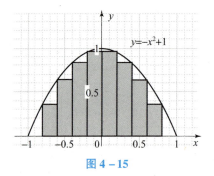

图 4–15

不定积分的概念
知识点讲解

◇ 知识准备

一、原函数与不定积分的基本定义

定义 4–2 设 $f(x)$ 为定义在区间 (a,b) 上的已知函数,如果存在一个函数 $F(x)$,使其对 $\forall x \in (a,b)$ 有 $F'(x) = f(x)$ 或 $dF(x) = f(x)dx$,则称函数 $F(x)$ 为函数 $f(x)$ 在该区间上的一个**原函数**.

例如,因 $(\sin x)' = \cos x$,故 $\sin x$ 是 $\cos x$ 的原函数,原函数与导函数是一对互逆的概念.

定理 4–1 如果函数 $f(x)$ 在区间 I 上有原函数 $F(x)$,则 $F(x) + C$ 也是 $f(x)$ 在区间 I 上的原函数,且 $f(x)$ 的任一原函数均可表示成 $F(x) + C$ 的形式.

定义 4–3 若 $F(x)$ 是 $f(x)$ 在区间 I 上的一个原函数,那么表达式
$$G(x) = F(x) + C (C \text{ 为任意常数})$$
称为函数 $f(x)$ 在区间 I 上的不定积分,记为 $\int f(x)dx$,即
$$\int f(x)dx = F(x) + C.$$

其中,$\int$(拉长的 S)称为积分号,$f(x)$ 称为被积函数,$f(x)dx$ 称为被积表达式,x 称为积分变量.

【例 4–2】 求 $\int 2x dx$.

解 由于 $(x^2)' = 2x$,所以 x^2 是 $2x$ 的一个原函数,因此
$$\int 2x dx = x^2 + C.$$

【例 4–3】 求 $\int \cos x dx$.

解 由于 $(\sin x)' = \cos x$,所以 $\sin x$ 是 $\cos x$ 的一个原函数,因此
$$\int \cos x dx = \sin x + C.$$

【例 4-4】 求 $\int \dfrac{1}{x} dx$.

解 当 $x \in (-\infty, 0)$ 时，$[\ln(-x)]' = \dfrac{1}{-x} \cdot (-1) = \dfrac{1}{x}$，则在 $(-\infty, 0)$ 内，有

$$\int \dfrac{1}{x} dx = \ln(-x) + C.$$

当 $x \in (0, +\infty)$ 时，$(\ln x)' = \dfrac{1}{x}$，则在 $(0, +\infty)$ 内，有

$$\int \dfrac{1}{x} dx = \ln x + C.$$

故在 $\dfrac{1}{x}$ 的定义区间 $(-\infty, 0) \cup (0, +\infty)$ 内，$\int \dfrac{1}{x} dx = \ln|x| + C$.

【例 4-5】 求过点 $(1,2)$，且在任意一点 $P(x, y)$ 处切线的斜率为 $2x$ 的曲线方程.

解 由 $k = y' = 2x$，得 $y = \int 2x dx = x^2 + C$，将 $x = 1, y = 2$ 代入该式，有 $2 = 1 + C$，故 $C = 1$，所以 $y = x^2 + 1$ 为所求曲线方程.

二、不定积分的性质

性质 4-8 求不定积分与求导数（或微分）互为逆运算.

(1) $\left[\int f(x) dx\right]' = f(x)$，或 $d\left[\int f(x) dx\right] = f(x) dx$.

(2) $\int F(x)' dx = F(x) + C$，或 $\int dF(x) = F(x) + C$.

这两个性质说明：先积分后微分，形式不变；先微分后积分，结果相差一个常数，这充分说明了积分运算与微分运算互为逆运算.

(3) $\int k f(x) dx = k \int f(x) dx$.

(4) $\int [f(x) \pm g(x)] dx = \int f(x) dx \pm \int g(x) dx$.

性质（4）可以推广到任意多个函数的代数和（差）的情形，也可推广到有限个函数.

三、不定积分基本公式

由于求不定积分是求导数的逆运算，所以由导数的基本公式对应地可以得到不定积分基本公式.

（一）不定积分基本公式

(1) $\int 0 dx = C$；

(2) $\int dx = x + C$；

(3) $\int x^\alpha dx = \dfrac{1}{\alpha + 1} x^{\alpha+1} + C \ (\alpha \neq -1)$；

(4) $\int e^x dx = e^x + C$；

(5) $\int a^x dx = \dfrac{1}{\ln a} a^x + C$;   (6) $\int \dfrac{1}{x} dx = \ln|x| + C$;

(7) $\int \cos x dx = \sin x + C$;   (8) $\int \sin x dx = -\cos x + C$;

(9) $\int \dfrac{1}{\cos^2 x} dx = \int \sec^2 x dx = \tan x + C$;

(10) $\int \dfrac{1}{\sin^2 x} dx = \int \csc^2 x dx = -\cot x + C$;

(11) $\int \tan x \sec x dx = \sec x + C$;

(12) $\int \cot x \csc x dx = -\csc x + C$;

(13) $\int \dfrac{1}{\sqrt{1-x^2}} dx = \arcsin x + C = -\arccos x + C$;

(14) $\int \dfrac{1}{1+x^2} dx = \arctan x + C = -\operatorname{arccot} x + C$.

(二) 直接积分法

【例 4-6】 求 $\int (3x^2 + x + 1) dx$.

解 $\int (3x^2 + x + 1) dx$

$= \int 3x^2 dx + \int x dx + \int 1 dx$

$= x^3 + C_1 + \dfrac{1}{2} x^2 + C_2 + x + C_3$

$= x^3 + \dfrac{1}{2} x^2 + x + C$ （其中 $C_1 + C_2 + C_3 = C$）.

【例 4-7】 求 $\int \dfrac{x-1}{\sqrt{x}} dx$.

解 $\int \dfrac{x-1}{\sqrt{x}} dx = \int (x^{\frac{1}{2}} - x^{-\frac{1}{2}}) dx = \dfrac{2}{3} x^{\frac{3}{2}} - 2 x^{\frac{1}{2}} + C$.

【例 4-8】 求 $\int \left(\dfrac{2}{x} - 3^x + 4\sin x \right) dx$.

解 $\int \left(\dfrac{2}{x} - 3^x + 4\sin x \right) dx$

$= 2 \int \dfrac{1}{x} dx - \int 3^x dx + 4 \int \sin x dx$

$= 2\ln|x| - \dfrac{1}{\ln 3} 3^x - 4\cos x + C$.

【例 4-9】 $\int \dfrac{x^2}{x^2 + 1} dx$

解 $\int \dfrac{x^2}{x^2+1}\mathrm{d}x = \int \dfrac{x^2+1-1}{x^2+1}\mathrm{d}x = \int \left(1 - \dfrac{1}{x^2+1}\right)\mathrm{d}x$

$= \int 1\mathrm{d}x - \int \dfrac{1}{x^2+1}\mathrm{d}x = x - \arctan x + C.$

【例 4 – 10】 求 $\int \left(\dfrac{3}{\cos^2 x} + \dfrac{4}{\sqrt{1-x^2}}\right)\mathrm{d}x.$

解 $\int \left(\dfrac{3}{\cos^2 x} + \dfrac{4}{\sqrt{1-x^2}}\right)\mathrm{d}x = 3\int \dfrac{1}{\cos^2 x}\mathrm{d}x + 4\int \dfrac{1}{\sqrt{1-x^2}}\mathrm{d}x$

$= 3\tan x + 4\arcsin x + C.$

【例 4 – 11】 求 $\int 2^x \mathrm{e}^x \mathrm{d}x.$

解 $\int 2^x \mathrm{e}^x \mathrm{d}x = \int (2\mathrm{e})^x \mathrm{d}x = \dfrac{(2\mathrm{e})^x}{\ln 2\mathrm{e}} + C = \dfrac{2^x \mathrm{e}^x}{1 + \ln 2} + C.$

【例 4 – 12】 求 $\int \sin^2 \dfrac{x}{2} \mathrm{d}x.$

解 $\int \sin^2 \dfrac{x}{2}\mathrm{d}x = \int \dfrac{1-\cos x}{2}\mathrm{d}x = \int \dfrac{1}{2}\mathrm{d}x - \dfrac{1}{2}\int \cos x \mathrm{d}x = \dfrac{1}{2}x - \dfrac{1}{2}\sin x + C.$

四、牛顿－莱布尼茨公式

定理 4 – 2 如果函数 $f(x)$ 在区间 $[a,b]$ 上连续，$F(x)$ 是 $f(x)$ 在 $[a,b]$ 上的任一原函数，则

$$\int_a^b f(x)\mathrm{d}x = F(b) - F(a).$$

微积分基本定理－牛顿－莱布尼茨公式知识点讲解

上式称为**牛顿－莱布尼茨公式**，也称为**微积分基本定理**。

为方便起见，把 $F(b) - F(a)$ 记为 $F(x)\big|_a^b$，这样，上述公式就可写成如下形式：

$$\int_a^b f(x)\mathrm{d}x = F(x)\big|_a^b = F(b) - F(a).$$

【例 4 – 13】 求 $\int_0^1 x\mathrm{d}x.$

解 $\int_0^1 x\mathrm{d}x = \dfrac{1}{2}x^2\big|_0^1 = \dfrac{1}{2} - 0 = \dfrac{1}{2}.$

【例 4 – 14】 求 $\int_1^2 \left(x + \dfrac{1}{x}\right)^2 \mathrm{d}x.$

解 $\int_1^2 \left(x + \dfrac{1}{x}\right)^2 \mathrm{d}x = \int_1^2 \left(x^2 + 2 + \dfrac{1}{x^2}\right)\mathrm{d}x = \left(\dfrac{1}{3}x^3 + 2x - \dfrac{1}{x}\right)\Big|_1^2 = \dfrac{29}{6}.$

【例 4 – 15】 求 $\int_{-1}^1 |x| \mathrm{d}x.$

解 $\int_{-1}^1 |x|\mathrm{d}x = \int_{-1}^0 |x|\mathrm{d}x + \int_0^1 |x|\mathrm{d}x = -\int_{-1}^0 x\mathrm{d}x + \int_0^1 x\mathrm{d}x$

$= -\dfrac{1}{2}x^2\big|_{-1}^0 + \dfrac{1}{2}x^2\big|_0^1$

$$= -\frac{1}{2}(0-1) + \frac{1}{2}(1-0) = 1.$$

【例 4-16】 设 $f(x) = \begin{cases} x+1 & x \leq 1 \\ 2x^2 & x > 1 \end{cases}$,求 $\int_0^2 f(x)\,dx$.

解 $\int_0^2 f(x)\,dx = \int_0^1 f(x)\,dx + \int_1^2 f(x)\,dx = \int_0^1 (x+1)\,dx + \int_1^2 2x^2\,dx$

$$= \frac{1}{2}x^2 \Big|_0^1 + x \Big|_0^1 + \frac{2}{3}x^3 \Big|_1^2 = \frac{1}{2} + 1 + \frac{14}{3} = \frac{37}{6}.$$

◇任务解决

利用牛顿-莱布尼茨公式,计算异形螺丝侧面积最终转化为求被积函数的原函数,然后分别将左、右端点代入求差的过程,具体如下:

$$S = \int_{-1}^1 (-x^2 + 1)\,dx = \left(-\frac{1}{3}x^3 + x\right)\Big|_{-1}^1 = \frac{4}{3}.$$

异形螺丝侧面积的
计算问题讲解

◇能力训练

[零件的面积] 一个工程师用 CAD 设计某一零件,该零件外观表面由曲线 $y = e^x$,x 轴,$x=0$ 与 $x=1$ 所围成,绘制图形,求此零件表面积.

◇评估检测

1. 求下列不定积分:

(1) $\int (x^3 + 3x^2 + 1)\,dx$;

(2) $\int (3-x^2)^2\,dx$;

(3) $\int \left(\frac{4}{\sqrt{x}} - \frac{x\sqrt{x}}{4}\right)dx$;

(4) $\int \frac{x-9}{\sqrt{x}+3}\,dx$;

(5) $\int \frac{x+1}{\sqrt{x}}\,dx$;

(6) $\int (e^x - 3\cos x)\,dx$;

(7) $\int 10^x 2^{3x}\,dx$;

(8) $\int (10^x + x^{10})\,dx$.

2. 求下列定积分:

(1) $\int_{-\frac{\pi}{2}}^{\frac{\pi}{2}} \sin x\,dx$;

(2) $\int_{-\frac{\pi}{2}}^{\frac{\pi}{2}} \cos x\,dx$;

(3) $\int_4^9 \sqrt{x}(1+\sqrt{x})\,dx$;

(4) $\int_1^2 \left(x + \frac{1}{x}\right)^2 dx$.

3. 已知函数 $y = f(x)$ 的导数等于 $x+2$,且当 $x=2$ 时,$y=5$,求这个函数.

◇ **拓展阅读**

微分学与积分学的桥梁

牛顿－莱布尼茨公式通常也被称为微积分基本定理，它是联系微分学与积分学的桥梁，是微积分中最基本的公式之一，简化了定积分的计算，揭示了微分与积分是可逆运算．牛顿在1666年所写的《流数简论》中利用运动学描述了这一公式．1677年，莱布尼茨在一篇手稿中正式提出了这一公式．因为二者最早发现了这一公式，于是人们将其命名为牛顿－莱布尼茨公式．牛顿－莱布尼茨公式给定积分提供了一个有效而简便的计算方法，大大简化了定积分的计算过程．

牛顿－莱布尼茨公式的出现标志着微积分完整体系的形成，从此微积分成为一门真正的学科．该公式可以计算曲线的弧长、平面曲线围成的面积以及空间曲面围成的立体体积，在实际问题中可以计算坝体的填筑方量．它在物理学中有广泛的应用，可计算运动物体的路程、变力沿直线所做的功以及物体之间的万有引力等．

启示：微积分是整个近代数学的基础，有了微积分，才有了真正意义上的近代数学．微积分是一种重要的数学思想，它反映了自然界、社会的运动变化的内在规律，它紧密地与物理学和力学联系在一起．同学们，学好微积分才能在你的专业道路上走得更长远！

4.3 钢板切割零件面积的计算——换元积分法

◇ **单元目标**

➢ **知识目标**

（1）熟练掌握求导公式和微分定义；
（2）了解定积分的概念，掌握不定积分基本公式；
（3）掌握换元积分法．

➢ **能力目标**

能够应用换元法计算钢板切割零件的面积．

➢ **素质目标**

换元积分的思想：针对较复杂的复合函数积分，用换元法先积出外层函数，再还原内层函数．在解决实际问题的过程中，要抓住事物的本质，灵活变通，将复杂问题简单化，通过基本方法，以实物内在逻辑解决问题．

◇ **任务提出**

3D打印多应用在形状不规则、传统制造困难的领域中，在利用3D打印制造零件的过程中，需要按照零件预先的设计，从钢板上切割一部分作为其覆盖面（其图形如图4-16所示），在切割开始前核算其材料成本，也就是计算其实际使用面积．根据前面所学,可以将其表示为定积分的形式,这种形式的积分如何计算呢?

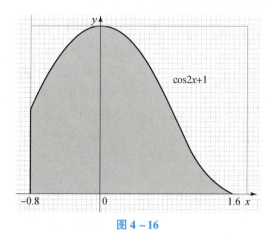

图 4–16

◇ 知识准备

一、不定积分的第一类换元积分法(凑微分法)

例如,$\int\cos 2x \mathrm{d}x$ 与 $\int\cos x \mathrm{d}x$ 类似,比较被积函数,利用微分的定义 $\mathrm{d}y = y' \cdot \mathrm{d}x$,有 $\mathrm{d}(2x) = (2x)' \cdot \mathrm{d}x = 2\mathrm{d}x$,可以把 $\int\cos 2x \mathrm{d}x$ 改写成 $\frac{1}{2}\int\cos 2x \mathrm{d}(2x)$ 的形式,令 $2x = u$,就有

$$\int\cos 2x \mathrm{d}x = \frac{1}{2}\int\cos 2x \mathrm{d}(2x) = \frac{1}{2}\int\cos u \mathrm{d}u = \frac{1}{2}\sin u + C,$$

再把 u 回代成 $2x$,得

$$\int\cos 2x \mathrm{d}x = \frac{1}{2}\sin 2x + C.$$

定理 4–3 若 $\int f(u)\mathrm{d}u = F(u) + C$,且 $u = \phi(x)$ 有连续导数,则

$$\int f[\phi(x)]\phi'(x)\mathrm{d}x = F[\phi(x)] + C.$$

这种方法称为**第一类换元积分法**,也叫作**凑微分法**,具体步骤可以表示为

$$\int f[\varphi(x)]\varphi'(x)\mathrm{d}x \xrightarrow{\text{凑微分}} \int f[\varphi(x)]\mathrm{d}[\varphi(x)] \xrightarrow{\text{令}\varphi(x)=u} \int f(u)\mathrm{d}u$$
$$= F(u) + C \xrightarrow{\text{回代}u=\varphi(x)} F[\varphi(x)] + C.$$

【例 4–17】求 $\int 2x\mathrm{e}^{x^2}\mathrm{d}x$.

解 $\int 2x\mathrm{e}^{x^2}\mathrm{d}x = \int \mathrm{e}^{x^2}\mathrm{d}x^2 \xrightarrow{\text{令}u=x^2} \int \mathrm{e}^u \mathrm{d}u = \mathrm{e}^u + C \xrightarrow{\text{回代}u=x^2} \mathrm{e}^{x^2} + C.$

【例 4–18】求 $\int (x-2)^6 \mathrm{d}x$.

解 $\int (x-2)^6 dx = \int (x-2)^6 d(x-2)$

$\xupperline{\text{令 } u=x-2} \int u^6 du = \frac{u^7}{7} + C \xupperline{\text{回代 } u=x-2} \frac{(x-2)^7}{7} + C.$

补充：常用凑微分公式见表 4–1.

表 4–1 常用凑微分公式

方法	积分类型	换元公式
第一换元积分法	1. $\int f(ax+b) dx = \frac{1}{a} \int f(ax+b) d(ax+b) \quad (a \neq 0)$	$u = ax+b$
	2. $\int f(x^\mu) x^{\mu-1} dx = \frac{1}{\mu} \int f(x^\mu) d(x^\mu) \quad (\mu \neq 0)$	$u = x^\mu$
	3. $\int f(\ln x) \cdot \frac{1}{x} dx = \int f(\ln x) d(\ln x)$	$u = \ln x$
	4. $\int f(e^x) \cdot e^x dx = \int f(e^x) de^x$	$u = e^x$
	5. $\int f(a^x) \cdot a^x dx = \frac{1}{\ln a} \int f(a^x) da^x$	$u = a^x$
	6. $\int f(\sin x) \cdot \cos x dx = \int f(\sin x) d\sin x$	$u = \sin x$
	7. $\int f(\cos x) \cdot \sin x dx = -\int f(\cos x) d\cos x$	$u = \cos x$
	8. $\int f(\tan x) \sec^2 x dx = \int f(\tan x) d\tan x$	$u = \tan x$
	9. $\int f(\cot x) \csc^2 x dx = -\int f(\cot x) d\cot x$	$u = \cot x$
	10. $\int f(\arctan x) \frac{1}{1+x^2} dx = \int f(\arctan x) d(\arctan x)$	$u = \arctan x$
	11. $\int f(\arcsin x) \frac{1}{\sqrt{1-x^2}} dx = \int f(\arcsin x) d(\arcsin x)$	$u = \arcsin x$

【例 4–19】 求 $\int \frac{1}{7x+3} dx$.

解 $\int \frac{1}{7x+3} dx = \frac{1}{7} \int \frac{1}{7x+3} d(7x+3) \xrightarrow{\text{令 } u=7x+3} \frac{1}{7} \int \frac{1}{u} du = \frac{1}{7} \ln|u| + C$

$\xrightarrow{\text{回代 } u=7x+3} \frac{1}{7} \ln|7x+3| + C.$

【例 4–20】 求 $\int \cos 5x dx$.

解 $\int \cos 5x dx = \frac{1}{5} \int \cos 5x d5x \xrightarrow{\text{令 } u=5x} \frac{1}{5} \int \cos u du = \frac{1}{5} \sin u + C$

$\xrightarrow{\text{回代 } u=5x} \frac{1}{5} \sin 5x + C.$

【例 4–21】 求 $\int \tan x dx$.

解 $\int \tan x \mathrm{d}x = \int \dfrac{\sin x}{\cos x} \mathrm{d}x$，由于 $\mathrm{d}\cos x = -\sin x \mathrm{d}x$，所以

$$\int \tan x \mathrm{d}x = \int \dfrac{\sin x}{\cos x} \mathrm{d}x = -\int \dfrac{\mathrm{d}\cos x}{\cos x} = -\ln|\cos x| + C.$$

二、定积分的第一类换元积分法

定积分的第一类换元法和不定积分的第一类换元法原理一样，就是增加牛顿－莱布尼茨公式．

$$\int_a^b f[\phi(x)]\phi'(x)\mathrm{d}x = F[\phi(x)]\big|_a^b = F[\phi(x)]\big|_a^b = F[\phi(b)] - F[\phi(a)].$$

【例 4 – 22】 求 $\int_0^1 x\mathrm{e}^{x^2}\mathrm{d}x$．

解 $\int_0^1 x\mathrm{e}^{x^2}\mathrm{d}x = \dfrac{1}{2}\int_0^1 \mathrm{e}^{x^2}\mathrm{d}x^2 = \dfrac{1}{2}\mathrm{e}^{x^2}\big|_0^1 = \dfrac{1}{2}(\mathrm{e} - \mathrm{e}^0) = \dfrac{1}{2}(\mathrm{e} - 1)$．

【例 4 – 23】 计算 $\int_{\frac{\pi}{6}}^{\frac{\pi}{4}} \cos^2 x \mathrm{d}x$．

解 $\int_{\frac{\pi}{6}}^{\frac{\pi}{4}} \cos^2 x \mathrm{d}x = \int_{\frac{\pi}{6}}^{\frac{\pi}{4}} \dfrac{1 + \cos 2x}{2}\mathrm{d}x = \left(\dfrac{1}{2}x + \dfrac{1}{4}\sin 2x\right)\bigg|_{\frac{\pi}{6}}^{\frac{\pi}{4}} = \dfrac{\pi}{24} + \dfrac{2 - \sqrt{3}}{8}$．

三、不定积分的第二类换元积分法

第一类换元积分法是通过变量代换 $u = \phi(x)$，将积分 $\int f[\phi(x)]\phi'(x)\mathrm{d}x$ 化为 $\int f(u)\mathrm{d}u$．第二类换元积分法则相反，是通过变量代换 $x = \phi(t)$ 将积分 $\int f(x)\mathrm{d}x$ 化为 $\int f[\phi(t)]\phi'(t)\mathrm{d}t$，而这个积分是容易计算的．

【例 4 – 24】 求 $\int \dfrac{1}{1 + \sqrt{x}} \mathrm{d}x$．

解 令 $t = \sqrt{x}$ 得 $x = t^2$，且 $\mathrm{d}x = 2t\mathrm{d}t$，代入有

$$\int \dfrac{1}{1 + \sqrt{x}}\mathrm{d}x = \int \dfrac{1}{1 + t} 2t\mathrm{d}t = 2\int \dfrac{1 + t - 1}{1 + t}\mathrm{d}t$$

$$= 2\int \left(1 - \dfrac{1}{1 + t}\right)\mathrm{d}t = 2(t - \ln|1 + t|) + C$$

$$= 2(\sqrt{x} - \ln|1 + \sqrt{x}|) + C.$$

【例 4 – 25】 求 $\int \dfrac{1}{\sqrt[3]{x} + \sqrt{x}}\mathrm{d}x$．

解 被积函数中含有 $\sqrt[3]{x}$ 和 $\sqrt{x}$ 两个根式，作变换 $x = t^6$，可同时将两个根号去掉，$\mathrm{d}x = 6t^5 \mathrm{d}t$，则

$$\int \dfrac{1}{\sqrt[3]{x} + \sqrt{x}} \mathrm{d}x = \int \dfrac{1}{t^2 + t^3}\cdot 6t^5 \mathrm{d}t = \int \dfrac{6t^3}{1 + t}\mathrm{d}t = 6\int \left(t^2 - t + 1 - \dfrac{1}{1 + t}\right)\mathrm{d}t$$

$$= 2t^3 - 3t^2 + 6t - 6\ln|t+1| + C$$
$$= 2\sqrt{x} - 3\sqrt[3]{x} + 6\sqrt[6]{x} - 6\ln|\sqrt[6]{x}+1| + C.$$

补充：当被积函数中含有根式 $\sqrt[n]{ax+b}$ 时，则令 $t = \sqrt[n]{ax+b}$ 来去掉根式；当被积函数中含有根式 $\sqrt[n]{x}$ 和 $\sqrt[m]{x}$ 时，则令 $x = t^p$，其中 p 为 n 和 m 的最小公倍数．

四、定积分的第二类换元积分法

定理 4-4 如果函数 $f(x)$ 在区间 $[a,b]$ 上连续，函数 $x = \phi(t)$ 在区间 $[\alpha,\beta]$ 上单调且有连续导数 $\phi'(t)$，当 t 在 $[\alpha,\beta]$ 上变化时，$\phi(t)$ 在 $[a,b]$ 上变化，且 $\phi(\alpha) = a$，$\phi(\beta) = b$，则

$$\int_a^b f(x)\,\mathrm{d}x = \int_\alpha^\beta f[\phi(t)]\phi'(t)\,\mathrm{d}t.$$

上式称为**定积分的第二类换元公式**．应用该公式时，要注意"**换元必换限**"以及 α 不一定小于 β．

【例 4-26】 求 $\int_1^9 \dfrac{1}{x+\sqrt{x}}\mathrm{d}x$．

解 令 $t = \sqrt{x}$，则 $t^2 = x$，从而 $\mathrm{d}x = 2t\mathrm{d}t$．
当 $x = 1$ 时，$t = 1$；当 $x = 9$ 时，$t = 3$．

$$\int_1^9 \frac{1}{x+\sqrt{x}}\mathrm{d}x = \int_1^3 \frac{2t}{t^2+t}\mathrm{d}t = 2\int_1^3 \left(\frac{1}{1+t}\right)\mathrm{d}t = 2\ln|1+t|\Big|_1^3 = 2\ln 4 - 2\ln 2 = 2\ln 2.$$

【例 4-27】 求 $\int_{\ln 3}^{\ln 8} \sqrt{1+\mathrm{e}^x}\,\mathrm{d}x$．

解 令 $\sqrt{1+\mathrm{e}^x} = t$，则 $x = \ln(t^2-1)$，则 $\mathrm{d}x = \dfrac{2t}{t^2-1}\mathrm{d}t$．
当 $x = \ln 3$ 时，$t = 2$；当 $x = \ln 8$ 时，$t = 3$．

$$\int_{\ln 3}^{\ln 8} \sqrt{1+\mathrm{e}^x}\,\mathrm{d}x = \int_2^3 \frac{2t^2}{t^2-1}\mathrm{d}t = 2\int_2^3 \left(1 + \frac{1}{t^2-1}\right)\mathrm{d}t = \left[2t + \ln\left|\frac{t-1}{t+1}\right|\right]\Big|_2^3 = 2 + \ln\frac{3}{2}.$$

【例 4-28】 [**电路中的电量**] 设导线在时刻 t（单位：s）的电流强度为 $I(t) = 0.006t\sqrt{t^2+1}$，试求在时间间隔 $[1,4]$ 内流过导线截面的电量 $Q(t)$（单位：A）．

解 由电流与电量的关系 $I(t) = \dfrac{\mathrm{d}Q}{\mathrm{d}t}$ 得时间间隔 $[1,4]$ 内流过导线横截面的电量为

$$Q = \int_1^4 0.006t\sqrt{t^2+1}\,\mathrm{d}t$$
$$= \int_1^4 0.003\sqrt{t^2+1}\,\mathrm{d}(t^2+1) = \left[0.002(t^2+1)^{\frac{3}{2}}\right]\Big|_1^4 \approx 0.134\,5\,(\mathrm{A}).$$

◇任务解决

有了换元积分法，在计算相关的定积分时，只需要先求出原函数，再根据牛顿－莱布尼茨公式，即可计算出定积分的值．

钢板切割面积计算
问题的讲解

钢板切割零件的面积可以表示为

$$S = \int_{-0.8}^{1.6} (\cos 2x + 1) dx = \int_{-0.8}^{1.6} \cos 2x dx + \int_{-0.8}^{1.6} 1 dx,$$

其中,

$$\int \cos 2x dx = \frac{1}{2} \int \cos 2x \cdot 2 dx = \frac{1}{2} \int \cos 2x d 2x (令 2x = t)$$

$$= \frac{1}{2} \int \cos t dt = \frac{1}{2} \sin t + C = \frac{1}{2} \sin 2x + C.$$

因此钢板切割零件的面积为

$$S = \int_{-0.8}^{1.6} \cos 2x dx + \int_{-0.8}^{1.6} 1 dx = \frac{1}{2} \sin 2x \Big|_{-0.8}^{1.6} + x \Big|_{-0.8}^{1.6} \approx 2.88 (\text{m}^2).$$

◇ **能力训练**

若零件设计如图 4 – 17 所示,试计算其切割面积.

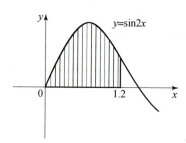

图 4 – 17

◇ **评估检测**

1. 利用第一类换元积分法求下列不定积分:

(1) $\int e^{-3x+1} dx$; (2) $\int 2x e^{-x^2} dx$;

(3) $\int e^{e^x + x} dx$; (4) $\int \frac{\ln x}{x} dx$;

(5) $\int \frac{\sin \frac{1}{x}}{x^2} dx$; (6) $\int (2x + 1)^5 dx$;

(7) $\int \frac{x}{1 + x^2} dx$; (8) $\int \frac{2}{1 - 5x} dx$;

(9) $\int x^2 e^{x^3} dx$; (10) $\int x \sqrt{2 + x^2} dx$.

2. 利用第一类换元积分法求下列定积分:

(1) $\int_1^e \frac{1 + \ln x}{x} dx$; (2) $\int_0^1 x e^{x^2} dx$;

(3) $\int_2^3 \dfrac{1}{x^2-1}dx$；   (4) $\int_0^{\frac{\pi}{2}} \sin x\cos^2 x\,dx$.

3. 利用第二类换元积分法求下列不定积分：

(1) $\int \dfrac{1}{1-\sqrt{x}}dx$；   (2) $\int \dfrac{1}{\sqrt{x}(1+\sqrt[3]{x})}dx$.

◇ 拓展阅读

复杂的事简单做

  大道至简，人亦是如此. 无论在工作中还是生活中，都要善于把复杂问题"简单化". 很多棘手的问题其实并不难，只是人们将它们复杂化，从而衍生了很多可能性. 轻松生活的真理，就在于对于无论多复杂的问题，都要学会将其简单处理.

  世间许多伟大的成功，都是以"简单有力"的办法完成的. 事实上，做事最有效的方法往往就是最直接、最简单的. 任何复杂的问题，只要切中要害，就一定能在最短的时间里最快速地得到最完美的解答，只是将问题简单化还需要掌握一些方法和技巧.

  启示：复杂问题简单化处理的建议，就是突破固定思维模式的束缚，从事物的本原出发，抓住主要矛盾；删减不重要的信息，更容易看到事物的矛盾根源；遇到复杂的问题时可借用积分换元法思想，先处理外层明显的主要矛盾，再处理内在细微的矛盾. 同学们，你们在生活中有没有遇到复杂的、不好处理的事情呢？能不能应用换元法的思想去解决呢？

4.4　机翼对接成本的计算——分部积分法

◇ 单元目标

▷ **知识目标**

掌握分部积分法的基本公式.

▷ **能力目标**

能够应用分部积分法计算机翼对接的面积.

▷ **素质目标**

本单元学习 $\int f(x)\cdot g(x)dx$ 积分的求法，注意：$\int f(x)\cdot g(x)dx \neq \int f(x)dx \cdot \int g(x)dx$，积分中没有固定的乘法公式，需要先将一个因子化到微分号后，再用分部积分公式求解，学生需要养成实事求是、严谨认真的数学逻辑思维，每一步都要推导依据，不能通过凭空猜想来解决问题.

◇ **任务提出**

利用3D打印制造的飞机机翼，两侧机翼需要对接，对接材料非常昂贵，需要精确计算机翼对接的面积，以节约成本．其设计方案如图4-18所示．

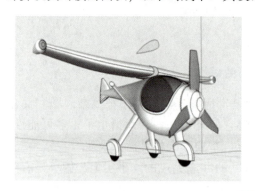
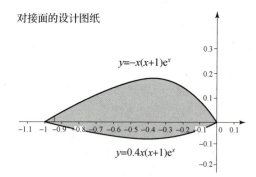

图 4-18

试求图中机翼对接的面积以确定机翼对接成本．

◇ **知识准备**

前面在复合函数微分法的基础上得到了换元积分法，现在利用函数乘积的微分运算推导另一种求积分的基本方法——分部积分法．

设函数 $u=u(x)$，$v=v(x)$ 具有连续导数，则两个函数相乘的导数为

$$[u(x)v(x)]' = u'(x)v(x) + u(x)v'(x),$$

分部积分法
知识点讲解

进一步可得

$$u(x)v'(x) = [u(x)v(x)]' - u'(x)v(x).$$

对上式两边求不定积分有

$$\int u(x)v'(x)\,dx = \int [u(x)v(x)]'\,dx - \int u'(x)v(x)\,dx,$$

即

$$\int u(x)\,dv(x) = u(x)v(x) - \int v(x)\,du(x),$$

简记为

$$\int u\,dv = uv - \int v\,du.$$

这个公式称为**分部积分公式**，在使用这个公式时应当正确选取 $u(x)$ 和 $v(x)$．

【例 4-29】 求 $\int xe^x\,dx$．

解 设 $u=x$，$dv=e^x\,dx=d(e^x)$，则 $du=dx$，$v=e^x$，于是

$$\int xe^x\,dx = \int x\,de^x = xe^x - \int e^x\,dx = xe^x - e^x + C.$$

【例 4-30】 求 $\int x\sin x \mathrm{d}x$.

解 设 $u = x$, $\mathrm{d}v = \sin x \mathrm{d}x = -\mathrm{d}(\cos x)$, 则 $\mathrm{d}u = \mathrm{d}x$, $v = -\cos x$, 于是
$$\int x\sin x \mathrm{d}x = \int x\mathrm{d}(-\cos x) = x(-\cos x) - \int -\cos x \mathrm{d}x = -x\cos x + \sin x + C.$$

【例 4-31】 求 $\int x\ln x \mathrm{d}x$.

解 设 $u = \ln x$, $\mathrm{d}v = x\mathrm{d}x = \mathrm{d}\dfrac{x^2}{2}$, 则 $\mathrm{d}u = \dfrac{1}{x}\mathrm{d}x$, $v = \dfrac{x^2}{2}$, 于是
$$\int x\ln x \mathrm{d}x = \int \ln x \mathrm{d}\frac{x^2}{2} = \ln x \frac{x^2}{2} - \int \frac{x^2}{2}\frac{1}{x}\mathrm{d}x = \frac{1}{2}x^2\ln x - \frac{1}{4}x^2 + C.$$

【例 4-32】 求 $\int x\arctan x \mathrm{d}x$.

解 设 $u = \arctan x$, $\mathrm{d}v = x\mathrm{d}x = \mathrm{d}\dfrac{x^2}{2}$, 则 $\mathrm{d}u = \dfrac{1}{1+x^2}\mathrm{d}x$, $v = \dfrac{x^2}{2}$, 于是
$$\int x\arctan x \mathrm{d}x = \int \arctan x \mathrm{d}\frac{x^2}{2} = \arctan x \frac{x^2}{2} - \int \frac{x^2}{2} \cdot \frac{1}{1+x^2}\mathrm{d}x$$
$$= \frac{1}{2}x^2\arctan x - \frac{1}{2}\int \frac{x^2+1-1}{1+x^2}\mathrm{d}x$$
$$= \frac{1}{2}x^2\arctan x - \frac{1}{2}(x - \arctan x) + C.$$

有时通过一步分部积分并不能将不定积分积出,这时就多次利用分部积分法来解决.

【例 4-33】 求 $\int x^2 \mathrm{e}^x \mathrm{d}x$.

解 设 $u = x^2$, $\mathrm{d}v = \mathrm{e}^x \mathrm{d}x = \mathrm{d}(\mathrm{e}^x)$, 则 $\mathrm{d}u = 2x\mathrm{d}x$, $v = \mathrm{e}^x$, 于是
$$\int x^2 \mathrm{e}^x \mathrm{d}x = \int x^2 \mathrm{d}\mathrm{e}^x = x^2 \mathrm{e}^x - 2\int x\mathrm{e}^x \mathrm{d}x.$$

对 $\int x\mathrm{e}^x \mathrm{d}x$ 再用一次分部积分法,由例 4-29 可以得到
$$\int x^2 \mathrm{e}^x \mathrm{d}x = x^2\mathrm{e}^x - 2x\mathrm{e}^x + 2\mathrm{e}^x + C.$$

【例 4-34】 $I = \int \mathrm{e}^x \sin x \mathrm{d}x$.

解 设 $u = \mathrm{e}^x$, $\mathrm{d}v = \sin x \mathrm{d}x = -\mathrm{d}(\cos x)$, 则 $\mathrm{d}u = \mathrm{e}^x \mathrm{d}x$, $v = -\cos x$, 于是
$$I = -\mathrm{e}^x \cos x + \int \mathrm{e}^x \cos x \mathrm{d}x.$$

对于积分 $\int \mathrm{e}^x \cos x \mathrm{d}x$,再设 $u = \mathrm{e}^x$, $\mathrm{d}v = \cos x \mathrm{d}x = \mathrm{d}(\sin x)$, 则 $\mathrm{d}u = \mathrm{e}^x \mathrm{d}x$, $v = \sin x$, 所以
$$I = -\mathrm{e}^x \cos x + \int \mathrm{e}^x \cos x \mathrm{d}x = -\mathrm{e}^x \cos x + \mathrm{e}^x \sin x - \int \mathrm{e}^x \sin x \mathrm{d}x,$$

从而
$$I = -e^x\cos x + e^x\sin x - I,$$
因此
$$I = \frac{1}{2}(-e^x\cos x + e^x\sin x) - C.$$

计算相关的定积分时，只需要利用分部积分法将其一个原函数求出，再利用牛顿 – 莱布尼茨公式计算即可.

◇ **任务解决**

机翼对接的面积可以利用定积分表示如下：

$$S_1 + S_2 = -1.4\int_{-1}^{0}(x^2 + x)e^x dx$$
$$= -1.4\left[\int_{-1}^{0}xe^x dx + \int_{-1}^{0}x^2 e^x dx\right].$$

根据例 4 – 29 和例 4 – 33 可知 $S_1 + S_2 \approx 0.14$.

机翼对接面积计算 – 分部积分法

◇ **能力训练**

若零件图形如图 4 – 19 所示，试计算图形阴影部分面积.

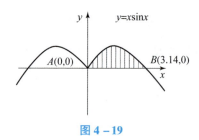

图 4 – 19

◇ **评估检测**

求下列不定积分：

(1) $\int xe^{-x}dx$；

(2) $\int x^2 e^{3x}dx$；

(3) $\int x^2 \ln x dx$；

(4) $\int \ln x dx$；

(5) $\int \frac{\ln(\ln x)}{x}dx$；

(6) $\int x\cos\frac{x}{2}dx.$

◇ **拓展阅读**

实事求是、严谨认真的数学逻辑思维

数学这座科学宫殿庄严宏伟，它的推理明确而又严密，它的论断深远而又清晰.

数学是一门严谨的学科,解决任何一个数学问题时都要做到每步有依据,即使证明较明显的事实也要有理有据,推理有据是思维严谨性的核心要求.学生需要养成严密推理的习惯,纠正推理中出现的逻辑错误,思维推理过程要严密无疏.

学好数学必须首先树立学习的信心,有知难而进的勇气.其次需要循序渐进,扎扎实实打地好基础,切忌好高骛远.要勤于独立思考,防止似懂非懂、不求甚解和死记硬背.正确审题的过程本身就是分析问题的过程,要弄清基本条件,挖掘隐藏条件,明确答题要求.寻找解题途径时应做到实事求是、严谨认真、有理有据、突破创新,这样才能不断提高解决问题的能力,使头脑更加聪明、严谨和灵活.

启示:同学们生活中也应该具有实事求是、严谨认真的逻辑思维,脚踏实地的学习和工作态度,打下坚实的基础,养成良好的生活习惯.

4.5 旋转体体积的计算——微元法及其应用(一)

◇ **单元目标**

➤ **知识目标**

能够理解微元法的基本思想.

➤ **能力目标**

能够利用微元法计算初等函数曲线绕 x 轴旋转所形成的旋转体的体积.

➤ **素质目标**

微元法的思想最能体现"不积跬步无以至千里,不积小流无以成江海"的思想,本节帮助学生形成坚持不懈、积少成多的做事态度,让学生循序渐进持之以恒地完成既定目标.

◇ **任务提出**

2010 年的科幻悬疑电影《盗梦空间》中出现的陀螺是火爆销售的电影周边产品.现在可以利用 3D 打印设备对这个陀螺进行复刻(图 4-20).首先在建模软件中绘制其立体图形,那么在具体打印之前,应该准备多少原材料呢?

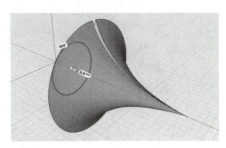

图 4-20

陀螺侧视图曲线如图 4-21 所示.

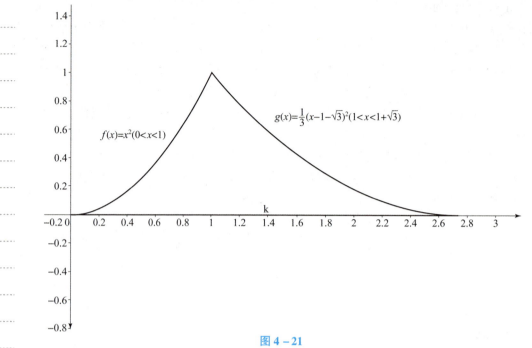

图 4-21

◇ 知识准备

一、认识旋转体

微元法知识点讲解

在数学和工程学中,旋转体是指平面曲线以同一平面内的一条直线作为旋转轴进行旋转所形成的立体几何图形. 中学数学中的圆柱、圆锥、球等 [图 4-22 (a)、(b)、(c)] 是较简单的旋转体,但图 4-22 (d) 所示并不满足旋转体的定义.

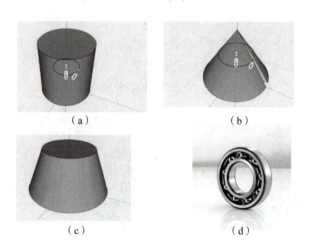

图 4-22

实际上旋转体的形成可以简化，如图 4-23 不规则的旋转体是由连续曲线 $y = f(x)$，直线 $x = a$，$x = b$ 及 x 轴所围成的曲边梯形绕 x 轴旋转一周形成的.

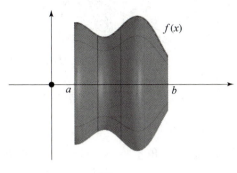

图 4-23

二、"微元法" 求解问题的步骤

（1）**选变量，定区间**：确定积分变量及其变化区间；

（2）**取近似，找微元**：在变化区间上任取一个小区间 $[x, x+\mathrm{d}x]$，写出这个小区间上局部量的近似值，即"微元"或"元素"；

（3）**积微元，得积分**：将微元在变化区间上积分，即得所求的整体量.

三、绕 x 轴旋转而成的体积

用微元法求 $y = f(x)$ 在 $[a, b]$ 上绕 x 轴旋转一周而成的旋转体（图 4-24）体积的步骤如下：

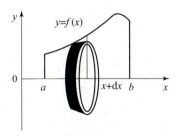

图 4-24

（1）选 x 为积分变量，积分区间为 $[a, b]$.

（2）求体积微元：在 $[x, x+\mathrm{d}x]$ 上，

$$近似为圆柱体体积 = S_{圆} \times 厚度 = \pi [f(x)]^2 \cdot \mathrm{d}x.$$

（3）求体积：$V = \int_a^b \pi [f(x)]^2 \cdot \mathrm{d}x.$

下面来看几个例题.

【例 4-35】 计算底面半径为 r，高为 h 的圆锥体体积（图 4-25）.

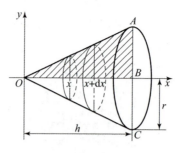

图 4－25

分析：如图 4－25 所示，建立直角坐标系，圆锥体由在 $[0,h]$ 上的直线 OA 绕 x 轴旋转一周而成．

先计算直线 OA 的方程，显然直线 OA 的斜率 k 为

$$k = \tan\alpha = \frac{r}{h}.$$

直线 OA 的方程为 $y = \frac{r}{h}x$.

解 （1）选 x 为积分变量，积分区间为 $[0,h]$.

（2）求体积微元．在 $[x, x+dx]$ 上，近似为圆柱体体积 $= S_圆 \times$ 厚度 $= \pi\left[\frac{r}{h}x\right]^2 \cdot dx$.

（3）求体积．$V = \int_0^h \pi\left[\frac{r}{h}x\right]^2 dx = \pi\frac{r^2}{h^2}\int_0^h x^2 dx = \frac{\pi}{3} \cdot \frac{r^2}{h^2}x^3\Big|_0^h = \frac{\pi}{3}r^2 h.$

【**例 4－36**】 计算由抛物线 $y = \sqrt{2px}$，$x = a$，x 轴所围成的曲边梯形绕 x 轴旋转一周而成的旋转体（图 4－26）的体积．

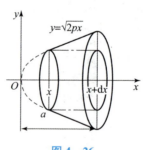

图 4－26

分析：如图 4－27 所示，旋转体是由抛物线 $y = \sqrt{2px}$ 在 $[0,a]$ 上绕 x 轴旋转一周而成的．

解 （1）选 x 为积分变量，积分区间为 $[0,a]$.

（2）求体积微元．在 $[x, x+dx]$ 上，近似为圆柱体体积 $= S_圆 \times$ 厚度 $= \pi[\sqrt{2px}]^2 \cdot dx$.

（3）求体积．$V = \int_0^a \pi[\sqrt{2px}]^2 dx = 2p\pi\int_0^a x dx = p\pi x^2\Big|_0^a = p\pi a^2.$

【**例 4－37**】 求曲线 $y = \cos x (0 < x < \pi)$ 绕 x 轴旋转一周所得旋转体（图 4－27）的体积．

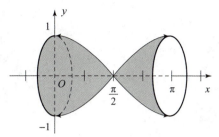

图 4 – 27

分析：由图 4 – 28 可知，$x = \dfrac{\pi}{2}$ 左、右两边的体积相等，故只用求 $x \in \left[0, \dfrac{\pi}{2}\right]$ 上的旋转体体积 V，$V_{阴} = 2V$.

解 求 $y = \cos x$ 在 $\left[0, \dfrac{\pi}{2}\right]$ 上绕 x 轴旋转一周而成的旋转体体积的步骤如下：

(1) 选 x 为积分变量，积分区间为 $\left[0, \dfrac{\pi}{2}\right]$，如图 4 – 28 所示.

(2) 求体积微元. 在 $[x, x + \mathrm{d}x]$ 上，近似为圆柱体体积 = $S_{圆} \times$ 厚度 = $\pi [\cos x]^2 \cdot \mathrm{d}x$.

(3) 求体积. $V = \displaystyle\int_0^{\frac{\pi}{2}} \pi \cos^2 x \mathrm{d}x = \pi \int_0^{\frac{\pi}{2}} \dfrac{\cos 2x + 1}{2} \mathrm{d}x$

$= \dfrac{\pi}{2} \left(\displaystyle\int_0^{\frac{\pi}{2}} \cos 2x \mathrm{d}x + \int_0^{\frac{\pi}{2}} \mathrm{d}x \right) = \dfrac{\pi}{2} \left(\dfrac{1}{2} \sin 2x + x \right) \Big|_0^{\frac{\pi}{2}} = \dfrac{\pi^2}{4}$.

$$V_{阴} = 2V = \dfrac{\pi^2}{2}.$$

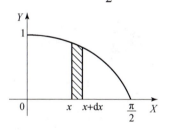

图 4 – 28

◇任务解决

(1) 计算陀螺左边的体积.

①选 x 为积分变量，将陀螺的左半部分进行内部分割，分割区间就是积分区间 $[0, 1]$，如图 4 – 29 所示.

②求体积微元：在 $[x, x + \mathrm{d}x]$ 上，近似为圆柱体体积 = $S_{圆} \times$ 厚度 = $\pi [x^2]^2 \cdot \mathrm{d}x$，如图 4 – 30 所示.

3D 打印的旋转体体积计算 – 微元法

③在积分区间 $[0, 1]$ 上对体积微元求积分.

$$V_{左} = \int_0^1 \pi (x^2)^2 \mathrm{d}x = \int_0^1 \pi x^4 \mathrm{d}x = \dfrac{1}{5} \pi x^5 \Big|_0^1 = \dfrac{1}{5} \pi.$$

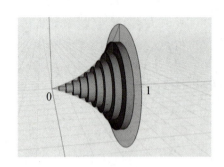
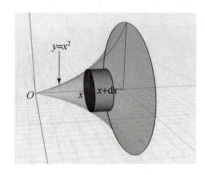

图 4 – 29　　　　　　　　　图 4 – 30

(2) 同理，可以计算陀螺右半部分的体积为 $V_{右} = \int_{1}^{1+\sqrt{3}} \pi \left[\frac{1}{3}(x-1-\sqrt{3})^2\right]^2 dx = \frac{\sqrt{3}}{5}\pi$.

(3) 陀螺体积 $V = V_{左} + V_{右} = \frac{1}{5}\pi + \frac{\sqrt{3}}{5}\pi$.

◆ 能力训练

[用微元法求椭球体的体积]　求由椭圆 $\frac{x^2}{a^2} + \frac{y^2}{b^2} = 1$ 所围图形绕 x 轴旋转而形成的椭球体（图 4 – 31）的体积.

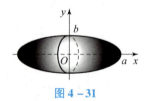

图 4 – 31

◆ 评估检测

1. 求曲线 $y = \sin x (0 \leq x \leq \pi)$ 与 x 轴所围图形分别绕 x 轴旋转所形成的旋转体的体积.

2. 求下列已知曲线所围成的平面图形绕 x 轴旋转所产生的旋转体的体积：
$$y = x^2, \quad x = y^2 \text{ 所围图形.}$$

3. 某一机器零件是由曲线 $y = e^{-x}$，x 轴与 $x = 0$ 与 $x = 1$ 所围成的区域绕 x 轴旋转一周形成的，求此零件的体积.

4. 由曲线 $xy = a(a > 0)$ 与直线 $x = a$，$x = 2a$ 及 $y = 0$ 所围图形绕 x 轴旋转所形成的旋转体的体积.

◇ **拓展阅读**

锲而不舍，金石可镂

学习最重要的是端正学习态度，正如荀子所云："锲而不舍，朽木不折，锲而舍之，金石可镂"．端正学习态度需要坚持不懈的精神，但并不是所有学子都能意识到这一点，即使心知肚明，也未必能落到实处．有的人浅尝辄止，还未领略到真谛，就半途而废，岂不惜哉！也有的人虎头蛇尾，过分沉湎于"良好的开端是成功的一半"，而忽视了另一半——坚持，到头来种的是西瓜，得到的是芝麻，岂不惜哉！"骐骥一跃，不能十步，驽马十驾，功在不舍．"要想达到胜利的彼岸，重在持之以恒．

对待学习，一知半解就自以为是，稍遇挫折就颓唐不振，持这种态度的人是很难成大器的．德国化学家李化希研究海藻时未能钻研到底，结果与新元素失之交臂．年过半百的谈迁在费了 27 年的心血一夜之间化为乌有后，并没有一蹶不振，反而以超人的毅力重整旗鼓，历尽艰苦 11 载，完成了巨著《国榷》．粗实的铁棒能被磨成纤小的绣花针，凭的是一股坚忍不拔的气概；涓涓细流能穿透刚硬的石块，凭的是一种不折不挠的精神．

启示：人的一生是在不断学习和积累中度过的．同样是忙碌的一世，有的人竹篮打水一场空，一事无成；而有的人却硕果累累，这些都和学习态度密不可分．

4.6 旋转体体积的计算——微元法及其应用（二）

◇ **单元目标**

▶ **知识目标**

进一步理解微元法的基本思想．

▶ **能力目标**

（1）能够利用微元法计算初等函数曲线绕 y 轴旋转所形成的旋转体的体积；

（2）能够利用微元法求交流电的平均值和有效值．

▶ **素质目标**

微元法求绕 y 轴旋转的旋转体的体积时，难点是反解 x 的表达式，这个转化过程需要逆向思维，学生在正向思考问题陷入瓶颈时，通过问题的反面来思考，往往会得到意想不到的奇效，能够快速地打开局面，解决问题．

◇ **任务提出**

在计算打印件体积，准备原材料的时候，会遇到旋转体由曲面围绕 y 轴旋转成形的情况．图 4-32 所示零件即由 $y=2x^2(0<x<1)$ 围绕 y 轴旋转一周所形成的，其体积该如何计算？

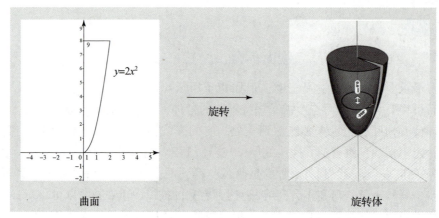

图 4-32

◇知识准备

一、绕 y 轴旋转而成的旋转体的体积

用微元法求 $y=f(x)$ 在 $[a,b]$ 上绕 y 轴旋转一周而成的旋转体（图 4-33）体积的步骤如下：

(1) 选 y 为积分变量，积分区间为 $[f(a),f(b)]$.

(2) 求体积微元. 在 $[y,y+\mathrm{d}y]$ 上，近似为圆柱体体积 $= S_{圆} \times 厚度 = \pi[f^{-1}(y)]^2 \cdot \mathrm{d}y$.

这里需要计算函数 $y=f(x)$ 的反函数 $x=f^{-1}(y)$，因此在 $[a,b]$ 区间内要求函数具有单调性.

(3) 求体积. $V = \int_{f(a)}^{f(b)} \pi[f^{-1}(y)]^2 \cdot \mathrm{d}y$.

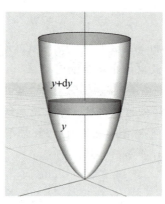

图 4-33

下面来看几个例题.

【例 4-38】 求由 $y=x^3$，$y=8$ 及 y 轴所围区域绕 y 轴旋转一周而成的旋转体的体积.

解 积分变量 y 的变化范围为区间 $[0,8]$，$x = \sqrt[3]{y}$，则该旋转体的体积为

$$V = \int_0^8 \pi(\sqrt[3]{y})^2 \mathrm{d}y = \pi \int_0^8 y^{\frac{2}{3}} \mathrm{d}y$$

$$= \pi \frac{3}{5} y^{\frac{5}{3}}\Big|_0^8 = \frac{96}{5}\pi.$$

【例 4 – 39】 求由椭圆 $\dfrac{x^2}{a^2} + \dfrac{y^2}{b^2} = 1$ 所围图形绕 y 轴旋转而形成的椭球体的体积.

解 积分变量 y 的变化范围为区间 $[-b,b]$，$x = \dfrac{a}{b}\sqrt{b^2-y^2}$，则该旋转体的体积为

$$V = \int_{-b}^b \pi\left(\frac{a}{b}\sqrt{b^2-y^2}\right)^2 \mathrm{d}y = \frac{a^2}{b^2}\pi \int_{-b}^b (b^2-y^2)\mathrm{d}y$$

$$= \frac{a^2}{b^2}\pi\left(b^2 y - \frac{1}{3}y^3\right)\Big|_{-b}^b = \frac{4}{3}\pi a^2 b.$$

结合上节中椭圆绕 x 轴旋转所得的旋转体，思考绕 y 轴旋转与它的异同.

二、用微元法求平均值

（一）数学上的平均值

定积分中值定理 如果 $f(x)$ 在区间 $[a,b]$ 内连续，那么在 (a,b) 内至少存在一点 ξ，使 $\int_a^b f(x)\mathrm{d}x = f(\xi)(b-a)$.

几何解释：一条连续曲线 $y = f(x)$ 在 $[a,b]$ 上曲边梯形的面积等于以区间 $[a,b]$ 的长度为底，以 $[a,b]$ 中一点 ξ 的函数值为高的矩形面积（图 4 – 34），即

$$f(\xi) = \frac{\int_a^b f(x)\mathrm{d}x}{b-a}.$$

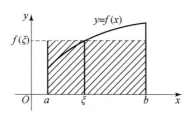

图 4 – 34

它是曲线 $y = f(x)$ 在区间 $[a,b]$ 上的平均高度，又叫函数 $f(x)$ 在区间 $[a,b]$ 上的平均值，等于函数 $f(x)$ 在区间 $[a,b]$ 上的定积分除以区间的长度 $b-a$.

【例 4 – 40】 计算从 0 秒到 T 秒这段时间内自由落体的平均速度.

解 自由落体的速度为 $v = gt$，所以要计算的平均速度为

$$\bar{v} = \frac{1}{T-0}\int_0^T gt\,\mathrm{d}t = \frac{g}{T}\left[\frac{t^2}{2}\right]\Big|_0^T = \frac{gT}{2}.$$

【例 4 – 41】 一家快餐连锁店在广告后第 t 天内销售的快餐数量由下式给出：

$$S(t) = 20 - 10\mathrm{e}^{-0.1t}.$$

求该快餐店在广告后第一周内每天的平均销售量 $\overline{S}$.

解 $\overline{S} = \dfrac{1}{7}\int_0^7 (20 - 10e^{-0.1t})dt = \dfrac{1}{7}(20t + 100e^{-0.1t})\Big|_0^7$

$= \dfrac{1}{7}[(140 + 100e^{-0.7}) - 100] \approx 12.808.$

（二）交流电的平均值

在电学上，可根据数学上函数平均值的定义，可以用微元法计算交流电的平均值.

（1）确定积分变量为时间 t，将一个周期时间段 $[0, T]$ 划分为无限个小的时间段 $[t_i, t_{i+1}]$.

（2）在每个小时间段 $[t_i, t_{i+1}]$ 上，将变化的电流近似为直流电，计算电量微元：

$$dQ = i(t) \cdot dt.$$

（3）计算 $[0, T]$ 时间段内的总电荷量，只需要将电量微元在 $[0, T]$ 上进行无限累加，即

$$\int_0^T i(t) \cdot dt.$$

因此，交流电的平均值为

$$I_{av} = \dfrac{\int_0^T i(t)dt}{T}.$$

【例 4-42】 已知周期为 T 的矩形波如图 4-35 所示，电流强度为

$$i(t) = \begin{cases} 10, & 0 \le t < \dfrac{T}{4} \\ 0, & \dfrac{T}{4} \le t < T \end{cases}.$$

求其电流平均值.

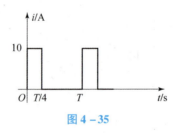

图 4-35

解 由定积分的几何意义可知 $\int_0^T i(t)dt$ 的值是电流 $i(t)$ 与 t 轴所围面积的代数和，即

$$I_{av} = \dfrac{10 \times \dfrac{T}{4}}{T} = 2.5 \text{A}.$$

【例 4-43】（1）解释为什么交流电 $i(t)$ 的平均值为 $I_{av} = \dfrac{\int_0^T i(t)dt}{T}$.

(2) 计算正弦交流电 $i(t) = I_m \sin\omega t$ 的平均值（图 4-36）.

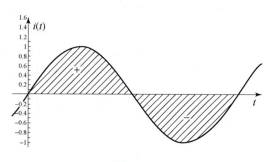

图 4-36

解 （1）数学上，由定积分的几何意义知 $\int_0^T i(t)\,\mathrm{d}t$ 的值是电流 $i(t)$ 与 t 轴所围面积的代数和，即

$$I_{av} = 0.$$

这仅是从数学的角度来考虑平均值，但在电工上，侧重于考虑一个周期内电量的总数，正电荷和负电荷不能抵消，需要计算总数，即交流电的平均值为

$$I_{av} = \frac{\int_0^T |i(t)|\,\mathrm{d}t}{T}.$$

（2）计算 $i(t) = I_m \sin\omega t$ 的平均值，显然在电学上周期满足 $T = \dfrac{2\pi}{\omega}$，正弦交流电的平均值为

$$I_{av} = \frac{\int_0^T |i(t)|\,\mathrm{d}t}{T} = \frac{2\int_0^{\frac{T}{2}} I_m \sin\omega t\,\mathrm{d}t}{T} = \frac{\int_0^{\frac{T}{2}} I_m \sin\omega t\,\mathrm{d}t}{\frac{T}{2}} = \frac{\frac{I_m}{\omega}\int_0^{\frac{T}{2}} \sin\omega t\,\mathrm{d}(\omega t)}{\frac{T}{2}}$$

$$= \frac{I_m \int_0^{\frac{T}{2}} \sin\omega t\,\mathrm{d}(\omega t)}{\pi} = \frac{I_m}{\pi}\cos\omega t \bigg|_{\frac{T}{2}}^{0} = \frac{I_m}{\pi}(\cos 0 - \cos\pi) = \frac{2}{\pi}I_m \approx 0.637 \cdot I_m.$$

三、用微元法求交流电的有效值

微元法的用途非常广泛，不仅可以求解曲边梯形的面积、旋转体的体积，在物理上、电学上还有广泛的用途，如可以计算交流电的有效值.

【例 4-44】 （1）解释为什么交流电 $i(t)$ 的有效值为**均方根公式**：$I_{eff} = \sqrt{\dfrac{\int_0^T i^2\,\mathrm{d}t}{T}}$.

（2）计算正弦交流电 $i(t) = I_m \sin\omega t$ 的有效值.

解 （1）直流电 I 在电阻 R 上 t 时间内产生的热量为 $Q = I^2 Rt$. 对于交流电 $i(t)$ 在

电阻 R 上一个周期 $[0,T]$ 时间内产生的热量,用微元法分析如下:

①确定积分变量为时间 t,将一个周期时间段 $[0,T]$ 划分为无限个小时间段 $[t_i,t_{i+1}]$;

②在每个小时间段 $[t_i,t_{i+1}]$ 上,将交流电近似为直流电,计算热量微元:

$$dQ = i^2 R \cdot dt;$$

③计算 $[0,T]$ 时间段内产生的总热量,只需要将热量微元在 $[0,T]$ 上进行无限累加,即

$$\int_0^T dQ = \int_0^T i^2 R \cdot dt.$$

交电流 $i(t)$ 的有效值定义为:正弦交流电在一个周期 T 内在电阻 R 上产生的热量,等于某个直流电在该电阻上产生的热量. 此时,称这个热等效的直流电为该交流电的有效值,记为 I_{eff}. 在一个周期内产生的热量等效方程为

$$\int_0^T i^2 R \cdot dt = I_{\text{eff}}^2 RT,$$

$$I_{\text{eff}}^2 = \frac{\int_0^T i^2 dt}{T} \Rightarrow I_{\text{eff}} = \sqrt{\frac{\int_0^T i^2 dt}{T}}.$$

(2) 正弦交流电 $i(t) = I_m \sin\omega t$,显然 $T = \frac{2\pi}{\omega}$,根据均方根公式,有

$$I_{\text{eff}} = \sqrt{\frac{\int_0^T i^2 dt}{T}} = \sqrt{\frac{I_m^2 \cdot \int_0^T \sin^2\omega t \cdot dt}{T}} = I_m \sqrt{\frac{\int_0^T (1-\cos 2\omega t) dt}{2T}}$$

$$= I_m \sqrt{\frac{T - \frac{1}{2\omega}\int_0^T \cos 2wt \, d(2\omega t)}{2T}} = I_m \sqrt{\frac{T - \frac{1}{2\omega}\sin 2\omega t \big|_0^T}{2T}}$$

$$= I_m \sqrt{\frac{T - \frac{1}{2\omega}(\sin 4\pi - \sin 0)}{2T}} = I_m / \sqrt{2} \approx 0.707 \cdot I_m.$$

◇ **任务解决**

积分变量 y 的变化范围为区间 $[0,8]$,$x = \sqrt{\frac{y}{2}}$,旋转体体积为

$$V = \int_0^8 \pi \left(\sqrt{\frac{y}{2}}\right)^2 dy = \pi \int_0^8 \frac{y}{2} dy = \frac{\pi}{4} y^2 \big|_0^8 = 16\pi.$$

3D 打印的旋转体体积计算–绕 Y 轴问题讲解

◇ **能力训练**

求由曲线 $y = \ln x (1 < x < e)$ 与 y 轴所围图形绕 y 轴旋转一周形成的旋转体

（图4-37）的体积.

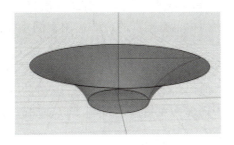

图4-37

◇ 评估检测

1. 求下列旋转体的体积：

（1）由曲线 $y=\sqrt{x}$ 与直线 $x=4$，$x=1$，$y=0$ 所围图形分别绕 x 轴、y 轴旋转一周得到的旋转体；

（2）由曲线 $y=x^3$ 与直线 $x=3$，$y=0$ 所围图形分别绕 x 轴、y 轴旋转一周得到的旋转体.

2. 非正弦周期电流（图4-38）在一个周期内的表达式为

$$i(t)=\begin{cases} 0, 0 \leqslant t \leqslant \dfrac{\pi}{3} \\ I_m \sin t, \dfrac{\pi}{3} < t \leqslant \pi \\ 0, \pi < t \leqslant 2\pi \end{cases}.$$

（1）计算电流的平均值.
（2）计算电流的有效值公式.

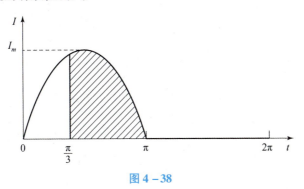

图4-38

◇ 知识拓展

逆向思维

与常规思维不同，逆向思维是反过来思考问题，是用绝大多数人没有想到的思维方式去思考问题. 运用逆向思维去思考和处理问题,实际上就是以"出奇"达到"制胜". 因此,逆向思维的结果常常会令人大吃一惊,喜出望外,别有所得.

在我国,逆向思维在生活中也有丰富的成功应用案例."司马光砸缸"的故事在中国可谓家喻户晓. 司马光和一群小孩子在庭院中玩耍,一个小孩站在大缸上面,失足跌落缸中被水淹没,司马光拿石头砸开了缸,水从而流出,小孩得以活命. 别人在想如何从缸的上面救出孩子,但司马光应用逆向思维,从缸的下面求出了孩子.

启示:在生活和工作中需要多维度思考问题,以逆向思维进行思考,困难往往会迎刃而解.

模块五　微分方程

　　人们在科学、技术、工程以及经济研究中，常常需要寻求与问题有关的变量之间的函数关系. 有时可以直接建立这种函数关系，有时只能建立所求函数及其变化率之间的关系式，然后从中解出所求函数，这种关系式就是本模块所介绍的微分方程. 1676 年，伯努利（Bernoulli）在致牛顿的信中第一次提出微分方程，直到 18 世纪中期，微分方程才成为一门独立的学科. 微分方程建立后，立即成为探索现实世界的重要工具. 1846 年，数学家与天文学家合作，通过求解微分方程，发现了一颗有名的行星——海王星. 1991 年，科学家在阿尔卑斯山发现一个肌肉丰满的冰人，根据其躯体所含碳原子消失的程度，通过求解微分方程，科学家推断这个冰人大约遇难于 5 000 年以前. 类似的实例还有很多，本模块主要讨论如何建立简单的微分方程，并介绍一些常用的微分方程的解法.

5.1　汽车超速判断——微分方程的概念

◇单元目标

> 知识目标

理解常微分方程的概念、通解、特解、初始条件等概念.

> 能力目标

能够建立简单的一阶、二阶微分方程并求解.

> 素质目标

时间不可倒流，事物向前发展，人们只能通过观察当前事物的现象，推断事物原来的真相. 代数方程和微分方程的解有明显不同，代数方程的解是数值，微分方程的解是函数，体会静态与动态之美.

◇任务提出

　　在限速为 60 km/h 的公路交通事故的现场，测得事故车辆的车轮有一段拖痕长度为 15 m（这段拖痕是刹车距离，即汽车紧急刹车时制动片抱紧制动箍后，车轮停止转动，而车轮由于惯性的作用在地面上摩擦滑动留下的痕迹），并测出路面与车轮的摩擦系数为 1.05（此系数由路面质地、轮胎与路面接触面积等因素决定），请推算该事故车辆刹车时的速度，以判断事故车辆是否超速行驶.

◇ 任务分析

设拖痕直线为 x 轴，拖痕的起点为原点，车辆的滑动位移为 x（单位：m），滑动速度为 v（单位：m/s），当开始刹车即 $t=0$ 时，$x=0$，$v=v_0$（滑动时的初速度）；当滑动停止，即 $t=t_1$ 时，$x=15$，$v=0$.

在滑动过程中，车辆受到与运动方向相反的摩擦力 f 的作用，如果车辆的质量为 m，摩擦系数为 λ，则摩擦力 f 的大小为 λmg. 根据牛顿第二定律有

$$m\frac{d^2x}{dt^2} = -\lambda mg.$$

该方程是含有导数的方程，称为微分方程. 下面介绍微分方程的定义和微分方程的求解.

◇ 知识准备

一、微分方程的概念

定义 5-1 一般地，凡是表示未知函数、未知函数的导数与自变量之间关系的方程，均叫作**微分方程**. 未知函数是一元函数的，叫作**常微分方程**，例如 $\frac{dy}{dx} = 2x$. 本模块只讨论常微分方程，通常将其简称为微分方程或方程.

定义 5-2 微分方程中未知函数的最高阶导数的阶数称为微分方程的**阶**.

【例 5-1】 指出下列微分方程的阶数.

(1) $x\frac{dy}{dx} + y = xy\frac{dy}{dx}$；　　(2) $\frac{d^2y}{dx^2} - x\frac{dy}{dx} + y = 0$；

(3) $y'' - e^{2y} = 0$；　　(4) $yy'' - (y')^2 = 0$.

解 (1) 是一阶微分方程；(2) ~ (4) 是二阶微分方程.

定义 5-3 如果将函数代入微分方程能使方程成为恒等式，则这个函数就叫作**微分方程的解**. 求微分方程的解的过程称为解微分方程.

定义 5-4 如果微分方程的解中含有任意常数，且**相互独立的任意常数的个数与**微分方程的**阶数相同**，则这样的解称为**微分方程的通解**.

定义 5-5 在通解中，利用附加条件确定任意常数的取值所得的解称为**微分方程的特解**，这种附加条件称为**初始条件**.

【例 5-2】 验证函数 $x = C_1\cos kt + C_2\sin kt$（$C_1$，$C_2$ 为常数）是微分方程 $\frac{d^2x}{dt^2} + k^2x = 0$ 的解，并求满足初始条件 $x|_{t=0} = A$，$\frac{dx}{dt}\big|_{t=0} = 0$ 的特解.

解 $\frac{d^2x}{dt^2} = -C_1 k^2\cos kt - C_2 k^2\sin kt = -k^2(C_1\cos kt + C_2\sin kt) = -k^2 x.$

这说明 $= C_1\cos kt + C_2\sin kt$ 是方程的解. C_1，C_2 是两个独立的任意常数，故它们是

方程的通解. 利用初始条件易得 $C_1 = A$, $C_2 = 0$, 故所求特解为: $x = A\cos kt$.

【例 5-3】 已知曲线过点（1, 2），且曲线上任意一点 $M(x,y)$ 处切线的斜率是该点横坐标的倒数，求此曲线方程.

解 设曲线方程为 $y = y(x)$，则曲线在点 $M(x,y)$ 处的切线的斜率为 $\dfrac{dy}{dx}$. 根据题意有微分方程

$$\dfrac{dy}{dx} = \dfrac{1}{x}.\quad \boxed{\text{一阶常微分方程}}$$

又曲线过点（1, 2），故有

$$y\big|_{x=1} = 2.\quad \boxed{\text{初始条件}}$$

将微分方程两边积分，得

$$y = \ln x + c.\quad \boxed{\text{通解}}$$

将点（1, 2）代入上式得

$$2 = \ln 1 + c,$$
$$c = 2.$$

所求曲线方程为

$$y = \ln x + 2.\quad \boxed{\text{特解}}$$

二、形如 $y^{(n)} = f(x)$ 的微分方程的求解

【例 5-4】 质量为 m 的质点，在重力作用下，从高度为 h_0 的高空自由下落，若不计空气阻力，求其运动方程.

解 设在时刻 t 质点的位置为 $s(t)$，由于质点只受重力 mg 作用，故由牛顿第二定律，得质点满足方程

$$m\dfrac{d^2 s}{dt^2} = -mg,$$

即

$$\dfrac{d^2 s}{dt^2} = -g.\quad \boxed{\text{二阶常微分方程}}$$

方程两边同时积分，得

$$\dfrac{ds}{dt} = -gt + c_1.$$

上式两边同时积分，得

$$s(t) = -\dfrac{1}{2}gt^2 + c_1 t + c_2.\quad \boxed{\text{通解}}$$

其中 c_1, c_2 是两个独立变化的任意常数.

当 $t = 0$ 时，位移 $s(t) = h_0$；当 $t = 0$ 时，速度 $v(t) = 0$，即

$$\begin{cases} s\big|_{t=0} = h_0 \\ v\big|_{t=0} = 0 \end{cases}.\quad \boxed{\text{初始条件}}$$

将这两个条件代入微分方程的通解可得
$$c_1 = 0,$$
$$c_2 = h_0.$$
将两个常数代入微分方程得
$$s(t) = -\frac{1}{2}gt^2 + h_0. \quad \boxed{\text{特解}}$$

从上的两个例题可以总结出,一般微分方程的求解是在微分方程两边求不定积分,再根据具体条件确定初始条件,进而求解出微分方程的特解.

形如 $y^{(n)} = f(x)$ 的方程,当 $n \geq 2$ 时,成为一种可降阶的微分方程,利用求导运算与积分运算互为逆运算的性质进行求解——连续求 n 次积分即可,即
$$y^{(n-1)} = \int f(x)\,\mathrm{d}x = F_1(x) + C_1,$$
其中,假设 $F_1(x)$ 为 $f(x)$ 的原函数,再进行积分得
$$y^{(n-2)} = \int [F_1(x) + C_1]\,\mathrm{d}x = F_2(x) + C_1 x + C_2,$$
其中,假设 $F_2(x)$ 为 $F_1(x)$ 的原函数,对 $y^{(n-2)}$ 进行 $n-2$ 次积分后,可得
$$y = F_n(x) + C_1 x^{n-1} + C_2 x^{n-2} + \cdots + C_{n-2} x^2 + C_{n-1} x + C_n,$$
其中,$C_1, C_2, \cdots, C_n$ 为任意常数.

◇任务解决

解 设从车辆开始刹车开始计时,车辆的滑行距离为 $x(t)$,车辆在刹车时受到摩擦力,根据牛顿第二定律列出方程为
$$m\frac{\mathrm{d}^2 x}{\mathrm{d}t^2} = -\lambda mg,$$
$$\frac{\mathrm{d}^2 x}{\mathrm{d}t^2} = -\lambda g. \quad \boxed{\text{微分方程}}$$
两边同时对 t 积分得
$$\frac{\mathrm{d}x}{\mathrm{d}t} = -\lambda g t + C_1.$$
两边同时对 t 再积分得
$$x = -\frac{\lambda g}{2} t^2 + C_1 t + C_2. \quad \boxed{\text{通解}}$$
当开始刹车即 $t = 0$ 时,$x = 0$,$v = v_0$(滑动时的初速度),即
$$\begin{cases} x|_{t=0} = 0 \\ v|_{t=0} = v_0 \end{cases}, \quad \boxed{\text{初始条件}}$$
代入微分方程的通解得
$$x = -\frac{\lambda g}{2} t^2 + v_0 t. \quad \boxed{\text{特解}}$$
此时,微分方程的特解已求出,题目要求推算出车辆刹车时的速 v_0,还需要结合

题目条件：当滑动停止，即 $t = t_1$ 时，$x = 15$，$v = 0$. 由此得

$$\begin{cases} 15 = -\dfrac{\lambda g}{2} t_1^2 + v_0 t_1 \\ 0 = -\lambda g t_1 + v_0 \end{cases}.$$

在此方程组中消去 t_1，得

$$v_0 = \sqrt{30 \lambda g}.$$

结合本次任务给出的条件 $\lambda = 1.05$，$g \approx 9.8 \text{ m/s}^2$，得到 $v_0 \approx 63 \text{ km/h}$.

因此得到，刹车时车辆的速度是 63 km/h，若该段路限速为 60 km/h，则该车辆属于超速行驶.

◇ **能力训练**

列车在直线轨道上以 20 m/s 的速度行驶，制动时列车获得 -0.4 m/s^2 的加速度，问列车的行驶路程关于时间的方程，并计算制动多久后才能停下来，以及在这段时间内列车行驶了多远的路程.

◇ **评估测试**

1. 下列方程哪些是微分方程？若是，请指出它们的阶数.

（1） $2y'' + y' + 4x^2 = 0$； （2） $y'' + x + 1 = y^2$；

（3） $y + (y')^2 = 0$； （4） $y + x + 1 = 0$；

（5） $\dfrac{d^2 y}{dx^2} + \dfrac{dy}{dx} - 2y = e^x$； （6） $x + 2y + \dfrac{dy}{dx} = 1$.

2. 验证 $y = c_1 e^x + c_2 e^{-x}$ 是否是微分方程 $y'' - y = 0$ 的解，若是，指明是通解还是特解.

3. 验证 $y = x + C$ 是微分方程 $\dfrac{dy}{dx} = 1$ 的解，并求出满足初始条件 $y|_{x=0} = 3$ 的特解.

4. 已知曲线上任意点 $M(x, y)$ 处的切线斜率为 $\cos x$，且曲线通过点 $(0, 1)$，求此曲线的方程.

5. 一物体的运动速度为 $v = 3t$（单位：m/s），当 $t = 2$（单位：s）时物体经过的路程为 9 m，求此物体的运动方程.

◇ **拓展阅读**

微分方程与代数方程的区别与联系

代数方程和微分方程是数学中两个非常不同的概念，它们各自有着独特的性质和应用. 代数方程能够解决涉及常数的问题，而微分方程则允许人们探索随时间变化的动态过程，从而更好地解决现实世界中的复杂问题.

（1）相同点：两者都是方程，用于表示实际问题中存在的关系.

（2）不同点：有下面三个方面.

①定义与形式不同．代数方程是两个数或函数之间的等式，不涉及对未知函数的求导运算，而微分方程涉及未知函数的导数，这些导数反映了函数的变化率．

②解的形式不同．代数方程的解是具体的数值或表达式，而微分方程的解是在一定区间上定义的可微函数，可能含有任意常数．微分方程的解分为通解和特解，通解包含任意常数，不一定包含方程的所有解，而特解不含有任意常数．

③应用领域不同．代数方程广泛应用于各种数学、物理和工程问题中，用于求解特定的问题．微分方程则在描述物理现象、工程系统的动态行为等方面发挥重要作用，如描述物体的运动、电路的变化等．

综上所述，微分方程和代数方程虽然在形式和应用上有所不同，但都是数学中的重要工具，用于描述和解决各种实际问题．微分方程通过引入对未知函数的导数，能够更精确地描述变量随时间或其他独立变量的变化关系，而代数方程则更侧重于描述静态的关系．

（3）启示：代数方程和微分方程的解明显不同，代数方程的解是数值，微分方程的解是函数，它们体现了静态与动态之美．

5.2　冷却模型——可分离变量的微分方程

◇ **单元目标**

➢ **知识目标**

掌握可分离变量的微分方程的定义及解法．

➢ **能力目标**

能够用分离变量法解决简单的应用问题．

➢ **素质目标**

牛顿冷却定律是科学家牛顿发现的．牛顿的伟大不仅在于他的个人成就，更在于他的思想对科学界和社会的影响．他的批判精神和独立思考的习惯，推动了科学研究的进步和发展．

◇ **任务提出**

机床在室温 20 ℃ 环境下工作，机床加工零件时高速运转，会产生热量，机床开机后温度升高到 65 ℃，机床停止工作后 1 min 测得温度是 55 ℃，请问机床温度降到 25 ℃ 需要多长时间？

◇ **任务分析**

牛顿冷却定律：物体在空气中冷却的速度与物体温度和空气温度之差成正比．现将牛顿冷却定律应用于机床冷却．假设机床的冷却速度符合牛顿冷却定律．根据牛顿冷却定律可以列出相应的微分方程．

◇ 知识准备

一、可分离变量的微分方程的概念

形如 $\dfrac{dy}{dx}=f(x)g(y)$ 的方程称为**可分离变量的微分方程**. 其特点是方程的右端为只含 x 的函数 $f(x)$ 与只含 y 的函数 $g(y)$ 的乘积. 例如，$\dfrac{dy}{dx}=\dfrac{y}{x^2+4}$，$\sqrt{xy}\dfrac{dy}{dx}=1$，$xydx+(x^2+1)dy=0$ 等都是可分离变量的微分方程.

二、可分离变量的微分方程的求解方法

步骤 1 通过分离变量化为 $\dfrac{1}{g(y)}dy=f(x)dx$ 的形式.

步骤 2 上式两端积分，得 $\displaystyle\int\dfrac{1}{g(y)}dy=\int f(x)dx$.

步骤 3 设 $G(y)$，$F(x)$ 分别为 $\dfrac{1}{g(y)}$，$f(x)$ 的一个原函数，则得微分方程

$$\dfrac{dy}{dx}=f(x)g(y)$$

的通解

$$G(y)=F(x)+C.$$

【例 5-5】 求微分方程 $\dfrac{dy}{dx}=-\dfrac{x}{y}$ 的通解.

解 分离变量，得

$$ydy=-xdx.$$

两边积分，得

$$\int ydy=-\int xdx.$$

求积分，得

$$\dfrac{1}{2}y^2=-\dfrac{1}{2}x^2+c_1.$$

方程的通解为

$$x^2+y^2=c \quad (c=2c_1).$$

【例 5-6】 求微分方程

$$x(1+y^2)dx+y(1-x^2)dy=0.$$

解 分离变量，得

$$\dfrac{x}{x^2-1}dx=\dfrac{y}{1+y^2}dy.$$

两边同时不定积分，得

$$\int\dfrac{x}{x^2-1}dx=\int\dfrac{y}{1+y^2}dy.$$

化简得
$$\ln|x^2-1| = \ln|1+y^2| + \ln|C|,$$
$$\ln\left|\frac{x^2-1}{1+y^2}\right| = +\ln|C|,$$

即
$$\frac{x^2-1}{1+y^2} = C.$$

注：通过例 5-6 可以发现，微分方程的通解中任意常数 C 的形式灵活多变。

【例 5-7】 1999 年，我国的国民生产总值（GDP）为 80 423 亿元，如果能保持每年 8% 的相对增长率，问 2020 年我国的 GDP 是多少？

解 （1）建立微分方程。

记 $t=0$，为 1999 年，设第 t 年我国的 GDP 为 $P=P(t)$，由经济学知识知

$$\text{相对增长率} = \frac{\text{增长率}}{\text{总量}}.$$

再由导数定义知，增长率 $= P'(t)$，得微分方程

$$\frac{P'(t)}{P(t)} = 8\%.$$

初值条件为
$$P(t)\big|_{t=0} = 80\,423.$$

（2）求通解。

分离变量，得
$$\frac{1}{P}dP = 0.08\,dt.$$

两边积分，得
$$\int \frac{1}{P}dP = \int 0.08\,dt,$$

进而得
$$\ln P = 0.08t + \ln C,$$

即
$$P = Ce^{0.08t}.$$

（3）求特解。

将 $P(0) = 80\,423$ 代入通解得 $C = 80\,423$，故有
$$P(t) = 80\,423 e^{0.08t}.$$

将 $t = 2020 - 1999 = 21$ 代入上式，得 2020 年我国的 GDP 预测值为
$$P(21) = 80\,423 e^{0.08 \times 21} \approx 431\,510(\text{亿元}).$$

◇ **任务解决**

解 设机床的温度为 $T(t)$，则机床温度随时间 t 的变化率为 $\dfrac{dT}{dt}$，室温为 20 ℃。根据

牛顿冷却定律可知，物体的冷却速度与物体与周围环境的温差成正比，列出微分方程：

$$\frac{\mathrm{d}T}{\mathrm{d}t} = k(T-20).$$

求通解，分离变量，得

$$\frac{\mathrm{d}T}{T-20} = k\mathrm{d}t.$$

两边积分，得微分方程的通解

$$T = Ce^{kt} + 20.$$

求特解，

$$T(0) = 65 \Rightarrow C = 45,$$
$$T(1) = 55 \Rightarrow k = -0.25.$$

满足该问题的特解为

$$T = 45e^{-0.25t} + 20.$$

上述方程是机床温度随时间变化的函数，现将 $T=25$ ℃代入，反解 t 约为 8.8 min，因此该机床温度降到 25 ℃需要约 8.8 min.

◇ 能力训练

《机动车驾驶员驾车时血液中酒精含量规定》规定驾驶员在其血液中酒精含量大于或等于 0.8 mg/mL 时驾驶机动车为醉酒驾车．有一起交通事故，在事故发生 3 h 后测得肇事司机血液中酒精含量为 0.62 mg/mL，又过了 2 h，测得肇事司机血液中酒精含量为 0.46 mg/mL，试确定事故发生时肇事司机是否为醉酒驾车．

◇ 评估测试

1. 求下列可分离变量的微分方程的通解．

（1） $\dfrac{\mathrm{d}y}{\mathrm{d}x} = xy$；

（2） $\dfrac{\mathrm{d}y}{\mathrm{d}x} = (2x-1)y^2$；

（3） $y\mathrm{d}x - x\mathrm{d}y = 0$；

（4） $(1+y^2)\mathrm{d}x - xy(1+x^2)\mathrm{d}y = 0$；

（5） $xy' - y\ln y = 0$；

（6） $\sqrt{1-x^2}\, y' = \sqrt{1-y^2}$．

2. 求 $x\mathrm{d}y - 3y\mathrm{d}x = 0$ 满足 $y|_{x=1} = 1$ 的特解．

3. 求 $\dfrac{\mathrm{d}y}{\mathrm{d}x} = 10^{x+y}$ 满足初始条件 $y|_{x=0} = -1$ 的特解．

◇ 拓展阅读

牛顿的十大科学发现

艾萨克·牛顿（1643 年 1 月 4 日—1727 年 3 月 31 日）是英国皇家学会会长、英国著名的物理学家，被称为百科全书式的"全才"，著有《自然哲学的数学原理》《光学》．牛顿对万有引力和三大运动定律进行了描述．牛顿的十个科学发现奠定了此后 3

个世纪里物理世界的科学观点以及现代工程学的基础.

（1）**万有引力**：全称为"万有引力定律"，是物体之间相互作用的定律.

（2）**牛顿力学**：由牛顿在 17 世纪发现，属于经典力学的范畴.

（3）**微积分**：17 世纪下半叶，牛顿和德国数学家莱布尼茨创立了微积分学.

（4）**牛顿冷却定律**：由牛顿于 1701 年通过试验确定，用于计算对流热量.

（5）**牛顿迭代法**：又为称牛顿-拉斐逊法（滚动法），是牛顿提出的一种近似求解实场和复场方程的方法.

（6）**光的色散**：多色光分解为单色光的现象，即多色光通过棱镜分解为单色光的现象，以及光线中光源光谱成分中不同波长的不同群速度引起的光脉冲展宽现象.

（7）**金本位制**：就是金本位．金本位是以黄金为标准货币的货币体系.

（8）**牛顿望远镜**：英国天文学家艾萨克·牛顿发明的反射望远镜.

（9）**二项式定理**：也称为牛顿二项式定理，由牛顿于 1664 年和 1665 年提出.

（10）**牛顿流体**：任何点的剪切应力与剪切变形率线性相关的流体称为牛顿流体.

启示：牛顿的伟大不仅在于他的个人成就，更在于他的思想对科学界和社会的影响．他的批判精神和独立思考的习惯——科学精神，推动了科学研究的进步和发展.

5.3 RL 电路电流分析——一阶线性微分方程的求解

◇ **单元目标**

➢ **知识目标**

（1）掌握一阶线性齐次微分方程的定义.

（2）掌握一阶线性非齐次微分方程的解法.

➢ **能力目标**

能够用建立微分方程的方法，解决 RL 电路中电流的求解问题.

➢ **素质目标**

常数变易法是拉格朗日 11 年的研究成果，不太容易理解，一阶线性非齐次微分方程的通解还可以用积分因子法得到，可见获得真理的道路不止一条，应用用发散思维思考问题.

◇ **任务提出**

RL 串联电路如图 5-1 所示．若电路中有电源 $u = 3\sin 2t$（V）、电阻 $R = 10\ \Omega$、电感 $L = 0.5$ H，开关合上前电路处于稳态，回路中电路为零，当开关 K 合上时，由于电路中存在动态元件 L，电路中的电流从一个稳态过渡到新的稳态需要一定的时间．由基尔霍夫电压定律可知电流满足微分方程 $\dfrac{di}{dt} + \dfrac{R}{L}i = \dfrac{u}{L}$，且初始电流 $i|_{t=0} = 0$ A，那么电流在这段时间如何变化？

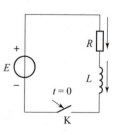

图 5-1

◇知识准备

一、一阶线性齐次微分方程的定义

形如 $y' + P(x)y = Q(x)$ 的方程称为一阶线性微分方程.

当 $Q(x) \equiv 0$ 时,以上方程称为**一阶线性齐次微分方程**:

$$y' + P(x)y = 0.$$

一阶线性齐次微分方程的解法如下.

步骤1 将一阶线性齐次微分方程 $y' + P(x)y = 0$ 化为标准式,即 y' 的系数为1,写出 $P(x)$ 的表达式.

步骤2 用分离变量法求解

$$\frac{dy}{dx} = -P(x)y.$$

分离变量,得

$$\frac{dy}{y} = -P(x)dx.$$

两边求不定积分,得

$$\int \frac{1}{y} dy = \int -P(x)dx,$$

$$\ln|y| = \int -P(x)dx + c_1.$$

去对数,得

$$|y| = e^{c_1} e^{\int -P(x)dx}.$$

去绝对值,得

$$y = Ce^{\int -P(x)dx} \ (C \text{ 为任意常数}).$$

一阶线性齐次微分方程 $y' + P(x)y = 0$ 的通解为

$$y = Ce^{\int -P(x)dx},$$

其中,C 为任意常数.

步骤3 将 $P(x)$ 的表达式代入通解 $y = Ce^{\int -P(x)dx}$ 并化简,可得一阶线性齐次微分方程的解.

【例5-8】 求方程 $2y' + xy = 0$ 的通解.

解 (1)化为标准式:

$$y' + \frac{x}{2}y = 0.$$

(2)找系数 $P(x)$:

$$P(x) = \frac{x}{2}.$$

(3)求通解:

$$y = Ce^{-\int P(x)dx};$$
$$y = Ce^{-\int \frac{x}{2}dx};$$
$$y = Ce^{-\frac{x^2}{4}}.$$

注：指数上的不定积分不加 C.

【例 5-9】 求方程 $y' + (2x+1)y = 0$ 的通解.

解 该方程已经是标准的一阶线性齐次微分方程，$P(x) = 2x + 1$，将 $P(x)$ 代入一阶线性齐次微分方程的通解 $y = Ce^{\int -P(x)dx}$ 并化简，得

$$y = Ce^{-\int(2x+1)dx},$$

即该微分方程的通解为 $y = Ce^{-x^2-x}$.

二、一阶线性非齐次微分方程的解法

形如 $y' + P(x)y = Q(x)$ 的方程称为一阶线性微分方程.

当 $Q(x) \neq 0$ 时，以上方程称为<u>一阶线性非齐次微分方程</u>：

$$y' + P(x)y = Q(x).$$

一阶非齐次线性微分方程 $y' + P(x)y = Q(x)$ 可用"常数变易法"求得. 这种方法是将对应的齐次方程的通解 $y = Ce^{\int -P(x)dx}$ 中的任意常数 C 变易为 $C(x)$，再代入原<u>非齐次微分方程</u>求解出 $C(x)$，即令

$$y = C(x)e^{-\int P(x)dx},$$

两边求导，得

$$y' = C'(x)e^{-\int P(x)dx} - C(x)P(x)e^{-\int P(x)dx}.$$

将 y，y' 的表达式代入方程 $y' + P(x)y = Q(x)$ 得

$$C'(x) = Q(x)e^{\int P(x)dx}.$$

两边积分，得

$$C(x) = \int Q(x)e^{\int P(x)dx}dx + C.$$

将上式代入 $y = C(x)e^{-\int P(x)dx}$，便得非齐次线性微分方程的通解：

$$y = e^{-\int P(x)dx}\left(\int Q(x)e^{\int P(x)dx}dx + C\right).$$

【例 5-10】 求方程 $2y' - y = e^x$ 的通解.

解 方法一：常数变易法.

步骤 1 计算对应齐次线性微分方程的解.

将微分方程化为标准式：

$$y' - \frac{1}{2}y = \frac{1}{2}e^x.$$

对应的齐次方程为

$$y' - \frac{1}{2}y = 0.$$

用分离变量法，得齐次方程的通解：
$$y = Ce^{\frac{x}{2}}.$$

步骤 2 根据齐次解的形式变易出非齐次的通解形式.

将齐次解中的常数 C 变易为 $C(x)$，得原非齐次线性微分方程的通解为
$$Y = C(x)e^{\frac{x}{2}}.$$

步骤 3 求非齐次线性微分方程通解的系数 $C(x)$.

上式两边求导，得
$$Y' = C'(x)e^{\frac{x}{2}} + \frac{1}{2}C(x)e^{\frac{x}{2}}.$$

将 Y 及 Y' 代入原非齐次线性微分方程 $y' - \frac{1}{2}y = \frac{1}{2}e^x$，得
$$C'(x) = \frac{1}{2}e^{\frac{x}{2}}.$$

两边积分，得
$$C(x) = e^{\frac{x}{2}} + C.$$

步骤 4 写出非齐次线性微分方程的通解.

将上式代入原非齐次线性微分方程的通解 $Y = C(x)e^{\frac{x}{2}}$，得
$$Y = Ce^{\frac{x}{2}} + e^x.$$

方法二：公式法.

将微分方程化为标准式：
$$y' - \frac{1}{2}y = \frac{1}{2}e^x.$$

将 $P(x) = -\frac{1}{2}$，$Q(x) = \frac{1}{2}e^x$ 代入非齐次线性微分方程的通解，得
$$\begin{aligned}
y &= e^{-\int P(x)dx}\left(\int Q(x)e^{\int P(x)dx}dx + C\right) \\
&= e^{-\int -\frac{1}{2}dx}\left(\int \frac{1}{2}e^x \cdot e^{\int -\frac{1}{2}dx}dx + C\right) \\
&= e^{\frac{x}{2}}\left(\int \frac{1}{2}e^x \cdot e^{-\frac{x}{2}}dx + C\right) \\
&= e^{\frac{x}{2}}\left(e^{\frac{x}{2}} + C\right) = Ce^{\frac{x}{2}} + e^x.
\end{aligned}$$

【**例 5-11**】 在一个含有电阻 R（单位：Ω）、电容 C（单位：F）和电源 u（单位：V）的 RC 串联电路中，由基尔霍夫电流定律，知电容上的电量 q（单位：C）满足以下微分方程：
$$\frac{dq}{dt} + \frac{1}{RC}q = \frac{u}{R}.$$

若电路中有电源 $u = 400\cos 2t$ (V)，电阻 $R = 100\ \Omega$，电容 $C = 0.01$ F，电容上没有

初始电量. 求在任意时刻 t 电路中的电流.

解 (1) 建立微分方程.

先求出电量 q，$u = 400\cos2t(\text{V})$，$R = 100\ \Omega$，$C = 0.01\ \text{F}$，将其代入 RC 串联电路中电量应满足的微分方程，得

$$\frac{\mathrm{d}q}{\mathrm{d}t} + q = 4\cos2t,$$

初始条件为 $q|_{t=0} = 0$.

(2) 求通解.

此方程是一阶非齐次线性微分方程，将 $P(x) = 1$，$Q(x) = 4\cos2t$ 代入通解得

$$\begin{aligned}q &= \mathrm{e}^{-\int 1\mathrm{d}t}\left(\int 4\cos2t\mathrm{e}^{\int 1\mathrm{d}t}\mathrm{d}t + C\right)\\ &= \mathrm{e}^{-t}\left(4\int\cos2t\mathrm{e}^{t}\mathrm{d}t + C\right)\\ &= C\mathrm{e}^{-t} + \frac{8}{5}\sin2t + \frac{4}{5}\cos2t.\end{aligned}$$

将初值条件 $q|_{t=0} = 0$ 代入上式得

$$0 = C\mathrm{e}^{0} + \frac{8}{5}\sin0 + \frac{4}{5}\cos0,$$

解得 $C = -\frac{4}{5}$，于是

$$q = -\frac{4}{5}\mathrm{e}^{-t} + \frac{8}{5}\sin2t + \frac{4}{5}\cos2t.$$

再由电流与电量的关系 $i = \frac{\mathrm{d}q}{\mathrm{d}t}$ 得

$$i(t) = \frac{4}{5}\mathrm{e}^{-t} + \frac{16}{5}\cos2t - \frac{8}{5}\sin2t.$$

注：以后求解一阶非齐次线性微分方程时用公式法较为简单.

◇**任务解决**

解 (1) 建立微分方程.

$u = 3\sin2t(\text{V})$，$R = 10\ \Omega$，$L = 0.5\text{H}$，将其代入 RL 串联电路中电流应满足的微分方程，得

$$\frac{\mathrm{d}i}{\mathrm{d}t} + 20i = 6\sin2t,$$

初始条件为 $i|_{t=0} = 0$.

(2) 求通解.

方法一：常数变易法.

该方程对应的一阶齐次方程为

$$\frac{\mathrm{d}i}{\mathrm{d}t} + 20i = 0,$$

一阶齐次方程的解为

$$i = C\mathrm{e}^{-20t}.$$

将通解中的任意常数 C 换成待定函数 $C(t)$，令 $i = C(t)\mathrm{e}^{-20t}$ 为非齐次微分方程的解，将其代入原非齐次微分方程，得

$$C'(t) = 6\mathrm{e}^{20t}\sin 2t,$$

所以积分得

$$C(t) = \int 6\mathrm{e}^{20t}\sin 2t\,\mathrm{d}t$$

$$= \frac{30}{101}\sin 2t\,\mathrm{e}^{20t} - \frac{3}{101}\cos 2t\,\mathrm{e}^{20t} + C.$$

由 $i(t) = C(t)\mathrm{e}^{-20t}$，得

$$i(t) = C\mathrm{e}^{-20t} + \frac{30}{101}\sin 2t - \frac{3}{101}\cos 2t.$$

方法二：公式法.

此方程是一阶线性非齐次微分方程，将 $P(x) = 20$，$Q(x) = 6\sin 2t$ 代入通解得

$$i(t) = \mathrm{e}^{-\int 20\mathrm{d}t}\left(\int 6\sin 2t\,\mathrm{e}^{\int 20\mathrm{d}t}\,\mathrm{d}t + C\right)$$

$$= \mathrm{e}^{-20t}\left(\int 6\sin 2t\,\mathrm{e}^{20t}\,\mathrm{d}t + C\right)$$

$$= C\mathrm{e}^{-20t} + \frac{30}{101}\sin 2t - \frac{3}{101}\cos 2t.$$

（3）求特解.

将 $t = 0$ 时，$i = 0$ 的条件代入通解，得

$$0 = C\mathrm{e}^{-20\times 0} + \frac{30}{101}\sin(2\times 0) - \frac{3}{101}\cos(2\times 0),$$

解得

$$i(t) = \frac{3}{101}\mathrm{e}^{-20t} + \frac{30}{101}\sin 2t - \frac{3}{101}\cos 2t.$$

注：① $i(t)$ 中 $\frac{3}{101}\mathrm{e}^{-20t}$ 称为瞬时电流，因为当 $t\to\infty$ 时，它变为零（"消失"）.

② $i(t)$ 中 $\frac{30}{101}\sin 2t - \frac{3}{101}\cos 2t$ 称为稳态电流，当 $t\to\infty$ 时电流趋于稳定.

◇ **能力训练**

在一个 RC 串联电路中有电源 $E = 400\cos 2t\,(\mathrm{V})$、电阻 $R = 100\,\Omega$、电容 $C = 0.01\,\mathrm{F}$ 和电容（没有初始电量），求在任意时刻 t 电路中的电流.

提示：在 RC 串联电路中，由基尔霍夫电流定律，知电容上的电量 q 满足下面的微

分方程:

$$\frac{dq}{dt} + \frac{1}{RC}q = \frac{E}{R}.$$

◇ 评估与测试

1. 求下列微分方程的通解.

(1) $y' + y = e^{-x}$;

(2) $y' - 3xy = 2x$;

(3) $y' - y = \cos x$;

(4) $y' - \frac{2}{x}y = x^2 \sin 3x$;

(5) $(4x - 2y)dx - dy = 0$;

(6) $(xe^{-x^2} - 2xy)dx - dy = 0$.

2. 求下列微分方程满足初始条件的特解.

(1) $y' - y\tan x = \sec x, y(0) = 0$;

(2) $(3xy - 2)dx - x^2 dy = 0, y(1) = 0$.

◇ 拓展阅读

"常数变易法"与"积分因子法"

常数变易法的过程如图 5-2 所示.

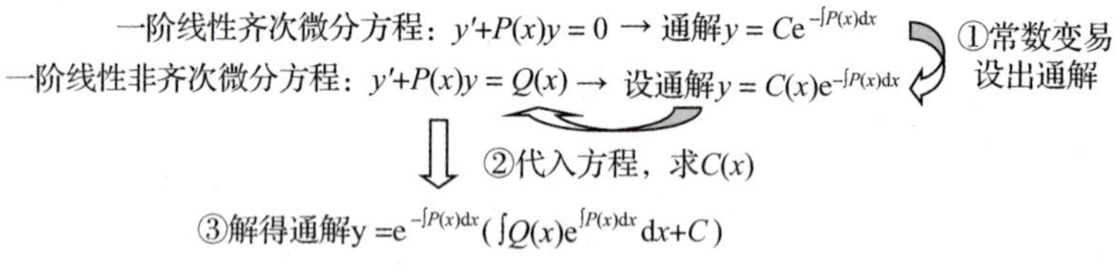

一阶线性齐次微分方程：$y' + P(x)y = 0 \to$ 通解 $y = Ce^{-\int P(x)dx}$ ①常数变易
一阶线性非齐次微分方程：$y' + P(x)y = Q(x) \to$ 设通解 $y = C(x)e^{-\int P(x)dx}$ 设出通解

②代入方程，求 $C(x)$

③解得通解 $y = e^{-\int P(x)dx}(\int Q(x)e^{\int P(x)dx}dx + C)$

图 5-2

常数变易法是拉格朗日 11 年的研究成果，不太容易理解，一阶线性非齐次微分方程通解还可以用积分因子法得到，积分因子使方程可积. 假设

$$y' + P(x)y = Q(x)$$

两边同乘以积分因子 $v(x)$，则积分因子法的过程如图 5-3 所示.

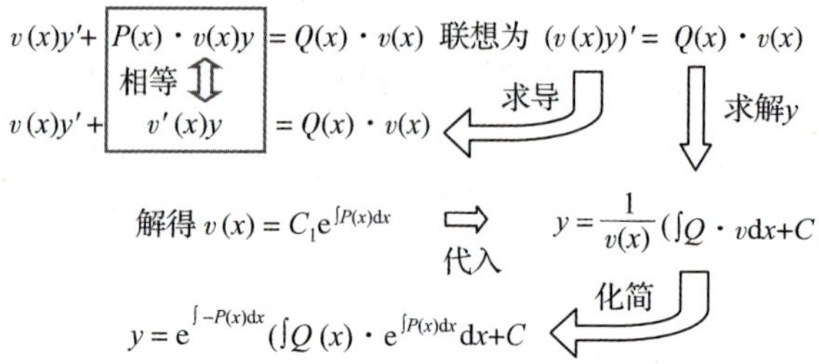

$v(x)y' + \boxed{P(x) \cdot v(x)y} = Q(x) \cdot v(x)$ 联想为 $(v(x)y)' = Q(x) \cdot v(x)$
相等
$v(x)y' + \boxed{v'(x)y} = Q(x) \cdot v(x)$ 求导 求解 y

解得 $v(x) = C_1 e^{\int P(x)dx}$ 代入 $y = \frac{1}{v(x)}(\int Q \cdot v dx + C)$

化简

$y = e^{-\int P(x)dx}(\int Q(x) \cdot e^{\int P(x)dx}dx + C$

图 5-3

启示：常数变易法和积分因子法都能算出一阶线性非齐次微分方程的通解，可见获得真理的道路不止一条，要用发散思维思考问题.

5.4 RLC 电路的暂态分析——二阶常系数线性齐次微分方程

◇ **单元目标**

▶ 知识目标

(1) 了解二阶常系数线性齐次微分方程的解的结构.
(2) 掌握二阶常系数线性齐次微分方程的通解求法.

▶ 能力目标

能够求 RLC 串联电路中的电流方程.

▶ 素质目标

对于二阶常系数线性齐次微分方程,可以根据特征方程根的 3 种不同情况,由经验总结快速写出通解,这是数学思维中的分类讨论思想,值得学习和推广.

◇ **任务提出**

如图 5-4 所示,现将开关 K 拨向 A,使电容 C 充电,当达到稳定状态后再将开关 K 拨向 B (时刻为 $t=0$),已知电阻 $R=4.8\ \Omega$,电感 $L=1.6$ H,电源 $E=20$ V,电容 $C=0.5$ F,求当 $t>0$ 时,电路中的电流 $i(t)$.

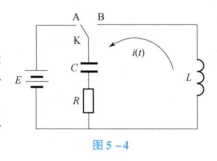

图 5-4

◇ **知识准备**

一、二阶常系数线性齐次微分方程的概念及解的结构

形如
$$y'' + py' + qy = 0$$
的方程称为二阶常系数线性齐次微分方程,其中 p,q 是常数.

若 y_1,y_2 是方程 $y'' + py' + qy = 0$ 的两个特解,则有以下结论.

(1) y_1,y_2 的线性组合 $C_1 y_1 + C_2 y_2$ (其中 C_1,C_2 是任意常数) 也是该方程的解.

(2) 若 $\dfrac{y_2}{y_1} \ne$ 常数,则 $y = C_1 y_1 + C_2 y_2$ 是该方程的通解.

下面验证以上结论. 将 $y = C_1 y_1 + C_2 y_2$ 代入方程 $y'' + py' + qy = 0$ 的左端,得

$$[C_1 y_1'' + C_2 y_2''] + p[C_1 y_1' + C_2 y_2'] + q[C_1 y_1 + C_2 y_2]$$
$$= C_1 [y_1'' + py_1' + qy_1] + C_2 [y_2'' + py_2' + qy_2]$$
$$= C_1 \times 0 + C_2 \times 0 = 0 = 右端,$$

因此 $y = C_1y_1 + C_2y_2$ 是方程 $y'' + py' + qy = 0$ 的解. 由于 $\dfrac{y_2}{y_1} \neq k$, 即 $y = C_1y_1 + C_2y_2$ 含有两个独立的任意常数, 所以二阶常系数线性齐次微分方程 $y'' + py' + qy = 0$ 的通解是
$$y = C_1y_1 + C_2y_2.$$

二、二阶常系数线性齐次微分方程的通解的 3 种情形

由指数函数导数的特性, 可以猜想方程 $y'' + py' + qy = 0$ 具有 $y = e^{rx}$ 形式的解, 其中 r 为待定常数. 将 $y' = re^{rx}$, $y'' = r^2 e^{rx}$ 及 $y = e^{rx}$ 代入方程 $y'' + py' + qy = 0$, 得
$$e^{rx}(r^2 + pr + q) = 0.$$

由于 $e^{rx} \neq 0$, 所以当 r 是一元二次方程 $r^2 + pr + q = 0$ 的根时, $y = e^{rx}$ 就是齐次方程 $y'' + py' + qy = 0$ 的解. 因此, 方程 $r^2 + pr + q = 0$ 称为特征方程. 特征方程的根称为特征根. 方程 $y'' + py' + qy = 0$ 的特征方程 $r^2 + pr + q = 0$ 的特征根有 3 种情形, 由二阶常系数线性齐次微分方程的解的结构, 可以得到不同情形下的通解, 见表 5-1.

表 5-1 特征方程的根与微分方程的通解

特征方程 $r^2 + pr + q = 0$ 的根	微分方程 $y'' + py' + qy = 0$ 的通解
两个相异实根 $r_1 \neq r_2$	$y = C_1 e^{r_1 x} + C_2 e^{r_2 x}$
两个相等的实根 $r = r_1 = r_2$	$y = (C_1 + C_2 x)e^{rx}$
一对共轭复根 $r_{1,2} = \alpha \pm i\beta$	$y = e^{\alpha x}(C_1 \cos\beta x + C_2 \sin\beta x)$

求二阶常系数线性齐次微分方程 $y'' + py' + qy = 0$ 的通解的步骤如下.

步骤 1 写出对应的特征方程 $r^2 + pr + q = 0$.

步骤 2 求出特征根 r_1, r_2.

步骤 3 根据 r_1, r_2 的 3 种不同情形, 按表 5-1 写出对应的通解.

【**例 5-12**】 求方程 $y'' - 4y' - 5y = 0$ 的通解.

解 此方程的特征方程为
$$r^2 - 4r - 5 = 0,$$
解得
$$r_1 = 5, r_2 = -1,$$
因此原方程的通解为 $y = C_1 e^{5x} + C_2 e^{-x}$.

【**例 5-13**】 求方程 $y'' - 4y' + 4y = 0$ 的通解.

解 此方程的特征方程为
$$r^2 - 4r + 4 = 0.$$
解得
$$r = r_1 = r_2 = 2,$$
因此原方程的通解为 $y = (C_1 + C_2 x)e^{2x}$.

【**例 5-14**】 求方程 $y'' - 2y' + 3y = 0$ 的通解.

解 此方程的特征方程为
$$r^2 - 2r + 3 = 0,$$
解得
$$r_1 = 1 + \sqrt{2}\mathrm{i}, r_2 = 1 - \sqrt{2}\mathrm{i},$$
因此原方程的通解为 $y = \mathrm{e}^x(C_1 \cos\sqrt{2}x + C_2 \sin\sqrt{2}x)$.

◇任务解决

解 基尔霍夫定律得
$$i \cdot R + L \cdot \frac{\mathrm{d}i}{\mathrm{d}t} + \frac{q}{C} = 0.$$
因为 $i = \dfrac{\mathrm{d}q}{\mathrm{d}t}$，得模型
$$L\frac{\mathrm{d}^2 q}{\mathrm{d}t^2} + R\frac{\mathrm{d}q}{\mathrm{d}t} + \frac{q}{C} = 0.$$
初值条件为 $i|_{t=0} = 0$，$u_c|_{t=0} = E$.
该模型属于二阶常系数线性齐次微分方程
$$L\frac{\mathrm{d}^2 q}{\mathrm{d}t^2} + R\frac{\mathrm{d}q}{\mathrm{d}t} + \frac{q}{C} = 0.$$
特征方程为
$$Lr^2 + Rr + \frac{1}{c} = 0,$$
即
$$4r^2 + 12r + 5 = 0,$$
解得
$$r_1 = -\frac{1}{2}, r_2 = -\frac{5}{2},$$
得通解
$$q(t) = C_1 \mathrm{e}^{-\frac{1}{2}t} + C_2 \mathrm{e}^{-\frac{5}{2}t},$$
两边求导，得
$$i(t) = -\frac{1}{2}C_1 \mathrm{e}^{-\frac{1}{2}t} - \frac{5}{2}C_2 \mathrm{e}^{-\frac{5}{2}t}.$$

初始条件：(1) $i|_{t=0} = 0$，有 $\dfrac{1}{2}C_1 + \dfrac{5}{2}C_2 = 0$；

(2) $u_c|_{t=0} = E$，有 $\dfrac{q}{C}|_{t=0} = E$，即 $q|_{t=0} = CE$，得 $C_1 + C_2 = CE = 10$.

$$\begin{cases} \dfrac{1}{2}C_1 + \dfrac{5}{2}C_2 = 0 \\ C_1 + C_2 = 10 \end{cases} \Rightarrow \begin{cases} C_1 = \dfrac{25}{2} \\ C_2 = -\dfrac{5}{2} \end{cases},$$

故
$$i(t) = -\frac{25}{4}e^{-\frac{1}{2}t} + \frac{25}{4}e^{-\frac{5}{2}t}.$$

◇ 能力训练

一个 RLC 电路中，已知 $E = 20$ V，$C = 2 \times 10^{-5}$ F，$L = 0.1$ H，$R = 100$ Ω，电容的初始电压为零，设开关闭合时 $t = 0$，求此电路合上开关后的电流 $i(t)$.

◇ 评估测试

1. 求下列微分方程的通解.
   (1) $y'' + y' - 2y = 0$；　　　(2) $y'' - 2y' + y = 0$；　　　(3) $y'' + 4y = 0$.
2. 求微分方程 $4y'' + 4y' + y = 0$ 满足初始条件 $y(0) = 2$，$y'(0) = 0$ 的特解.
3. 求微分方程 $y'' - 3y' - 4y = 0$ 满足初始条件 $y(0) = 0$，$y'(0) = -5$ 的特解.
4. 求微分方程 $y'' + 4y' + 29y = 0$ 满足初始条件 $y(0) = 0$，$y'(0) = 15$ 的特解.

◇ 拓展阅读

分类讨论思想

分类讨论思想是一种重要的数学思想，它涉及将一个复杂的问题分解成若干个小问题来解决. 这种思想的核心在于根据问题的特点和要求，将问题分成若干类，然后逐一解决这些小问题，最后综合得出整个问题的答案. 分类讨论思想的应用非常广泛，几乎贯穿整个中学数学的全部内容. 它不仅是一种解题策略，更是一种逻辑方法，能够帮助学生培养思维的条理性、缜密性和逻辑性.

启示：在生活中，要善于应用分类讨论思想解决问题.

5.5　RLC 电路电量分析——二阶常系数线性非齐次微分方程

◇ 单元目标

▶ 知识目标

(1) 了解二阶常系数线性非齐次微分方程的解的结构.
(2) 掌握二阶常系数线性非齐次微分方程的通解求法.

▶ 能力目标

能够求 RLC 串联电路中的电量方程.

▶ 素质目标

解二阶常系数线性非齐次微分方程，需要先设出特解的形式，再用待定系数法求出特解. 待定系数法是一种执果索因的数学方法, 是从宏观思想出发, 用微观思想解决问题的方法.

◇ **任务提出**

如图 5 – 5 所示, 一个 RLC 串联电路由电阻 $R = 180\ \Omega$、电容 $C = 1/280$ F、电感 $L = 20$ H 和电源 $E(t) = 10\sin t$(V)构成, 假设在初始时刻 ($t = 0$) 电容上没有电量, 电流是 1 A, 求任意时刻电容上电量的变化规律.

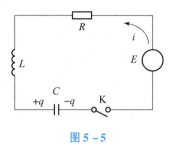

图 5 – 5

◇ **知识准备**

一、问题分析

设电路中的电流为 $i(t)$, 电容器极板上的电量为 $q(t)$, 自感电动势为 $E(t)$. 由基尔霍夫定律可知, 在闭合电路中, 所有支路上的电压的代数和等于零. 已知经过电阻、电容和电感的电压分别为 RI, $\dfrac{q}{C}$, $L\dfrac{di}{dt}$, 其中 q 是电容器上的电量, 通过电源的电压降是 $-E$, 由基尔霍夫定律有

$$E(t) - L\frac{di}{dt} - \frac{q}{C} - Ri = 0.$$

将 $i = \dfrac{dq}{dt}$, $\dfrac{di}{dt} = \dfrac{d^2 q}{dt^2}$ 代入得

$$\frac{d^2 q}{dt^2} + \frac{R}{L}\frac{dq}{dt} + \frac{1}{LC}q = -\frac{1}{L}E(t).$$

代入已知条件 $R = 180\ \Omega$, $C = 1/280$ F, $L = 20$ H 和 $E(t) = 10\sin t$(V)得

$$\frac{d^2 q}{dt^2} + 9\frac{dq}{dt} + 14 q = \frac{1}{2}\sin t.$$

初值条件为 $q(0) = 0$, $\dfrac{dq}{dt}\Big|_{t=0} = 1$.

上面的微分方程是二阶常系数线性非齐次微分方程, 需要先了解其解的结构, 才能求解该方程.

一、二阶常系数线性非齐次线性微分方程的概念及解的结构

形如

$$y'' + py' + qy = f(x)\,(f(x) \neq 0)$$

的方程称为二阶常系数线性非齐次微分方程, 其中 p, q 是常数.

1. 一阶线性非齐次微分方程解的结构

一阶线性非齐次微分方程

$$y' + P(x)y = Q(x)$$

161

的通解为

$$y = \underbrace{Ce^{-\int P(x)dx}}_{\text{对应线性齐次微分方程的通解}} + \underbrace{e^{-\int P(x)dx}\int Q(x)e^{\int P(x)dx}dx}_{\text{线性非齐次微分方程的特解}}.$$

结论：线性非齐次微分方程的通解 = 对应线性齐次微分方程的通解 + 线性非齐次微分方程的特解.

2. 二阶常系数线性非齐次微分方程解的结构

一阶线性非齐次微分方程通解的结论也可以推广到常系数线性非齐次微分方程.

二阶常系数线性非齐次线性微分方程

$$y'' + py' + qy = f(x)(f(x) \neq 0)$$

的通解 y 为

$$y = Y + \bar{y},$$

其中，Y 是对应的二阶常系数线性齐次微分方程的通解，$\bar{y}$ 是原二阶常系数线性非齐次微分方程的一个特解.

二阶常系数线性非齐次微分方程的通解 Y 的求解方法上一节已经有详细介绍．二阶常系数线性非齐次微分方程的一个特解 $\bar{y}$ 为本节的新知识点.

二、二阶常系数线性非齐次线性微分方程求解

二阶常系数线性非齐次微分方程 $y'' + py' + qy = f(x)$ 的特解与 $f(x)$ 的形式有着密切的关系，常见的 $f(x)$ 有两种形式，原微分方程的特解 $\bar{y}$ 也有不同形式，见表 5-2.

表 5-2 原微分方程的特解 $\bar{y}$ 的形式

$f(x)$ 的形式		特解 $\bar{y}$ 的形式
$f(x) = P_n(x)e^{\lambda x}$ 注意：$P_n(x)$ 是 n 次多项式	λ 不是特征方程的根	$\bar{y} = Q_n(x)e^{\lambda x}$
	λ 是特征方程的单根	$\bar{y} = xQ_n(x)e^{\lambda x}$
	λ 是特征方程的重根	$\bar{y} = x^2 Q_n(x)e^{\lambda x}$
$f(x) = a\cos wx + b\sin wx$	$\pm wi$ 不是特征根	$\bar{y} = A\cos wx + B\sin wx$
	$\pm wi$ 是特征根	$\bar{y} = x(A\cos wx + B\sin wx)$

1. $f(x) = P_n(x)e^{\lambda x}$ 类型

【例 5-15】 求解微分方程

$$y'' + y' - 2y = x^2 + 1.$$

解 **步骤 1** 判断 λ 的取值.

显然，$f(x) = x^2 + 1$，判断 λ 的取值为 0.

步骤 2 判断 λ 与特征根的关系.

特征方程

$$r^2 + r - 2 = 0$$

对应的特征根为
$$r_1 = -2, \ r_2 = 1.$$

显然，$\lambda = 0$ 不是特征根.

步骤 3 用待定系数法求出特解.

因为 $f(x) = x^2 + 1$，所以设原微分方程的特解为 $\bar{y} = Ax^2 + Bx + C$，用待定系数法求得
$$\bar{y}' = 2Ax + B, \ \bar{y}'' = 2A.$$

将 $\bar{y}$，$\bar{y}'$，$\bar{y}''$ 代入原微分方程，得
$$-2Ax^2 + (2A - 2B)x + (2A + B - 2C) = x^2 + 1,$$

对应系数相等，得 $\begin{cases} -2A = 1 \\ 2A - 2B = 0 \\ 2A + B - 2C = 1 \end{cases}$，解得
$$A = -\frac{1}{2}, \ B = -\frac{1}{2}, \ C = -\frac{5}{4}.$$

因此，原微分方程的一个特解为
$$\bar{y} = -\frac{1}{2}x^2 - \frac{1}{2}x - \frac{5}{4}.$$

步骤 4 写出通解.

原微分方程的通解为
$$y = -\frac{1}{2}x^2 - \frac{1}{2}x - \frac{5}{4} + C_1 \mathrm{e}^x + C_2 \mathrm{e}^{-2x}.$$

【例 5 – 16】 求解微分方程
$$y'' + y' = 2x - 3.$$

解 **步骤 1** 判断 λ 的取值.

显然，$f(x) = 2x - 3$，判断 λ 的取值为 0.

步骤 2 判断 λ 与特征根的关系.

特征方程
$$r^2 + r = 0$$

对应的特征根为
$$r_1 = -1, \ r_2 = 0.$$

显然，$\lambda = 0$ 是特征方程的单根.

步骤 3 用待定系数法求出特解.

因为 $f(x) = 2x - 3$，所以设原微分方程的特解为 $\bar{y} = x(Ax + B)$，用待定系数法求得
$$\bar{y}' = 2Ax + B, \ \bar{y}'' = 2A.$$

将 $\bar{y}$，$\bar{y}'$，$\bar{y}''$ 代入原微分方程，得
$$2Ax + B + 2A = 2x - 3,$$

对应系数相等，得 $\begin{cases} 2A = 2 \\ B + 2A = -3 \end{cases}$，解得

$$A = 1, B = -5.$$

因此，原微分方程的一个特解为

$$\bar{y} = x^2 - 5x.$$

步骤 4 写出通解.

原微分方程的通解为

$$y = x^2 - 5x + C_1 + C_2 e^{-x}.$$

【例 5–17】 求解微分方程

$$y'' + 6y' + 9y = 5xe^{-3x}.$$

解 **步骤 1** 判断 λ 的取值.

显然，$f(x) = 5xe^{-3x}$，判断 λ 的取值为 –3.

步骤 2 判断 λ 与特征根的关系.

特征方程

$$r^2 + 6r + 9 = 0$$

对应的特征根为

$$r_1 = r_2 = -3.$$

显然，λ = –3 是特征方程的重根.

步骤 3 用待定系数法求出特解.

因为 $f(x) = 5xe^{-3x}$，所以设原方程的特解为 $\bar{y} = x^2(Ax + B)e^{-3x}$，用待定系数法求得

$$\bar{y}' = (-3Ax^3 + 3Ax^2 - 3Bx^2 + 2Bx)e^{-3x},$$

$$\bar{y}'' = (9Ax^3 - 18Ax^2 + 9Bx^2 + 6Ax - 12Bx + 2B)e^{-3x}.$$

将 $\bar{y}, \bar{y}', \bar{y}''$ 代入原微分方程，得

$$6Ax + 2B = 5x,$$

对应系数相等，得 $\begin{cases} 6A = 5 \\ 2B = 0 \end{cases}$，解得

$$A = \frac{5}{6}, B = 0.$$

因此，原微分方程的一个特解为

$$\bar{y} = \frac{5}{6}x^3 e^{-3x}.$$

步骤 4 写出通解.

原微分方程的通解为

$$y = \frac{5}{6}x^3 e^{-3x} + (C_1 + C_2 x)e^{-3x}.$$

2. $f(x) = a\cos wx + b\sin wx$ 类型

【例 5–18】 求解微分方程

$$y'' + 2y' - 3y = \sin 2x.$$

解 **步骤 1** 判断 ω 的取值.

显然，$f(x) = \sin 2x$，判断 ω 的取值为 2.

步骤 2 判断 ±2i 是不是特征根.

特征方程
$$r^2 + 2r - 3 = 0$$

对应的特征根为
$$r_1 = -3, \quad r_2 = 1.$$

显然，±2i 不是特征根.

步骤 3 用待定系数法求出特解.

因为 $f(x) = \sin 2x$，所以设原方程的特解为 $\bar{y} = A\cos 2x + B\sin 2x$，用待定系数法求得
$$\bar{y}' = -2A\sin 2x + 2B\cos 2x,$$
$$\bar{y}'' = -4A\cos 2x - 4B\sin 2x.$$

将 $\bar{y}$，$\bar{y}'$，$\bar{y}''$ 代入原微分方程，得
$$(4B - 7A)\cos 2x - (4A + 7B)\sin 2x = \sin 2x,$$

对应系数相等，得 $\begin{cases} 4B - 7A = 0 \\ -4A - 7B = 1 \end{cases}$，解得
$$A = -\frac{4}{65}, \quad B = -\frac{7}{65}.$$

因此，原微分方程的一个特解为
$$\bar{y} = -\frac{4}{65}\cos 2x - \frac{7}{65}\sin 2x.$$

步骤 4 写出通解.

原微分方程的通解为
$$y = -\frac{4}{65}\cos 2x - \frac{7}{65}\sin 2x + C_1 e^x + C_2 e^{-3x}.$$

【例 5-19】 求解微分方程
$$y'' + 4y = 12\cos 2x.$$

解 **步骤 1** 判断 ω 的取值.

显然，$f(x) = 12\cos 2x$，判断 ω 的取值为 2.

步骤 2 判断 ±2i 是不是特征根.

特征方程
$$r^2 + 4 = 0$$

对应的特征根为
$$r_1 = 2i, \quad r_2 = -2i.$$

显然，±2i 是特征根.

步骤 3 用待定系数法求出特解.

因为 $f(x) = 12\cos 2x$，所以设原方程的特解为 $\bar{y} = x(A\cos 2x + B\sin 2x)$，用待定系数法求得

$$\bar{y}' = (B - 2Ax)\sin 2x + (A + 2Bx)\cos 2x,$$

$$\bar{y}'' = (4B - 4Ax)\cos 2x - (4A + 4Bx)\sin 2x.$$

将 $\bar{y}$，$\bar{y}'$，$\bar{y}''$ 代入原微分方程，得

$$4B\cos 2x - 4A\sin 2x = 12\cos 2x,$$

对应系数相等，得 $\begin{cases} 4B = 12 \\ -4A = 0 \end{cases}$，解得

$$A = 0，B = 3.$$

因此，原微分方程的一个特解为

$$\bar{y} = 3x\sin 2x.$$

步骤 4 写出通解.

原微分方程的通解为

$$y = 3x\sin 2x + C_1\cos 2x + C_2\sin 2x.$$

◇ **任务解决**

根据任务分析可以得到关于电量的二阶常系数线性非齐次微分方程：

$$\frac{d^2q}{dt^2} + 9\frac{dq}{dt} + 14q = \frac{1}{2}\sin t.$$

步骤 1 判断 ω 的取值.

显然，$f(t) = \frac{1}{2}\sin t$，判断 ω 的取值为 1.

步骤 2 判断 $\pm i$ 是不是特征根.

特征方程

$$r^2 + 9r + 14 = 0$$

对应的特征根为

$$r_1 = -7，r_2 = -2.$$

显然，$\pm i$ 不是特征根.

步骤 3 用待定系数法求出特解.

因为 $f(t) = \frac{1}{2}\sin t$，所以设原方程的特解为 $\bar{q} = A\cos t + B\sin t$，用待定系数法求得

$$\bar{q}' = -A\sin t + B\cos t,$$

$$\bar{q}'' = -A\cos t - B\sin t.$$

将 $\bar{y}$，$\bar{y}'$，$\bar{y}''$ 代入原微分方程，得

$$(13A + 9B)\cos t + (13B - 9A)\sin t = \frac{1}{2}\sin t,$$

对应系数相等，得 $\begin{cases} 13A + 9B = 0 \\ 13B - 9A = \dfrac{1}{2} \end{cases}$，解得

$$A = -\frac{9}{500}, \quad B = \frac{13}{500}.$$

因此，原方程的一个特解为

$$\bar{q} = -\frac{9}{500}\cos t + \frac{13}{500}\sin t.$$

步骤 4 写出通解．

原微分方程的通解为

$$q(t) = -\frac{9}{500}\cos t + \frac{13}{500}\sin t + C_1 \mathrm{e}^{-7t} + C_2 \mathrm{e}^{-2t}.$$

初始条件为 $q(0) = 0$，$\dfrac{\mathrm{d}q}{\mathrm{d}t}\Big|_{t=0} = 1$．

解得 $C_1 = -\dfrac{101}{500}$，$C_2 = \dfrac{11}{50}$．

因此，该电路的电量方程为 $q(t) = -\dfrac{9}{500}\cos t + \dfrac{13}{500}\sin t - \dfrac{101}{500}\mathrm{e}^{-7t} + \dfrac{11}{50}\mathrm{e}^{-2t}$．

◇ **能力训练**

一个 RLC 串联电路由电阻 $R = 10\ \Omega$、电容 $C = 0.01\ \mathrm{F}$、电感 $L = 0.5\ \mathrm{H}$ 和电源 $E(t) = 200\cos 100t\,(\mathrm{V})$ 构成，假设在初始时刻（$t = 0$）电路中没有电流，电容上没有电量，求此电路中电流的变化规律．

◇ **评估测试**

1. 写出下列微分方程的特解形式．

(1) $y'' - 2y' - 3y = \mathrm{e}^{4x}$；   (2) $y'' - 3y' + 2y = 3x\mathrm{e}^{2x}$；

(3) $y'' + 2y' + 5y = 5x + 2$；   (4) $y'' + 4y' + 4y = 4x\mathrm{e}^{-2x}$；

(5) $y'' + 3y = 2\sin x$；   (6) $y'' + 9y = \cos 3x$．

2. 写出下列微分方程的通解．

(1) $y'' + y' - 2y = x$；   (2) $y'' - 3y' + 2y = \mathrm{e}^{3x}$；

(3) $y'' - 4y' + 4y = 3\mathrm{e}^{3x}$；   (4) $y'' + y = \cos 2x$；

(5) $y'' + y = \sin x$；   (6) $y'' + 9y = \cos 3x$．

◇ **拓展阅读**

待定系数法中的哲学思想

待定系数法是一种典型的数学方法，是一种求未知数的方法．将一个多项式表示成另一种含有待定系数的新的形式，这样就得到一个恒等式．然后，根据恒等式的性

质得出系数应满足的方程或方程组,通过解方程或方程组便可求出待定系数,或找出某些系数所满足的关系式. 这种解决问题的方法叫作待定系数法.

待定系数法是执果索因的数学思想,是宏观思想和微观思想的巧妙结合,先借助未知系数(宏观思想)设出整体,再通过方程的多项式系数相等(微观思想)得到几组等量关系,进而得到想要的系数.

启示: 做事遇到瓶颈,从微观角度无法解决时,可以先从宏观角度思考问题. 将宏观思想和微观思想结合思考问题,有时问题就会迎刃而解.

常用积分公式

一、含有 *ax + b* 的积分（$a \neq 0$）

1. $\int \dfrac{\mathrm{d}x}{ax+b} = \dfrac{1}{a}\ln|ax+b| + C$

2. $\int (ax+b)^\mu \mathrm{d}x = \dfrac{1}{a(\mu+1)}(ax+b)^{\mu+1} + C\,(\mu \neq -1)$

3. $\int \dfrac{x}{ax+b}\mathrm{d}x = \dfrac{1}{a^2}(ax+b-b\ln|ax+b|) + C$

4. $\int \dfrac{x^2}{ax+b}\mathrm{d}x = \dfrac{1}{a^3}\left[\dfrac{1}{2}(ax+b)^2 - 2b(ax+b) + b^2\ln|ax+b|\right] + C$

5. $\int \dfrac{\mathrm{d}x}{x(ax+b)} = -\dfrac{1}{b}\ln\left|\dfrac{ax+b}{x}\right| + C$

6. $\int \dfrac{\mathrm{d}x}{x^2(ax+b)} = -\dfrac{1}{bx} + \dfrac{a}{b^2}\ln\left|\dfrac{ax+b}{x}\right| + C$

7. $\int \dfrac{x}{(ax+b)^2}\mathrm{d}x = \dfrac{1}{a^2}\left(\ln|ax+b| + \dfrac{b}{ax+b}\right) + C$

8. $\int \dfrac{x^2}{(ax+b)^2}\mathrm{d}x = \dfrac{1}{a^3}\left(ax+b-2b\ln|ax+b| - \dfrac{b^2}{ax+b}\right) + C$

9. $\int \dfrac{\mathrm{d}x}{x(ax+b)^2} = \dfrac{1}{b(ax+b)} - \dfrac{1}{b^2}\ln\left|\dfrac{ax+b}{x}\right| + C$

二、含有 $\sqrt{ax+b}$ 的积分

10. $\int \sqrt{ax+b}\,\mathrm{d}x = \dfrac{2}{3a}\sqrt{(ax+b)^3} + C$

11. $\int x\sqrt{ax+b}\,\mathrm{d}x = \dfrac{2}{15a^2}(3ax-2b)\sqrt{(ax+b)^3} + C$

12. $\int x^2\sqrt{ax+b}\,\mathrm{d}x = \dfrac{2}{105a^3}(15a^2x^2-12abx+8b^2)\sqrt{(ax+b)^3} + C$

13. $\int \dfrac{x}{\sqrt{ax+b}}\mathrm{d}x = \dfrac{2}{3a^2}(ax-2b)\sqrt{ax+b} + C$

14. $\int \dfrac{x^2}{\sqrt{ax+b}}\mathrm{d}x = \dfrac{2}{15a^3}(3a^2x^2-4abx+8b^2)\sqrt{ax+b} + C$

15. $\int \dfrac{dx}{x\sqrt{ax+b}} = \begin{cases} \dfrac{1}{\sqrt{b}} \ln \left| \dfrac{\sqrt{ax+b}-\sqrt{b}}{\sqrt{ax+b}+\sqrt{b}} \right| + C & (b>0) \\ \dfrac{2}{\sqrt{-b}} \arctan \sqrt{\dfrac{ax+b}{-b}} + C & (b<0) \end{cases}$

16. $\int \dfrac{dx}{x^2\sqrt{ax+b}} = -\dfrac{\sqrt{ax+b}}{bx} - \dfrac{a}{2b} \int \dfrac{dx}{x\sqrt{ax+b}}$

17. $\int \dfrac{\sqrt{ax+b}}{x} dx = 2\sqrt{ax+b} + b \int \dfrac{dx}{x\sqrt{ax+b}}$

18. $\int \dfrac{\sqrt{ax+b}}{x^2} dx = -\dfrac{\sqrt{ax+b}}{x} + \dfrac{a}{2} \int \dfrac{dx}{x\sqrt{ax+b}}$

三、含有 $x^2 \pm a^2$ 的积分

19. $\int \dfrac{dx}{x^2+a^2} = \dfrac{1}{a} \arctan \dfrac{x}{a} + C$

20. $\int \dfrac{dx}{(x^2+a^2)^n} = \dfrac{x}{2(n-1)a^2(x^2+a^2)^{n-1}} + \dfrac{2n-3}{2(n-1)a^2} \int \dfrac{dx}{(x^2+a^2)^{n-1}}$

21. $\int \dfrac{dx}{x^2-a^2} = \dfrac{1}{2a} \ln \left| \dfrac{x-a}{x+a} \right| + C$

四、含有 $ax^2+b(a>0)$ 的积分

22. $\int \dfrac{dx}{ax^2+b} = \begin{cases} \dfrac{1}{\sqrt{ab}} \arctan \sqrt{\dfrac{a}{b}} x + C & (b>0) \\ \dfrac{1}{2\sqrt{-ab}} \ln \left| \dfrac{\sqrt{a}x - \sqrt{-b}}{\sqrt{a}x + \sqrt{-b}} \right| + C & (b<0) \end{cases}$

23. $\int \dfrac{x}{ax^2+b} dx = \dfrac{1}{2a} \ln |ax^2+b| + C$

24. $\int \dfrac{x^2}{ax^2+b} dx = \dfrac{x}{a} - \dfrac{b}{a} \int \dfrac{dx}{ax^2+b}$

25. $\int \dfrac{dx}{x(ax^2+b)} = \dfrac{1}{2b} \ln \dfrac{x^2}{|ax^2+b|} + C$

26. $\int \dfrac{dx}{x^2(ax^2+b)} = -\dfrac{1}{bx} - \dfrac{a}{b} \int \dfrac{dx}{ax^2+b}$

27. $\int \dfrac{dx}{x^3(ax^2+b)} = \dfrac{a}{2b^2} \ln \dfrac{|ax^2+b|}{x^2} - \dfrac{1}{2bx^2} + C$

28. $\int \dfrac{dx}{(ax^2+b)^2} = \dfrac{x}{2b(ax^2+b)} + \dfrac{1}{2b} \int \dfrac{dx}{ax^2+b}$

五、含有 $ax^2+bx+c\,(a>0)$ 的积分

29. $\displaystyle\int\frac{dx}{ax^2+bx+c} = \begin{cases}\dfrac{2}{\sqrt{4ac-b^2}}\arctan\dfrac{2ax+b}{\sqrt{4ac-b^2}}+C & (b^2<4ac) \\ \dfrac{1}{\sqrt{b^2-4ac}}\ln\left|\dfrac{2ax+b-\sqrt{b^2-4ac}}{2ax+b+\sqrt{b^2-4ac}}\right|+C & (b^2>4ac)\end{cases}$

30. $\displaystyle\int\frac{x}{ax^2+bx+c}dx = \frac{1}{2a}\ln|ax^2+bx+c| - \frac{b}{2a}\int\frac{dx}{ax^2+bx+c}$

六、含有 $\sqrt{x^2+a^2}\,(a>0)$ 的积分

31. $\displaystyle\int\frac{dx}{\sqrt{x^2+a^2}} = \operatorname{arsh}\frac{x}{a}+C_1 = \ln(x+\sqrt{x^2+a^2})+C$

32. $\displaystyle\int\frac{dx}{\sqrt{(x^2+a^2)^3}} = \frac{x}{a^2\sqrt{x^2+a^2}}+C$

33. $\displaystyle\int\frac{x}{\sqrt{x^2+a^2}}dx = \sqrt{x^2+a^2}+C$

34. $\displaystyle\int\frac{x}{\sqrt{(x^2+a^2)^3}}dx = -\frac{1}{\sqrt{x^2+a^2}}+C$

35. $\displaystyle\int\frac{x^2}{\sqrt{x^2+a^2}}dx = \frac{x}{2}\sqrt{x^2+a^2} - \frac{a^2}{2}\ln(x+\sqrt{x^2+a^2})+C$

36. $\displaystyle\int\frac{x^2}{\sqrt{(x^2+a^2)^3}}dx = -\frac{x}{\sqrt{x^2+a^2}}+\ln(x+\sqrt{x^2+a^2})+C$

37. $\displaystyle\int\frac{dx}{x\sqrt{x^2+a^2}} = \frac{1}{a}\ln\frac{\sqrt{x^2+a^2}-a}{|x|}+C$

38. $\displaystyle\int\frac{dx}{x^2\sqrt{x^2+a^2}} = -\frac{\sqrt{x^2+a^2}}{a^2 x}+C$

39. $\displaystyle\int\sqrt{x^2+a^2}\,dx = \frac{x}{2}\sqrt{x^2+a^2}+\frac{a^2}{2}\ln(x+\sqrt{x^2+a^2})+C$

40. $\displaystyle\int\sqrt{(x^2+a^2)^3}\,dx = \frac{x}{8}(2x^2+5a^2)\sqrt{x^2+a^2}+\frac{3}{8}a^4\ln(x+\sqrt{x^2+a^2})+C$

41. $\displaystyle\int x\sqrt{x^2+a^2}\,dx = \frac{1}{3}\sqrt{(x^2+a^2)^3}+C$

42. $\displaystyle\int x^2\sqrt{x^2+a^2}\,dx = \frac{x}{8}(2x^2+a^2)\sqrt{x^2+a^2}-\frac{a^4}{8}\ln(x+\sqrt{x^2+a^2})+C$

43. $\displaystyle\int\frac{\sqrt{x^2+a^2}}{x}dx = \sqrt{x^2+a^2}+a\ln\frac{\sqrt{x^2+a^2}-a}{|x|}+C$

44. $\displaystyle\int\frac{\sqrt{x^2+a^2}}{x^2}dx = -\frac{\sqrt{x^2+a^2}}{x}+\ln(x+\sqrt{x^2+a^2})+C$

七、含有 $\sqrt{x^2-a^2}\,(a>0)$ 的积分

45. $\displaystyle\int\frac{\mathrm{d}x}{\sqrt{x^2-a^2}}=\frac{x}{|x|}\mathrm{arch}\frac{|x|}{a}+C_1=\ln\left|x+\sqrt{x^2-a^2}\right|+C$

46. $\displaystyle\int\frac{\mathrm{d}x}{\sqrt{(x^2-a^2)^3}}=-\frac{x}{a^2\sqrt{x^2-a^2}}+C$

47. $\displaystyle\int\frac{x}{\sqrt{x^2-a^2}}\mathrm{d}x=\sqrt{x^2-a^2}+C$

48. $\displaystyle\int\frac{x}{\sqrt{(x^2-a^2)^3}}\mathrm{d}x=-\frac{1}{\sqrt{x^2-a^2}}+C$

49. $\displaystyle\int\frac{x^2}{\sqrt{x^2-a^2}}\mathrm{d}x=\frac{x}{2}\sqrt{x^2-a^2}+\frac{a^2}{2}\ln\left|x+\sqrt{x^2-a^2}\right|+C$

50. $\displaystyle\int\frac{x^2}{\sqrt{(x^2-a^2)^3}}\mathrm{d}x=-\frac{x}{\sqrt{x^2-a^2}}+\ln\left|x+\sqrt{x^2-a^2}\right|+C$

51. $\displaystyle\int\frac{\mathrm{d}x}{x\sqrt{x^2-a^2}}=\frac{1}{a}\arccos\frac{a}{|x|}+C$

52. $\displaystyle\int\frac{\mathrm{d}x}{x^2\sqrt{x^2-a^2}}=\frac{\sqrt{x^2-a^2}}{a^2x}+C$

53. $\displaystyle\int\sqrt{x^2-a^2}\,\mathrm{d}x=\frac{x}{2}\sqrt{x^2-a^2}-\frac{a^2}{2}\ln\left|x+\sqrt{x^2-a^2}\right|+C$

54. $\displaystyle\int\sqrt{(x^2-a^2)^3}\,\mathrm{d}x=\frac{x}{8}(2x^2-5a^2)\sqrt{x^2-a^2}+\frac{3}{8}a^4\ln\left|x+\sqrt{x^2-a^2}\right|+C$

55. $\displaystyle\int x\sqrt{x^2-a^2}\,\mathrm{d}x=\frac{1}{3}\sqrt{(x^2-a^2)^3}+C$

56. $\displaystyle\int x^2\sqrt{x^2-a^2}\,\mathrm{d}x=\frac{x}{8}(2x^2-a^2)\sqrt{x^2-a^2}-\frac{a^4}{8}\ln\left|x+\sqrt{x^2-a^2}\right|+C$

57. $\displaystyle\int\frac{\sqrt{x^2-a^2}}{x}\mathrm{d}x=\sqrt{x^2-a^2}-a\arccos\frac{a}{|x|}+C$

58. $\displaystyle\int\frac{\sqrt{x^2-a^2}}{x^2}\mathrm{d}x=-\frac{\sqrt{x^2-a^2}}{x}+\ln\left|x+\sqrt{x^2-a^2}\right|+C$

八、含有 $\sqrt{a^2-x^2}\,(a>0)$ 的积分

59. $\displaystyle\int\frac{\mathrm{d}x}{\sqrt{a^2-x^2}}=\arcsin\frac{x}{a}+C$

60. $\displaystyle\int\frac{\mathrm{d}x}{\sqrt{(a^2-x^2)^3}}=\frac{x}{a^2\sqrt{a^2-x^2}}+C$

61. $\displaystyle\int\frac{x}{\sqrt{a^2-x^2}}\mathrm{d}x=-\sqrt{a^2-x^2}+C$

62. $\int \dfrac{x}{\sqrt{(a^2-x^2)^3}} \mathrm{d}x = \dfrac{1}{\sqrt{a^2-x^2}} + C$

63. $\int \dfrac{x^2}{\sqrt{a^2-x^2}} \mathrm{d}x = -\dfrac{x}{2}\sqrt{a^2-x^2} + \dfrac{a^2}{2}\arcsin\dfrac{x}{a} + C$

64. $\int \dfrac{x^2}{\sqrt{(a^2-x^2)^3}} \mathrm{d}x = \dfrac{x}{\sqrt{a^2-x^2}} - \arcsin\dfrac{x}{a} + C$

65. $\int \dfrac{\mathrm{d}x}{x\sqrt{a^2-x^2}} = \dfrac{1}{a}\ln\dfrac{a-\sqrt{a^2-x^2}}{|x|} + C$

66. $\int \dfrac{\mathrm{d}x}{x^2\sqrt{a^2-x^2}} = -\dfrac{\sqrt{a^2-x^2}}{a^2 x} + C$

67. $\int \sqrt{a^2-x^2}\,\mathrm{d}x = \dfrac{x}{2}\sqrt{a^2-x^2} + \dfrac{a^2}{2}\arcsin\dfrac{x}{a} + C$

68. $\int \sqrt{(a^2-x^2)^3}\,\mathrm{d}x = \dfrac{x}{8}(5a^2-2x^2)\sqrt{a^2-x^2} + \dfrac{3}{8}a^4\arcsin\dfrac{x}{a} + C$

69. $\int x\sqrt{a^2-x^2}\,\mathrm{d}x = -\dfrac{1}{3}\sqrt{(a^2-x^2)^3} + C$

70. $\int x^2\sqrt{a^2-x^2}\,\mathrm{d}x = \dfrac{x}{8}(2x^2-a^2)\sqrt{a^2-x^2} + \dfrac{a^4}{8}\arcsin\dfrac{x}{a} + C$

71. $\int \dfrac{\sqrt{a^2-x^2}}{x}\,\mathrm{d}x = \sqrt{a^2-x^2} + a\ln\dfrac{a-\sqrt{a^2-x^2}}{|x|} + C$

72. $\int \dfrac{\sqrt{a^2-x^2}}{x^2}\,\mathrm{d}x = -\dfrac{\sqrt{a^2-x^2}}{x} - \arcsin\dfrac{x}{a} + C$

九、含有 $\sqrt{\pm ax^2+bx+c}\,(a>0)$ 的积分

73. $\int \dfrac{\mathrm{d}x}{\sqrt{ax^2+bx+c}} = \dfrac{1}{\sqrt{a}}\ln\left|2ax+b+2\sqrt{a}\sqrt{ax^2+bx+c}\right| + C$

74. $\int \sqrt{ax^2+bx+c}\,\mathrm{d}x = \dfrac{2ax+b}{4a}\sqrt{ax^2+bx+c} +$
$\qquad\qquad \dfrac{4ac-b^2}{8\sqrt{a^3}}\ln\left|2ax+b+2\sqrt{a}\sqrt{ax^2+bx+c}\right| + C$

75. $\int \dfrac{x}{\sqrt{ax^2+bx+c}}\,\mathrm{d}x = \dfrac{1}{a}\sqrt{ax^2+bx+c} -$
$\qquad\qquad \dfrac{b}{2\sqrt{a^3}}\ln\left|2ax+b+2\sqrt{a}\sqrt{ax^2+bx+c}\right| + C$

76. $\int \dfrac{\mathrm{d}x}{\sqrt{c+bx-ax^2}} = -\dfrac{1}{\sqrt{a}}\arcsin\dfrac{2ax-b}{\sqrt{b^2+4ac}} + C$

77. $\int \sqrt{c+bx-ax^2}\,\mathrm{d}x = \dfrac{2ax-b}{4a}\sqrt{c+bx-ax^2} + \dfrac{b^2+4ac}{8\sqrt{a^3}}\arcsin\dfrac{2ax-b}{\sqrt{b^2+4ac}} + C$

78. $\int \dfrac{x}{\sqrt{c+bx-ax^2}}\,\mathrm{d}x = -\dfrac{1}{a}\sqrt{c+bx-ax^2}+\dfrac{b}{2\sqrt{a^3}}\arcsin\dfrac{2ax-b}{\sqrt{b^2+4ac}}+C$

十、含有 $\sqrt{\pm\dfrac{x-a}{x-b}}$ 或 $\sqrt{(x-a)(b-x)}$ 的积分

79. $\int \sqrt{\dfrac{x-a}{x-b}}\,\mathrm{d}x = (x-b)\sqrt{\dfrac{x-a}{x-b}}+(b-a)\ln(\sqrt{|x-a|}+\sqrt{|x-b|})+C$

80. $\int \sqrt{\dfrac{x-a}{b-x}}\,\mathrm{d}x = (x-b)\sqrt{\dfrac{x-a}{b-x}}+(b-a)\arcsin\sqrt{\dfrac{x-a}{b-x}}+C$

81. $\int \dfrac{\mathrm{d}x}{\sqrt{(x-a)(b-x)}} = 2\arcsin\sqrt{\dfrac{x-a}{b-x}}+C \quad (a<b)$

82. $\int \sqrt{(x-a)(b-x)}\,\mathrm{d}x = \dfrac{2x-a-b}{4}\sqrt{(x-a)(b-x)}+\dfrac{(b-a)^2}{4}\arcsin\sqrt{\dfrac{x-a}{b-x}}+C\,(a<b)$

十一、含有三角函数的积分

83. $\int \sin x\,\mathrm{d}x = -\cos x + C$

84. $\int \cos x\,\mathrm{d}x = \sin x + C$

85. $\int \tan x\,\mathrm{d}x = -\ln|\cos x| + C$

86. $\int \cot x\,\mathrm{d}x = \ln|\sin x| + C$

87. $\int \sec x\,\mathrm{d}x = \ln\left|\tan\left(\dfrac{\pi}{4}+\dfrac{x}{2}\right)\right| + C = \ln|\sec x + \tan x| + C$

88. $\int \csc x\,\mathrm{d}x = \ln\left|\tan\dfrac{x}{2}\right| + C = \ln|\csc x - \cot x| + C$

89. $\int \sec^2 x\,\mathrm{d}x = \tan x + C$

90. $\int \csc^2 x\,\mathrm{d}x = -\cot x + C$

91. $\int \sec x\tan x\,\mathrm{d}x = \sec x + C$

92. $\int \csc x\cot x\,\mathrm{d}x = -\csc x + C$

93. $\int \sin^2 x\,\mathrm{d}x = \dfrac{x}{2} - \dfrac{1}{4}\sin 2x + C$

94. $\int \cos^2 x\,\mathrm{d}x = \dfrac{x}{2} + \dfrac{1}{4}\sin 2x + C$

95. $\int \sin^n x\,\mathrm{d}x = -\dfrac{1}{n}\sin^{n-1}x\cos x + \dfrac{n-1}{n}\int \sin^{n-2}x\,\mathrm{d}x$

96. $\int \cos^n x \mathrm{d}x = \dfrac{1}{n}\cos^{n-1}x\sin x + \dfrac{n-1}{n}\int \cos^{n-2}x \mathrm{d}x$

97. $\int \dfrac{\mathrm{d}x}{\sin^n x} = -\dfrac{1}{n-1}\cdot\dfrac{\cos x}{\sin^{n-1}x} + \dfrac{n-2}{n-1}\int \dfrac{\mathrm{d}x}{\sin^{n-2}x}$

98. $\int \dfrac{\mathrm{d}x}{\cos^n x} = \dfrac{1}{n-1}\cdot\dfrac{\sin x}{\cos^{n-1}x} + \dfrac{n-2}{n-1}\int \dfrac{\mathrm{d}x}{\cos^{n-2}x}$

99. $\int \cos^m x \sin^n x \mathrm{d}x = \dfrac{1}{m+n}\cos^{m-1}x\sin^{n+1}x + \dfrac{m-1}{m+n}\int \cos^{m-2}x\sin^n x \mathrm{d}x$

$\qquad = -\dfrac{1}{m+n}\cos^{m+1}x\sin^{n-1}x + \dfrac{n-1}{m+n}\int \cos^m x\sin^{n-2}x \mathrm{d}x$

100. $\int \sin ax \cos bx \mathrm{d}x = -\dfrac{1}{2(a+b)}\cos(a+b)x - \dfrac{1}{2(a-b)}\cos(a-b)x + C$

101. $\int \sin ax \sin bx \mathrm{d}x = -\dfrac{1}{2(a+b)}\sin(a+b)x + \dfrac{1}{2(a-b)}\sin(a-b)x + C$

102. $\int \cos ax \cos bx \mathrm{d}x = \dfrac{1}{2(a+b)}\sin(a+b)x + \dfrac{1}{2(a-b)}\sin(a-b)x + C$

103. $\int \dfrac{\mathrm{d}x}{a+b\sin x} = \dfrac{2}{\sqrt{a^2-b^2}}\arctan\dfrac{a\tan\frac{x}{2}+b}{\sqrt{a^2-b^2}} + C \quad (a^2 > b^2)$

104. $\int \dfrac{\mathrm{d}x}{a+b\sin x} = \dfrac{1}{\sqrt{b^2-a^2}}\ln\left|\dfrac{a\tan\frac{x}{2}+b-\sqrt{b^2-a^2}}{a\tan\frac{x}{2}+b+\sqrt{b^2-a^2}}\right| + C \quad (a^2 < b^2)$

105. $\int \dfrac{\mathrm{d}x}{a+b\cos x} = \dfrac{2}{a+b}\sqrt{\dfrac{a+b}{a-b}}\arctan\left(\sqrt{\dfrac{a-b}{a+b}}\tan\dfrac{x}{2}\right) + C \quad (a^2 > b^2)$

106. $\int \dfrac{\mathrm{d}x}{a+b\cos x} = \dfrac{1}{a+b}\sqrt{\dfrac{a+b}{b-a}}\ln\left|\dfrac{\tan\frac{x}{2}+\sqrt{\frac{a+b}{b-a}}}{\tan\frac{x}{2}-\sqrt{\frac{a+b}{b-a}}}\right| + C \quad (a^2 < b^2)$

107. $\int \dfrac{\mathrm{d}x}{a^2\cos^2 x + b^2\sin^2 x} = \dfrac{1}{ab}\arctan\left(\dfrac{b}{a}\tan x\right) + C$

108. $\int \dfrac{\mathrm{d}x}{a^2\cos^2 x - b^2\sin^2 x} = \dfrac{1}{2ab}\ln\left|\dfrac{b\tan x + a}{b\tan x - a}\right| + C$

109. $\int x\sin ax \mathrm{d}x = \dfrac{1}{a^2}\sin ax - \dfrac{1}{a}x\cos ax + C$

110. $\int x^2\sin ax \mathrm{d}x = -\dfrac{1}{a}x^2\cos ax + \dfrac{2}{a^2}x\sin ax + \dfrac{2}{a^3}\cos ax + C$

111. $\int x\cos ax \mathrm{d}x = \dfrac{1}{a^2}\cos ax + \dfrac{1}{a}x\sin ax + C$

112. $\int x^2\cos ax \mathrm{d}x = \dfrac{1}{a}x^2\sin ax + \dfrac{2}{a^2}x\cos ax - \dfrac{2}{a^3}\sin ax + C$

十二、含有反三角函数的积分（$a>0$）

113. $\int \arcsin \dfrac{x}{a} \mathrm{d}x = x\arcsin \dfrac{x}{a} + \sqrt{a^2 - x^2} + C$

114. $\int x\arcsin \dfrac{x}{a} \mathrm{d}x = \left(\dfrac{x^2}{2} - \dfrac{a^2}{4}\right)\arcsin \dfrac{x}{a} + \dfrac{x}{4}\sqrt{a^2 - x^2} + C$

115. $\int x^2 \arcsin \dfrac{x}{a} \mathrm{d}x = \dfrac{x^3}{3}\arcsin \dfrac{x}{a} + \dfrac{1}{9}(x^2 + 2a^2)\sqrt{a^2 - x^2} + C$

116. $\int \arccos \dfrac{x}{a} \mathrm{d}x = x\arccos \dfrac{x}{a} - \sqrt{a^2 - x^2} + C$

117. $\int x\arccos \dfrac{x}{a} \mathrm{d}x = \left(\dfrac{x^2}{2} - \dfrac{a^2}{4}\right)\arccos \dfrac{x}{a} - \dfrac{x}{4}\sqrt{a^2 - x^2} + C$

118. $\int x^2 \arccos \dfrac{x}{a} \mathrm{d}x = \dfrac{x^3}{3}\arccos \dfrac{x}{a} - \dfrac{1}{9}(x^2 + 2a^2)\sqrt{a^2 - x^2} + C$

119. $\int \arctan \dfrac{x}{a} \mathrm{d}x = x\arctan \dfrac{x}{a} - \dfrac{a}{2}\ln(a^2 + x^2) + C$

120. $\int x\arctan \dfrac{x}{a} \mathrm{d}x = \dfrac{1}{2}(a^2 + x^2)\arctan \dfrac{x}{a} - \dfrac{a}{2}x + C$

121. $\int x^2 \arctan \dfrac{x}{a} \mathrm{d}x = \dfrac{x^3}{3}\arctan \dfrac{x}{a} - \dfrac{a}{6}x^2 + \dfrac{a^3}{6}\ln(a^2 + x^2) + C$

十三、含有指数函数的积分

122. $\int a^x \mathrm{d}x = \dfrac{1}{\ln a} a^x + C$

123. $\int \mathrm{e}^{ax} \mathrm{d}x = \dfrac{1}{a} \mathrm{e}^{ax} + C$

124. $\int x \mathrm{e}^{ax} \mathrm{d}x = \dfrac{1}{a^2}(ax - 1) \mathrm{e}^{ax} + C$

125. $\int x^n \mathrm{e}^{ax} \mathrm{d}x = \dfrac{1}{a} x^n \mathrm{e}^{ax} - \dfrac{n}{a} \int x^{n-1} \mathrm{e}^{ax} \mathrm{d}x$

126. $\int x a^x \mathrm{d}x = \dfrac{x}{\ln a} a^x - \dfrac{1}{(\ln a)^2} a^x + C$

127. $\int x^n a^x \mathrm{d}x = \dfrac{1}{\ln a} x^n a^x - \dfrac{n}{\ln a} \int x^{n-1} a^x \mathrm{d}x$

128. $\int \mathrm{e}^{ax} \sin bx \mathrm{d}x = \dfrac{1}{a^2 + b^2} \mathrm{e}^{ax}(a\sin bx - b\cos bx) + C$

129. $\int \mathrm{e}^{ax} \cos bx \mathrm{d}x = \dfrac{1}{a^2 + b^2} \mathrm{e}^{ax}(b\sin bx + a\cos bx) + C$

130. $\int \mathrm{e}^{ax} \sin^n bx \mathrm{d}x = \dfrac{1}{a^2 + b^2 n^2} \mathrm{e}^{ax} \sin^{n-1} bx (a\sin bx - nb\cos bx) + \dfrac{n(n-1)b^2}{a^2 + b^2 n^2} \int \mathrm{e}^{ax} \sin^{n-2} bx \mathrm{d}x$

131. $\int e^{ax}\cos^n bx dx = \dfrac{1}{a^2+b^2n^2}e^{ax}\cos^{n-1}bx(a\cos bx + nb\sin bx) + \dfrac{n(n-1)b^2}{a^2+b^2n^2}\int e^{ax}\cos^{n-2}bx dx$

十四、含有对数函数的积分

132. $\int \ln x\, dx = x\ln x - x + C$

133. $\int \dfrac{dx}{x\ln x} = \ln|\ln x| + C$

134. $\int x^n \ln x\, dx = \dfrac{1}{n+1}x^{n+1}\left(\ln x - \dfrac{1}{n+1}\right) + C$

135. $\int (\ln x)^n dx = x(\ln x)^n - n\int (\ln x)^{n-1} dx$

136. $\int x^m (\ln x)^n dx = \dfrac{1}{m+1}x^{m+1}(\ln x)^n - \dfrac{n}{m+1}\int x^m (\ln x)^{n-1} dx$

十五、含有双曲函数的积分

137. $\int \operatorname{sh} x\, dx = \operatorname{ch} x + C$

138. $\int \operatorname{ch} x\, dx = \operatorname{sh} x + C$

139. $\int \operatorname{th} x\, dx = \ln \operatorname{ch} x + C$

140. $\int \operatorname{sh}^2 x\, dx = -\dfrac{x}{2} + \dfrac{1}{4}\operatorname{sh} 2x + C$

141. $\int \operatorname{ch}^2 x\, dx = \dfrac{x}{2} + \dfrac{1}{4}\operatorname{sh} 2x + C$

十六、定积分

142. $\int_{-\pi}^{\pi} \cos nx\, dx = \int_{-\pi}^{\pi} \sin nx\, dx = 0$

143. $\int_{-\pi}^{\pi} \cos mx \sin nx\, dx = 0$

144. $\int_{-\pi}^{\pi} \cos mx \cos nx\, dx = \begin{cases} 0, & m \neq n \\ \pi, & m = n \end{cases}$

145. $\int_{-\pi}^{\pi} \sin mx \sin nx\, dx = \begin{cases} 0, & m \neq n \\ \pi, & m = n \end{cases}$

146. $\int_{0}^{\pi} \sin mx \sin nx\, dx = \int_{0}^{\pi} \cos mx \cos nx\, dx = \begin{cases} 0, & m \neq n \\ \dfrac{\pi}{2}, & m = n \end{cases}$

147. $I_n = \int_0^{\frac{\pi}{2}} \sin^n x \mathrm{d}x = \int_0^{\frac{\pi}{2}} \cos^n x \mathrm{d}x$

$I_n = \dfrac{n-1}{n} I_{n-2}$

$I_n = \dfrac{n-1}{n} \cdot \dfrac{n-3}{n-2} \cdot \cdots \cdot \dfrac{4}{5} \cdot \dfrac{2}{3}$ （n 为大于 1 的正奇数），$I_1 = 1$

$I_n = \dfrac{n-1}{n} \cdot \dfrac{n-3}{n-2} \cdot \cdots \cdot \dfrac{3}{4} \cdot \dfrac{1}{2} \cdot \dfrac{\pi}{2}$ （n 为正偶数），$I_0 = \dfrac{\pi}{2}$

参 考 答 案

1.1 机器折旧费的计算——指数函数和对数函数

◇ 能力训练答案

使用约 8.11 年后价值变为原来的 1/5.

◇ 评估测试答案

1. (1) D； (2) A.

2. (1) $x^{\frac{3}{5}}$； (2) x^{-1}； (3) $x^{\frac{7}{12}}$； (4) $x^{\frac{7}{8}}$.

3. (1) $5 = \log_4 1\,024$； (2) $-2 = \log_3 \frac{1}{9}$； (3) $-2 = \log_{10} 0.01$.

4. (1) 6； (2) -4.

5. (1) 运动员的身高和体重、跳台的高度是常量；

(2) 运动员距水面的高度 (h) 以及时间 (t) 是变量；

(3) 假设重力加速度 $g = 9.8 \,(\text{m/s}^2)$，跳台的高度为 $H(\text{m})$，那么运动员距离水面的高度 h 与时间 t 的关系可以表示为 $h = H - \frac{1}{2}gt^2 = H - 4.9t^2$.

6. 设该厂日生产 x 台计算机的总费用为 y 元，得
$$y = 40\,000 + 4\,250x \quad (0 \leqslant x \leqslant 100).$$

1.2 锥度和锥角的计算——三角函数和反三角函数

◇ 能力训练答案

锥度 $C = 1:3$，锥角 $\alpha = 18°55'29''$.

◇ 评估测试答案

1. $\alpha = 60°$.

2. C.

3. 0.5 A.

4. 设 $a = 3$，$b = 4$，$c = 5$，则 $\angle A = 36°52'12''$，$\angle B = 53°7'48''$，$\angle C = 90°$.

5. 设 $a = 5$，$b = 6$，$c = 7$，则 $\angle A = 44°24'55'$，$\angle B = 57°7'18''$，$\angle C = 78°27'47''$.

1.3 识图——常函数和幂函数

◇ **能力训练答案**

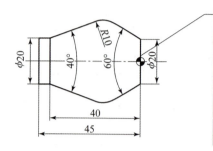

空间坐标原点.

$R10$：半径为10 mm的圆弧.

$\phi20$：直径为20 mm的圆.

$60°$：两直线的夹角.

40：线段的长度为40 mm.

◇ **评估测试答案**

1. （1）不是同一函数，对应法则不相同；
   （2）不是同一函数，定义域不相同.

2. （1）$x \neq 0$，且 $x \neq -\dfrac{2}{5}$；
   （2）$x > 2$.

3. （1）$x^{\frac{1}{3}}$；
   （2）$x^{-\frac{1}{2}}$.

1.4 用三角计算法求基点和圆心坐标——解三角形

◇ **能力训练答案**

如下图所示，建立直角坐标系. 所求坐标为 $F'(-16.26, 19.72)$，$H'(-10.26, 13.73)$，$O'(-6.83, 23.13)$.

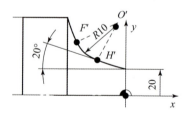

◇ **评估测试答案**

1. 斜边：$\sqrt{5}$，锐角：$26.6°$ 和 $63.4°$.

2. 斜边：6，另一直角边：$3\sqrt{3}$，锐角：$60°$.

3. $\angle A = 40.9°$，$\angle B = 79.1°$，$c = 2\sqrt{7}$.

4. $a = 14.1$，$b = 19.3$，$\angle B = 105°$.

5. $\angle A = 73.4°$，$\angle B = 48.2°$，$\angle C = 58.4°$.

1.5 用平面解析几何法求基点和圆心坐标——直线与圆

◇ 能力训练答案

如下图所示，建立直角坐标系. 所求坐标为 $B'(28.7,6.56)$，$C'(20.28,7.3)$，$D'(23.7,-2.1)$.

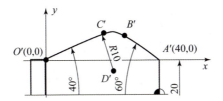

◇ 评估测试答案

1. 斜率：$\dfrac{2}{3}$，截距：2.

2. $y = 2x - 4$.

3. $y = -x + 3$.

4. $y = 2x - 6 - 10\sqrt{5}$.

5. 圆心坐标为$(-1,3)$，半径为 2.

6. （1）相交，交点为$(2.55, -0.1)$，$(3.45, -1.9)$；（2）相离.

2.1 节点和误差——极限的概念

◇ 能力训练答案

[矩形波分析] $\lim\limits_{x \to 0} f(x)$ 不存在.

◇ 评估测试答案

1. （1）$\lim\limits_{n \to +\infty} 10 = 10$； (2) $\lim\limits_{n \to +\infty} \dfrac{1}{n+1} = 0$；

   （3）$2\lim\limits_{n \to +\infty}(-1)^{n+1}$ 不存在； (4) $\lim\limits_{n \to +\infty} n = +\infty$；

   （5）$\lim\limits_{n \to +\infty}(0.99)^n = 0$； (6) $\lim\limits_{n \to +\infty}(1.01)^n = +\infty$.

2. $\lim\limits_{x \to 0} x^3 = 0.$

3. $\lim\limits_{x \to \infty} \operatorname{arccot} x$ 不存在.

4. 圆的面积为 π.

2.2 老化电路分析——极限的计算

◇ 能力训练答案

[影长分析] $\lim\limits_{x \to 0} \dfrac{2}{3} x = 0.$

◇ 评估测试答案

1. （1）×；（2）×；（3）×.

2. (1) $\dfrac{x-3}{x}$，当 $x\to 0$ 时，无穷大； (2) $\dfrac{x-3}{x}$，当 $x\to 3$ 时，无穷小；

(3) $\ln x$，当 $x\to 1$ 时，无穷小； (4) $\ln x$，当 $x\to 0^+$ 时，负无穷大；

(5) $\dfrac{1}{x-1}$，当 $x\to 1$ 时，无穷大； (6) $\dfrac{1}{x-1}$，当 $x\to \infty$ 时，无穷小.

3. (1) ∞； (2) $\dfrac{2}{3}$； (3) 0； (4) ∞； (5) $\dfrac{1}{5}$； (6) $-\dfrac{1}{8}$； (7) $\dfrac{3}{2}$； (8) $\dfrac{1}{4}$；

(9) e^3； (10) e^{-1}.

4. $\lim\limits_{x\to\infty}\dfrac{200t}{t^2+100}=0$，销售量越来越少，最后卖不出去.

5. 本息和为 10 408.1 元.

2.3 *RL* 串联电路求复阻抗——复数的定义及表示

◇ 能力训练答案

电路的复阻抗：$z = 100 + j50.8$（Ω）.

◇ 评估测试答案

1. 实数：$2+\sqrt{7}$，π；

虚数：$1+2i$，$1-i$，$\dfrac{-1+3i}{2}$，$2+\sqrt{3}i$，$(3+\sqrt{2})+(4-\sqrt{5})i$；

纯虚数：$-i$，$i(1-\sqrt{3})$.

2. (1) 实部：-3，虚部：5； (2) 实部：$-\sqrt{3}$，虚部：0；
(3) i 实部：0，虚部：1； (4) 实部：0，虚部：0；
(5) 实部：$\dfrac{\sqrt{3}}{2}$，虚部：$-\dfrac{1}{2}$.

3. (1) $4i$； (2) i； (3) $\sqrt{8}=2\sqrt{2}$； (4) $\sqrt{-8}=2\sqrt{2}i$.

4. $1\pm\sqrt{2}i$.

5. (1) 实部：-2，虚部：5；

(2) 第二象限；

(3) 模 $r=\sqrt{29}$，辐角主值 $\theta = 111.8°$；

(4) 三角式：$\sqrt{29}(\cos 111.8° + i\sin 111.8°)$，指数式 $\sqrt{29}e^{j111.8°}$，极坐标式 $\sqrt{29}\angle 111.8°$.

2.4 两个正弦交流电流求和——复数的加、减法

◇ 能力训练答案

和电压 $u = 29\sin\omega t$.

◇ 评估测试答案

1. (1) 最大值：50，角频率：30，初相位：$-10°$，有效值：$\dfrac{50}{\sqrt{2}}$；

(2) 模 $r = \dfrac{50}{\sqrt{2}}$，辐角主值 $\theta = -10°$；

(3) 最大值相量：$50\angle -10°$，有效值相量：$\dfrac{50}{\sqrt{2}}\angle -10°$.

2. $z_1 + z_2 = 3 - 4\mathrm{i}$.

3. 向量图略. (1) 模：$\sqrt{5}$，辐角主值：$-63°$；(2) 模：$\sqrt{2}$，辐角主值：$180°$；
(3) 模：2，辐角主值：$90°$；(4) 模：2，辐角主值：$-120°$.

4. (1) 三角式：$\sqrt{7}(\cos 41° + \mathrm{i}\sin 41°)$，指数式：$\sqrt{7}\mathrm{e}^{\mathrm{i}41°}$，极坐标式：$\sqrt{7}\angle 41°$；

(2) 三角式：$\sqrt{5}(\cos(-154°) + \mathrm{i}\sin(-154°))$，指数式：$\sqrt{5}\mathrm{e}^{-\mathrm{i}154°}$，极坐标式：$\sqrt{5}\angle -154°$.

5. (1) 代数式：$\sqrt{2} + \sqrt{2}\mathrm{i}$；(2) 代数式：$2 + 2\sqrt{3}\mathrm{i}$；(3) 代数式：$-3\mathrm{i}$.

6. $-20.9 + 40.2\mathrm{i}$.

7. $5\sqrt{2}\sin(314t + 53°)$.

8. $45\sqrt{2}(\sqrt{3} + \mathrm{i})$.

2.5 求 RLC 串联电路的电流——复数的乘、除法

◇ 能力训练答案

复阻抗 $z = 1.29 - 4.83\mathrm{i}$.

◇ 评估测试答案

1. $30\angle 80°$，$1.2\angle -20°$.

2. $12\sqrt{2}\angle -75°$，$\dfrac{3\sqrt{2}}{2}\angle 15°$.

3. $70\mathrm{e}^{-\mathrm{i}128°}$，$2.8\mathrm{e}^{-\mathrm{i}112°}$.

4. $24\angle 78°$，$6\angle -12°$.

5. (1) $z_1 + z_2 = 2 + (2 - \sqrt{3})\mathrm{i}$； (2) $z_2 z_3 = 8\angle -150°$；

  (3) $\dfrac{z_3}{z_4} = \dfrac{4}{5}\angle -15°$； (4) $(z_4)^{10} = 5^{10}\angle -90°$.

3.1 根据电量求电流（一）——导数的概念

◇ 能力训练答案

(1) 解 $v(1) = \lim\limits_{\Delta t \to 0}\dfrac{\Delta s}{\Delta t} = \lim\limits_{\Delta t \to 0}\dfrac{s(1 + \Delta t) - s(1)}{\Delta t} = \lim\limits_{\Delta t \to 0}\dfrac{3\Delta t + 3\Delta t^2 + \Delta t^3}{\Delta t} = 3\ \mathrm{m/s}$；

(2) 解 $v(t) = \lim\limits_{\Delta t \to 0}\dfrac{\Delta s}{\Delta t} = \lim\limits_{\Delta t \to 0}\dfrac{s(t + \Delta t) - s(t)}{\Delta t} = \lim\limits_{\Delta t \to 0}\dfrac{3t^2\Delta t + 3t\Delta t^2 + \Delta t^3}{\Delta t} = 3t^2\ \mathrm{m/s^2}$.

虽然汽车是变速直线运动，仍然有 $s'(t) = (t^3)' = 3t^2 = v(t)$，同理也有 $v'(t) = a(t)$ 成立.

◇ 评估与测试答案

1. B. 2. A. 3. B. 4. B.

5. 切线方程：$x - 4y + 4 = 0$，法线方程：$4x + y - 18 = 0$.

6. $6x - 24y \pm 2 = 0$.

3.2 根据电量求电流（二）——基本求导公式

◇ 能力训练答案

解 $S'(x) = -0.006x^2 + 1.2x + 2$，10 万 = 100 千元，$S'(100) = 62$，说明广告费用在 10 万元时，广告再增加一个单位（1 000 元），总销售的增长量为 6.2 万元.

◇ 评估与测试答案

1. B.　　2. C.　　3. C.

4. （1）$9x^8 - 9^x \ln 9$；　　　　　　　　（2）$10x \ln x + 5x$；

（3）$\dfrac{e^x}{2\sqrt{x}} + e^x \sqrt{x}$；　　　　　　　　（4）$\dfrac{2}{(x+1)^2}$；

（5）$\log_2 x + \dfrac{1}{\ln 2}$；　　　　　　　　（6）$3e^x + \sin x + \dfrac{1}{2\sqrt{x}}$；

（7）$e^x \cos x - e^x \sin x$；　　　　　　　（8）$\dfrac{\dfrac{\sin x}{x} - \ln x \cos x}{\sin^2 x}$；　（9）$3\sec^2 x - \dfrac{2}{\sqrt{1-x^2}}$.

5. 解　$f'(x) = -\dfrac{1}{\sqrt{x}(1+\sqrt{x})^2}$，$f'(4) = -\dfrac{1}{18}$.

6. 解　$s'(t) = 3t^2$，$v = s'(3) = 27$.

3.3 电容的充电速度——复合函数求导

◇ 能力训练答案

解　$y' = 31.4 \cdot \dfrac{1}{\sqrt{1+2.056t}}$，$y'|_{t=5} = 9.3$，即 2005 年汽车销售的改变率约为 9.3 万量/年，即在 2005 年，若自变量年份增加一年，汽车销售量约增加 9.3 万量.

◇ 评估与测试答案

1. （1）$180(3x+8)^5$；　　　　　　　（2）$-12\sin(2x+8)$；

（3）$-10^{-x} \ln 10$；　　　　　　　（4）$\dfrac{1}{2\sqrt{x}(1+x)}$；

（5）$\dfrac{2x}{(x^2+1)\ln 2}$；　　　　　　　（6）$x2^{x^2+1} \ln 2$；

（7）$-2x \sin x^2$；　　　　　　　（8）$\dfrac{2-x}{(1-2x)\sqrt{1-2x}}$.

2. 解　$y' = \dfrac{\sec^2 x}{\tan x}$，$y'\left(\dfrac{\pi}{6}\right) = \dfrac{4\sqrt{3}}{3}$.

3. 解　$y' = \dfrac{2x}{x^2+1} - \sin 2x$，$y'(0) = 0$.

4. 解　$V' = -\dfrac{7}{(R+3)^2}$，$V'(7) = -0.07$.

5. 解 （1） $s'(t) = \dfrac{20\,000 - 200t^2}{(t^2 + 100)^2}$.

（2） $s'(5) = \dfrac{24}{25}$，表示在第 5 个月时，再增加一个月销售量增加 $\dfrac{24}{25}$；

$s(5) = 8$，表示第 5 个月的总销售量为 8.

3.4 用料最省——函数最值的求法

◇ 能力训练答案

解 当 $x = 1$ 时体积最大，$V(1) = 18$.

◇ 评估与测试答案

1. （1） $t = 0$，$y = 12$；

（2） $v = \dfrac{y(1) - y(0)}{1} = 10$；

（3） $y'(t) = -10t + 15$，$y'(1) = 5$；

（4） $y'(t) = -10t + 15 = 0$，$t = 1.5$ s.

2. $r = \dfrac{L}{4 + \pi}$，$h = \dfrac{L}{4 + \pi}$，此时窗户通过光线最充足.

3. $r = \sqrt[3]{\dfrac{V}{2\pi}}$，此时表面积最小，$S = 6\pi \left(\dfrac{V}{2\pi}\right)^{\frac{2}{3}}$.

4. 正方形边长为 x，$x = \dfrac{L}{\pi + 4}$，$r = \dfrac{L}{2\pi + 8}$，此时圆与正方形面积和最小.

5. 纸张的宽度为 x，$x = 20$，因此可得该书页面宽为 20 cm，长为 30 cm 时可印刷最多内容.

3.5 零件曲率的计算——高阶导数

◇ 能力训练答案

解 在 $x = 1$ 处曲率：$K_A \approx 0.189\,7$，$K_B \approx 0.178\,9$，工件 A 弯曲程度大些.

◇ 评估与测试答案

1. （1） $y'' = 6x + 4$；   （2） $y'' = -9\sin(3x + 5)$；

（3） $y'' = (4x^3 - 6x)\mathrm{e}^{-x^2}$；   （4） $y'' = -2\sin x - x\cos x$；

（5） $y'' = -\dfrac{1}{(x-3)^2}$；   （6） $y'' = \dfrac{8x}{(1-4x^2)\sqrt{1-4x^2}}$.

2. （1） $y''' = 384\,0(4x+2)^2$，$y'''(0) = 153\,60$.

（2） $f'(x) = \dfrac{1}{x\ln x}$，$f'(\mathrm{e}^2) = \dfrac{1}{2\mathrm{e}^2}$；$f''(x) = -\dfrac{1+\ln x}{(x\ln x)^2}$，$f''(\mathrm{e}^2) = -\dfrac{3}{4\mathrm{e}^4}$.

（3） $f''(x) = \dfrac{x}{(1-x^2)^{\frac{5}{2}}}$，$f''(0) = 0$.

3. （1） $y^{(n)} = (\ln 3)^n 3^x$；   （2） $y^{(n)} = (-1)^{n-1}(n-1)!\,\dfrac{1}{(1+x)^{-n}}$.

4. 解 $y' = -\dfrac{1}{x^2}$，$y'' = \dfrac{2}{x^3}$，$x = 1$ 时，$y'(1) = -1$，$y''(1) = 2$.

带入曲率公式可得 $K = \dfrac{\sqrt{2}}{2}$，$\rho = \dfrac{1}{K} = \sqrt{2}$.

3.6 误差计算——微分及其应用

◇ 能力训练答案

解 $V_{圆柱} = \pi r^2 l$，用微分 dV 近似计算圆柱的体积增加量 ΔV.

$\Delta V \approx dV \big|_{\substack{r=0.15 \\ \Delta r = 0.001}} = 2\pi r l \cdot \Delta r \big|_{\substack{r=0.15 \\ \Delta r = 0.001}} \approx 0.003\,768\ \text{cm}^3$，$m = \Delta V \cdot \rho \approx 0.033\,54g$.

◇ 评估与测试答案

1. (1) $\dfrac{1}{2}x^2 + C$；   (2) $\dfrac{2}{x}$；   (3) $2e^{2x}$；   (4) $2x + C$.

2. 解 $\Delta y = 1.161$，$dy \approx 1.1$.

3. (1) $dy = (15x^4 - 7\cos x)dx$；   (2) $dy = \dfrac{1}{2x\ln 3}dx$；

   (3) $dy = (\sin x + \cos x)e^x dx$；   (4) $dy = \dfrac{e^x(x-1)}{x^2}dx$.

4. (1) $\cos 30°12' \approx 0.864\,3$；   (2) $\sqrt{4.2} \approx 2.05$.

4.1 异形螺丝侧面积的计算（一）——定积分的概念

◇ 能力训练答案

$2\int_0^1 x^3 dx = \dfrac{1}{2}$.

◇ 评估测试答案

1. 0，$b - a$.

2. (1) $\int_0^1 (\sqrt{x} - x)dx$；   (2) $\int_1^2 x^3 dx$；   (3) $\int_1^2 \ln x\, dx - \int_{\frac{1}{e}}^1 \ln x\, dx$.

3. (1) $>$；   (2) $<$；   (3) $<$；   (4) $>$.

4. (1) $s = \int_{-1}^0 (x^2 - 2x)dx - \int_0^2 (x^2 - 2x)dx$；

   (2) $s = 2\int_0^{\frac{\pi}{2}} (x^2 - 2x)dx$.

4.2 异形螺丝侧面积的计算（二）——微积分基本定理

◇ 能力训练答案

面积：$e - 1$.

◇ 评估测试答案

1. (1) $\dfrac{x^4}{4} + x^3 + \dfrac{x^2}{2} + C$；   (2) $9x - 2x^3 + \dfrac{1}{5}x^5 + C$；

(3) $8\sqrt{x} - \dfrac{1}{10}x^2\sqrt{x} + C$;

(4) $\dfrac{2}{3}x^{\frac{3}{2}} - 3x + C$;

(5) $\dfrac{2}{3}x^{\frac{3}{2}} + 2x^{\frac{1}{2}} + C$;

(6) $e^x - 3\sin x + C$;

(7) $\dfrac{10^x 2^{3x}}{3\ln 2 + \ln 10} + C$;

(8) $\dfrac{10^x}{\ln 10} + \dfrac{x^{11}}{11} + C$.

2. (1) 0; (2) 2; (3) $45\dfrac{1}{6}$; (4) $\dfrac{29}{6}$.

3. $y = \dfrac{x^2}{2} + 2x - 1$.

4.3 钢板切割零件面积的计算——换元积分法

◇ 能力训练答案

面积约为 0.868 7.

◇ 评估测试答案

1. (1) $-\dfrac{1}{3}e^{-3x+1} + C$;

(2) $-e^{-x^2} + C$;

(3) $e^{e^x} + C$;

(4) $\dfrac{1}{2}\ln^2 x$;

(5) $\cos\dfrac{1}{x} + C$;

(6) $\dfrac{1}{12}(2x+1)^6 + C$;

(7) $\dfrac{1}{2}\ln(1+x^2) + C$;

(8) $-\dfrac{2}{5}\ln|1-5x| + C$;

(9) $\dfrac{1}{3}e^{x^3} + C$;

(10) $\dfrac{1}{3}(2+x^2)^{\frac{3}{2}} + C$.

2. (1) $\dfrac{3}{2}$;

(2) $\dfrac{1}{2}(e-1)$;

(3) $\dfrac{1}{2}(\ln 3 - \ln 2)$;

(4) $\dfrac{1}{3}$.

3. (1) $-2\sqrt{x} + 2\ln|1 - \sqrt{x}| + C$;

(2) $6(\sqrt[6]{x} - \arctan\sqrt[6]{x}) + C$.

4.4 机翼对接成本的计算——分部积分法

◇ 能力训练答案

面积为 π.

◇ 评估测试答案

1. (1) $-e^{-x}(x+1) + C$;

(2) $\dfrac{1}{3}e^{3x}\left(x^2 - \dfrac{2}{3}x + \dfrac{2}{9}\right) + C$;

(3) $\dfrac{1}{3}x^3\ln x - \dfrac{1}{9}x^3 + C$;

(4) $(\ln kx - 1)x + C$;

(5) $\ln x(\ln\ln x - 1) + C$;

(6) $2x\sin\dfrac{x}{2} + 4\cos\dfrac{x}{2} + C$.

4.5 旋转体体积的计算——微元法及其应用（一）

◇ 能力训练答案

椭球题的体积：$\dfrac{4}{3}\pi ab^2$.

◇ 评估测试答案

1. $\dfrac{\pi^2}{2}$.   2. $\dfrac{3}{10}\pi$.   3. $\dfrac{\pi}{2}(1-\mathrm{e}^{-2})$.   4. $\dfrac{\pi}{2}a$.

4.6 旋转体体积的计算——微元法及其应用（二）

◇ 能力训练答案

体积为 $\mathrm{e}-1$.

◇ 评估测试答案

1. $V_x = \dfrac{15}{2}\pi$，$V_y = \dfrac{124}{5}\pi$.

2. $V_x = \dfrac{128}{7}\pi$，$V_y = \dfrac{64}{5}\pi$.

3. （1）$I_{av} \approx 0.239 I_m$；

   （2）$I_{eff} \approx 0.4485 I_m$.

5.1 汽车超速判断——微分方程的概念

◇ 能力训练答案

列车行驶路程关于时间的方程为 $s = -0.2t^2 + C_1 t + C_2$，刹车 50 s 后可以停下来，行驶了 500 m.

◇ 评估测试答案

1. （1）二阶；（2）二阶；（3）一阶；（4）不是微分方程；（5）二阶；（6）一阶.
2. 略.
3. 略.
4. $y = \sin x + 1$.
5. $s = \dfrac{3}{2}t^2 + 3$.

5.2 冷却模型——可分离变量的微分方程

◇ 能力训练答案

设 t 时刻人体血液中的酒精含量为 $x(t)$（单位：mg/mL），$t = 0$ 对应事故时刻，则模型为

$$\dfrac{\mathrm{d}x(t)}{\mathrm{d}t} = -kx(t).$$

初始条件为 $x(3) = 0.62$，$x(5) = 0.46$.

解得 $x(t) = 0.97\mathrm{e}^{-0.146t}$，$x(0) = 0.97 > 0.8 \text{ mg/mL}$，附合醉酒驾车标准，因此司机为醉酒驾车.

◇ **评估测试答案**

1. （1）$y = C\mathrm{e}^{\frac{1}{2}x^2}$；

（2）$-\dfrac{1}{y} = x^2 - x + C$；

（3）$y = Cx$；

（4）$C(1 + y^2) = \dfrac{x^2}{1 + x^2}$；

（5）$y = \mathrm{e}^{Cx}$；

（6）$\arcsin y = \arcsin x + C$.

2. $y = x^3$.

3. $10^x + 10^{-y} = 11$.

5.3 RL 电路电流分析——一阶线性微分方程的求解

◇ **能力训练答案**

$$i(t) = \frac{4}{5}\mathrm{e}^{-t} + \frac{16}{5}\cos 2t - \frac{8}{5}\sin 2t.$$

◇ **评估测试答案**

1. （1）$y = \mathrm{e}^{-x}(x + C)$；

（2）$y = -\dfrac{2}{3} + C\mathrm{e}^{-\frac{3}{2}x^2}$；

（3）$y = C\mathrm{e}^x - \dfrac{1}{2}\cos x + \dfrac{1}{2}\sin x$；

（4）$y = x^2\left(-\dfrac{1}{3}\cos 3x + C\right)$；

（5）$y = C\mathrm{e}^{-2x} + 2x - 1$；

（6）$y = \mathrm{e}^{-x^2}\left(\dfrac{1}{2}x^2 + C\right)$.

2. （1）$y = \dfrac{x}{\cos x}$；

（2）$y = \dfrac{1}{x}$.

5.4 RLC 电路的暂态分析——二阶常系数线性齐次微分方程

◇ **能力训练答案**

提示：由基尔霍夫定律知，电流满足的微分方程为

$$\frac{\mathrm{d}^2 i}{\mathrm{d}t^2} + \frac{R}{L} \cdot \frac{\mathrm{d}i}{\mathrm{d}t} + \frac{1}{LC}i = 0.$$

初始条件为 $i(0) = 0$，$\dfrac{\mathrm{d}i}{\mathrm{d}t}\big|_{t=0} = \dfrac{E(0)}{L} = 200$.

$$\frac{\mathrm{d}^2 i}{\mathrm{d}t^2} + \frac{R}{L}\frac{\mathrm{d}i}{\mathrm{d}t} + \frac{1}{LC}i = 0.$$

特征方程为 $r^2 + 1\,000r + 5 \times 10^5 = 0$，解得 $r = -500 \pm 500\mathrm{i}$，$\alpha = -500$，$\beta = 500$.

因此，$i(t) = \mathrm{e}^{-500t}(C_1\cos 500t + C_2\sin 500t)$.

代入初值条件：$\begin{cases} i(0) = 0 \\ \dfrac{\mathrm{d}i}{\mathrm{d}t}\big|_{t=0} = 200 \end{cases} \Rightarrow \begin{cases} C_1 = 0 \\ -5C_1 + 5C_2 = 200 \end{cases} \Rightarrow \begin{cases} C_1 = 0 \\ C_2 = \dfrac{2}{5} \end{cases}.$

$$i(t) = \frac{2}{5}\mathrm{e}^{-500t}\sin 500t.$$

◇ **评估测试答案**

1. (1) $y = C_1 e^x + C_2 e^{-2x}$; (2) $y = (C_1 + C_2 x) e^x$;
   (3) $y = C_1 \cos 2x + C_2 \sin 2x$.

2. (1) $y = e^{-\frac{1}{2}x}(2 + x)$; (2) $y = e^{-x} - e^{4x}$;
   (3) $y = e^{2x}(C_1 \cos x + C_2 \sin x)$.

5.5 RLC 电路电量分析——二阶常系数线性非齐次微分方程

◇ **能力训练答案**

由基尔霍夫定律有

$$E(t) - L\frac{di}{dt} - \frac{q}{C} - Ri = 0.$$

两边对 t 求导，得

$$\frac{d^2 i}{dt^2} + \frac{R}{L} \cdot \frac{di}{dt} + \frac{1}{LC} i = \frac{1}{L} \cdot \frac{dE(t)}{dt}.$$

代入数值，得

$$\frac{d^2 i}{dt^2} + 20\frac{di}{dt} + 200 i = 40\,000 \sin 100 t.$$

初值条件为 $i(0) = 0$, $\left.\frac{di}{dt}\right|_{t=0} = 0$

步骤1 判断 ω 的取值.

显然, $f(t) = 40\,000 \sin 100 t$, 判断 ω 的取值为 100.

步骤2 判断 $\pm 100 i$ 是不是特征根.

特征方程

$$r^2 + 20 r + 200 = 0$$

对应的特征根为

$$r_1 = -10 + 10 i, \quad r_2 = -10 - 10 i.$$

显然, $\pm 100 i$ 不是特征根.

步骤3 用待定系数法求出特解.

因为 $f(t) = 40\,000 \sin 100 t$, 所以设原方程的特解为 $\bar{i} = A\cos 100 t + B\sin 100 t$, 用待定系数法求得

$$\bar{i}' = -100 A \sin 100 t + 100 B \cos 100 t,$$

$$\bar{i}'' = -10\,000 A \cos 100 t - 10\,000 B \sin 100 t.$$

将 $\bar{y}$, $\bar{y}'$, $\bar{y}''$ 代入原微分方程, 得

$$(-0.98 A + 0.2 B)\cos 100 t + (-0.98 B - 0.2 A)\sin 100 t = 4\sin 100 t,$$

对应系数相等, 得 $\begin{cases} -0.98 A + 0.2 B = 0 \\ -0.98 B - 0.2 A = 4 \end{cases}$, 解得

$$A \approx -0.8, \quad B \approx -4.$$

因此，原微分方程的一个特解为
$$\bar{i} = -0.8\cos100t - 4\sin100t.$$

步骤 4 写出通解.
原微分方程的通解为
$$i(t) = -0.8\cos100t - 4\sin100t + e^{-10t}(C_1\cos10t + C_2\sin10t).$$

初始条件为 $i(0) = 0$，$\dfrac{\mathrm{d}i}{\mathrm{d}t}\Big|_{t=0} = 0$.
$$\begin{cases} -0.8 + C_1 = 0 \\ -C_1 + C_2 = 40 \end{cases},$$

解得 $C_1 = 0.8$，$C_2 = 40.8$.

因此，该电路的电流方程为
$$i(t) = -0.8\cos100t - 4\sin100t + e^{-10t}(0.8\cos10t + 40.8\sin10t).$$

◇ **评估测试答案**

1. （1）$\bar{y} = Ae^{4x}$； （2）$\bar{y} = (Ax + B)e^{2x}$；

   （3）$\bar{y} = Ax + B$； （4）$\bar{y} = (Ax + B)e^{-2x}$；

   （5）$\bar{y} = A\cos t + B\sin t$； （6）$\bar{y} = x(A\cos3t + B\sin3t)$.

2. （1）$y = C_1 e^x + C_2 e^{-2x} - \dfrac{1}{2}x - \dfrac{1}{4}$； （2）$y = C_1 e^x + C_2 e^{2x} + \dfrac{1}{2}e^{3x}$；

   （3）$y = (C_1 + C_2 x)e^{2x} + \dfrac{3}{2}x^2 e^{2x}$； （4）$y = C_1\cos x + C_2\sin x - \dfrac{1}{3}\cos2x$；

   （5）$y = C_1\cos x + C_2\sin x - \dfrac{1}{2}x\cos x$； （6）$y = C_1\cos3x + C_2\sin3x + \dfrac{1}{6}\cos3x$.

附 录 公 式

一、代数

1. 指数和对数运算

$a^x a^y = a^{x+y}$, $\quad \dfrac{a^x}{a^y} = a^{x-y}$, $\quad (a^x)^y = a^{xy}$, $\quad \sqrt[y]{a^x} = a^{\frac{x}{y}}$,

$\log_a 1 = 0$, $\quad \log_a a = 1$, $\quad \log_a(N_1 \cdot N_2) = \log_a N_1 + \log_a N_2$,

$\log_a\left(\dfrac{N_1}{N_2}\right) = \log_a N_1 - \log_a N_2$, $\quad \log_a N^n = n\log_a N$, $\quad \log_a N = \dfrac{\log_b N}{\log_b a}$.

2. 有限项数和

$1 + 2 + 3 + 4 + \cdots + (n-1) + n = \dfrac{n(n+1)}{2}$,

$1^2 + 2^2 + 3^2 + 4^2 + \cdots + (n-1)^2 + n^2 = \dfrac{n(n+1)(2n+1)}{6}$,

$a + aq + aq^2 + aq^3 + \cdots + aq^{n-1} = a\dfrac{1-q^n}{1-q} \; (q \neq 1)$.

3. 乘法和因式分解公式

$(x \pm y)^2 = x^2 \pm 2xy + y^2$,

$(x \pm y)^3 = x^3 \pm 3x^2 y + 3xy^2 \pm y^3$,

$x^2 - y^2 = (x-y)(x+y)$,

$x^3 \pm y^3 = (x \pm y)(x^2 \mp xy + y^2)$.

二、三角函数

1. 基本公式

$\sin^2\alpha + \cos^2\alpha = 1$, $\quad \dfrac{\sin\alpha}{\cos\alpha} = \tan\alpha$, $\quad \csc\alpha = \dfrac{1}{\sin\alpha}$,

$1 + \tan^2\alpha = \sec^2\alpha$, $\quad \dfrac{\cos\alpha}{\sin\alpha} = \cot\alpha$, $\quad \sec\alpha = \dfrac{1}{\cos\alpha}$,

$1 + \cot^2\alpha = \csc^2\alpha$, $\quad \cot\alpha = \dfrac{1}{\tan\alpha}$.

2. 诱导公式

角度 函数	$\beta = \dfrac{\pi}{2} \pm \alpha$	$\beta = \pi \pm \alpha$	$\beta = \dfrac{3\pi}{2} \pm \alpha$	$\beta = 2\pi \pm \alpha$
$\sin\beta$	$\cos\alpha$	$\mp \sin\alpha$	$-\cos\alpha$	$\pm \sin\alpha$
$\cos\beta$	$\mp \sin\alpha$	$-\cos\alpha$	$\pm \sin\alpha$	$\cos\alpha$
$\tan\beta$	$\mp \cot\alpha$	$\pm \tan\alpha$	$\mp \cot\alpha$	$\pm \tan\alpha$
$\cot\beta$	$\mp \tan\alpha$	$\pm \cot\alpha$	$\mp \tan\alpha$	$\pm \cot\alpha$

3. 和差公式

$\sin(\alpha \pm \beta) = \sin\alpha \cdot \cos\beta \pm \cos\alpha \cdot \sin\beta,$

$\cos(\alpha \pm \beta) = \cos\alpha \cdot \cos\beta \mp \sin\alpha \cdot \sin\beta,$

$\tan(\alpha \pm \beta) = \dfrac{\tan\alpha \pm \tan\beta}{1 \mp \tan\alpha \cdot \tan\beta},$

$\sin\alpha + \sin\beta = 2\sin\dfrac{\alpha+\beta}{2}\cos\dfrac{\alpha-\beta}{2},$

$\sin\alpha - \sin\beta = 2\cos\dfrac{\alpha+\beta}{2}\sin\dfrac{\alpha-\beta}{2},$

$\cos\alpha + \cos\beta = 2\cos\dfrac{\alpha+\beta}{2}\cos\dfrac{\alpha-\beta}{2},$

$\cos\alpha - \cos\beta = -2\sin\dfrac{\alpha+\beta}{2}\sin\dfrac{\alpha-\beta}{2},$

$\cos\alpha \cdot \cos\beta = \dfrac{1}{2}[\cos(\alpha-\beta) + \cos(\alpha+\beta)],$

$\sin\alpha \cdot \sin\beta = \dfrac{1}{2}[\cos(\alpha-\beta) - \cos(\alpha+\beta)],$

$\sin\alpha \cdot \cos\beta = \dfrac{1}{2}[\sin(\alpha-\beta) + \sin(\alpha+\beta)].$

4. 倍角和半角公式

$\sin 2\alpha = 2\sin\alpha \cdot \cos\alpha = \dfrac{2\tan\alpha}{1+\tan^2\alpha},$

$\cos 2\alpha = \cos^2\alpha - \sin^2\alpha = 2\cos^2\alpha - 1 = 1 - 2\sin^2\alpha = \dfrac{1-\tan^2\alpha}{1+\tan^2\alpha},$

$\tan 2\alpha = \dfrac{2\tan\alpha}{1+\tan^2\alpha},$

$\sin\dfrac{\alpha}{2} = \pm\sqrt{\dfrac{1-\cos\alpha}{2}}, \quad \cos\dfrac{\alpha}{2} = \pm\sqrt{\dfrac{1+\cos\alpha}{2}}, \quad \tan\dfrac{\alpha}{2} = \pm\sqrt{\dfrac{1-\cos\alpha}{1+\cos\alpha}}.$

5. 任意三角形基本关系

正弦定理：$\dfrac{a}{\sin A} = \dfrac{b}{\sin B} = \dfrac{c}{\sin B};$

余弦定理：$\begin{cases} a^2 = b^2 + c^2 - 2bc \cdot \cos A \\ b^2 = a^2 + c^2 - 2ac \cdot \cos B \\ c^2 = a^2 + b^2 - 2ab \cdot \cos C \end{cases}$;

面积公式：$S = \dfrac{1}{2} ab \cdot \sin C = \dfrac{1}{2} bc \cdot \sin A = \dfrac{1}{2} ac \cdot \sin B$;

$S = \sqrt{p(p-a)(p-b)(p-c)}$, $p = \dfrac{1}{2}(a+b+c)$.

三、几何

1. 三角形面积 $= \dfrac{1}{2} \times 底 \times 高$.

2. 圆弧长 $l = R\theta$（θ 为弧所对的圆心角，单位为弧度）.

3. 扇形面积 $s = \dfrac{1}{2} R^2 \theta = \dfrac{1}{2} Rl$（$\theta$ 为弧所对的圆心角，l 为 θ 对应的圆弧长）.

4. 球的体积 $v = \dfrac{4}{3} \pi R^3$.

5. 球的表面积 $s = 4\pi R^2$.

6. 圆锥的体积 $v = \dfrac{1}{3} \pi R^2 h$.

任务单习题册

前　　言

精品在线课程"应用高等数学（机电类）"是将机电行业知识与高等数学知识融合开发的课程，在超星平台运行，并在学银在线网上线，配套的有教材和任务单手册．该课程以实用性、必要性为原则，秉持"服务专业，问题驱动，模块化"的教学理念．

任务单习题册与教材、精品课程配合使用，通过问题情境设计，激发学生的学习兴趣，培养学生应用数学知识解决问题的能力，任务单对应教材中的单元．

任务单习题册将课前预习、课上练习、课后作业融为一体，取代传统的作业本、笔记本和练习本，方便学生使用．任务单的编写由精品课程的主讲教师团队共同完成：函数部分由张越菊老师完成，极限部分由张宇玉老师完成，几何部分、复数部分与微分方程部分由赵燕老师完成，导数及其应用部分由燕岩军老师完成，积分及其应用部分由郝鹏老师完成．对于任务单习题册中存在的问题，欢迎广大专家、同仁和读者提出宝贵的意见．

编　者

2021 年 8 月

模块一 函数与几何

1.1 机器折旧费的计算——指数函数与对数函数

姓名		学号			班级	
第1单元		机器折旧费的计算			知识点	指数函数和对数函数
任务得分	预习 (20分)	课上任务 (30分)	课堂练习 (30分)	知识总结 (10分)	课后任务 (10分)	成绩

预习 (20分)	1. 什么是年折旧率？(4分) 2. 填表．(16分) {{TABLE}}

表达式	名称	图像	定义域	奇偶性	周期性	有界性	单调性	共性
$y=a^x$ $(0<a<1)$								
$y=\log_a x$ $(0<a<1)$								

课上任务	机器原价为50万元，已使用10年．若每年折旧率为10%（即每年减少其价值的10%），西部企业准备出8万元购买，你觉得价格合理吗？说明理由．

课上 任务 求解 (30分)	1. 方案Ⅰ（直接算）：求机器10年后的剩余价值．(15分) 机器的原价值是50万，年折旧率为10%，则 1年后机器的剩余价值为＿＿＿＿＿＿＿＿＿＿＿；(2分) 2年后机器的剩余价值为＿＿＿＿＿＿＿＿＿＿＿；(2分) 10年后机器的剩余价值为＿＿＿＿＿＿＿＿＿＿；(2分) x年后机器的剩余价值为＿＿＿＿＿＿＿＿＿＿．(2分) 结论：价格＿＿＿＿（合理或不合理）．(2分) 说明理由：(5分) 2. 方案Ⅱ（间接算）：设x年后，机器的剩余价值是8万元．(15分) 方程式（指数形式）：＿＿＿＿＿，解方程（对数形式）：＿＿＿＿＿＿．(8分) 结论：价格＿＿＿＿（合理或不合理）．(2分) 说明理由：(5分)

续表

姓名		学号		班级	
第 1 单元		机器折旧费的计算		知识点	指数函数和对数函数
任务得分	预习(20 分)	课上任务(30 分)	课堂练习(30 分)	知识总结(10 分)	课后任务(10 分)	成绩

注:上表"任务得分"行应为7列,按图重建:

姓名		学号		班级	
第 1 单元	机器折旧费的计算			知识点	指数函数和对数函数

任务得分	预习 (20 分)	课上任务 (30 分)	课堂练习 (30 分)	知识总结 (10 分)	课后任务 (10 分)	成绩

课堂练习(30 分)

1. 化简下列各式(10 分):

    (1) $\sqrt{x} \cdot \sqrt[3]{x^2}$　　　　　　　　(2) $\sqrt{x\sqrt{x\sqrt{x}}}$

2. 化简下列各式(10 分):

    (1) $\log_3 9$　　　　　　　　(2) $\log_{10} 0.001$

    (3) $\log_2(3 \times 4)$　　　　　(4) $\log_3 \dfrac{1}{3} + \lg 10^6$

3. 求解 x(10 分).

    (1) $4^x = 1\,024$　　　　　　(2) $\log_3 x = 6$

知识总结(10 分)

1. 指数函数运算法则.

    (1) $a^m a^n =$ _____　　(2) $\dfrac{a^m}{a^n} =$ _____　　(3) $(a^m)^n =$ _____　　(4) $(ab)^m =$ _____

2. 对数函数运算法则.

    (1) $\log_a a =$ _____　　(2) $\log_a 1 =$ _____　　(3) $\log_a xy =$ _____

    (4) $\log_a \dfrac{x}{y} =$ _____　　(5) $\log_a x^b =$ _____　　(6) $\log_a y =$ _____(换底公式)

3. 指数函数与对数函数的关系:

课后任务求解(10 分)

[汽车折旧计算] 新轿车价值 40 万元,若每年的折旧率是 18%,问使用约多少年后价值变为原来的 1/5?

1.2 锥度和锥角的计算——三角函数和反三角函数

姓名		学号		班级	
第 2 单元		锥度和锥角的计算		知识点	三角函数和反三角函数
任务得分	预习(28分)	课上任务(20分)	课堂练习(32分)	知识总结(10分)	课后任务(10分)	成绩

预习
(28 分)

1. 填空. (4 分)

正弦 $\sin\alpha =$ _____ ； 余弦 $\cos\alpha =$ _____ ；

正切 $\tan\alpha =$ _____ ； 余切 $\cot\alpha =$ _____ .

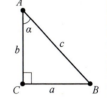

2. 填表. (24 分, 每空 0.5 分)

表达式	图像	定义域	周期性	有界性	奇偶性	单调性
$y = \sin x$						
$y = \cos x$						
$y = \tan x$						
$y = \cot x$						
$y = \arcsin x$						
$y = \arccos x$						
$y = \arctan x$						
$y = \text{arccot}\, x$						

课上任务

若测得 $D = 20$ cm, $d = 14$ cm, $L = 30$ cm, 求该零件的锥度 C 和锥角 α.

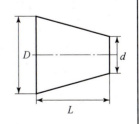

续表

<table>
<tr><td>姓名</td><td></td><td colspan="2">学号</td><td></td><td>班级</td><td></td></tr>
<tr><td>第 2 单元</td><td colspan="4">锥度和锥角的计算</td><td>知识点</td><td>三角函数和
反三角函数</td></tr>
<tr><td rowspan="2">任务
得分</td><td>预习
（28 分）</td><td>课上任务
（20 分）</td><td>课堂练习
（32 分）</td><td>知识总结
（10 分）</td><td>课后任务
（10 分）</td><td>成绩</td></tr>
<tr><td></td><td></td><td></td><td></td><td></td><td></td></tr>
</table>

课上任务求解（20 分）

1. 锥度的计算.（10 分）

圆锥的锥度 $C=\frac{D}{H}$，圆台的锥度 $C=\frac{D-d}{L}$.

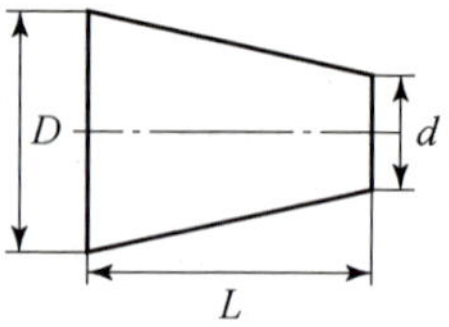

2. 锥角的计算.（10 分）

课堂练习（32 分）

1. 角度制与弧度制的转化.（8 分）

（1）$\pi=$（ ）°；（2）$\frac{\pi}{6}$弧度 =（ ）°；

（3）45° =（ ）弧度；（4）60° =（ ）弧度.

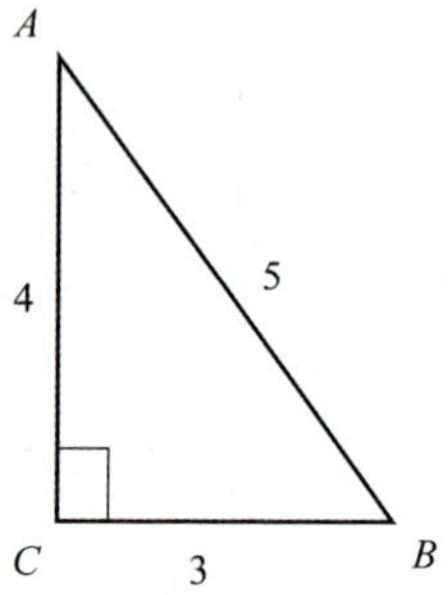

2. 在边长是 3，4，5 的直角三角形中求下列三角函数值.（8 分）

sin*A*	cos*A*	tan*A*	cot*A*

3. 计算角度.（8 分）

$\sin A=\frac{3}{5}$	$\cos A=\frac{4}{5}$	$\tan A=\frac{3}{4}$	$\cot A=\frac{4}{3}$
$A=$（ ）	$A=$（ ）	$A=$（ ）	$A=$（ ）

4. 填空.（8 分）

（1）$\sin x=0.16$，$x=\arcsin($ $)=($ $)$.

（2）$\arcsin x=50°$，$x=\sin($ $)=($ $)$.

续表

姓名		学号			班级	
第 2 单元		锥度和锥角的计算			知识点	三角函数和反三角函数
任务得分	预习 (28 分)	课上任务 (20 分)	课堂练习 (32 分)	知识总结 (10 分)	课后任务 (10 分)	成绩

知识总结 (10 分)	1. 弧度与角度的转化关系是什么？ 2. 三角函数与反三角函数的关系是什么？
课后任务求解 (10 分)	［内圆锥零件锥度和锥角的计算］若测得大圆直径 $D = 50$ cm，小圆直径 $d = 30$ cm，圆台的高度 $L = 60$ cm，求该零件的锥度 C 和锥角  α.

1.3 识图——常函数与幂函数

姓名		学号		班级	
第3单元		识图		知识点	常函数和幂函数
任务得分	预习 (32分)	课上任务 (20分)	课堂练习 (14分)	知识总结 (24分)	课后任务 (10分)	成绩

预习
(32分)

1. 什么是基点？(4分)

2. 设计图纸中半径的表示符号为____，直径的表示符号为____。(4分)
3. 直线的斜截式方程为_____。(2分)
4. 圆的标准方程为_____。(2分)
5. 常量、变量、函数三者之间的区别是什么？(2分)

6. 填表. (18分，每空0.5分)

函数	图像	定义域	奇偶性	周期性	有界性	单调性
$y=c$						
$y=x$						
$y=x^2$						
$y=x^3$						
$y=x^{-1}$						
$y=x^{\frac{1}{2}}$						

课上任务

　　工厂准备生产一批零件，需要根据设计图纸，识图，并说明符号含义.

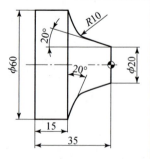

续表

姓名		学号			班级	
第3单元		识图			知识点	常函数和幂函数
任务得分	预习(32分)	课上任务(20分)	课堂练习(14分)	知识总结(24分)	课后任务(10分)	成绩

课上任务求解(20分)

说明符号含义.(20分)

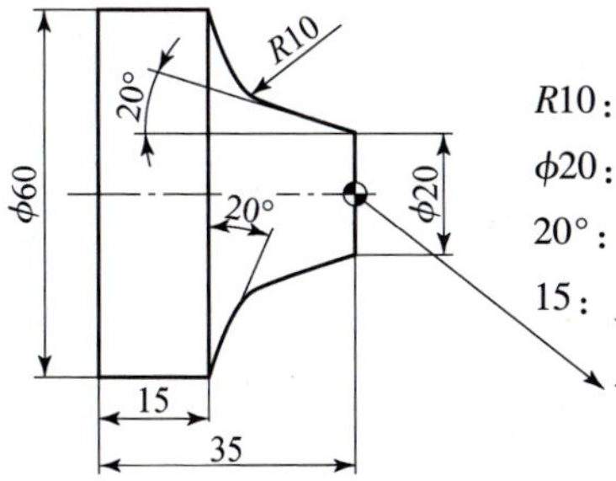

R10：_____；
φ20：_____；
20°：_____；
15：_____．

课堂练习(14分)

1. 幂函数与根式转化.(14分，每空2分)

(1) 将下列幂函数转化为根式的形式：

$x^{\frac{1}{3}} =$ _____；$x^{\frac{2}{3}} =$ _____；$x^{\frac{-2}{3}} =$ _____；$x^{\frac{1}{2}} =$ _____．

(2) 将下列各式转化为幂函数的形式：

$\sqrt[3]{x^2} =$ _____；$\dfrac{1}{\sqrt{x}} =$ _____；$\dfrac{1}{\sqrt[4]{x^3}} =$ _____．

知识总结(24分)

1. 函数性质的研究方法.(20分，每空2分)

性质	图像研究	表达式
1. 定义域		
2. 奇偶性		
3. 周期性		
4. 有界性		
5. 单调性		

2. 幂函数与根式的转化关系.(4分)

(1) $x^{-m} =$ _____；　　(2) $x^{\frac{1}{m}} =$ _____；

(3) $x^{\frac{n}{m}} =$ _____；　　(4) $x^{-\frac{n}{m}} =$ _____．

续表

姓名		学号			班级	
第3单元		识图			知识点	常函数和幂函数
任务得分	预习 (32分)	课上任务 (20分)	课堂练习 (14分)	知识总结 (24分)	课后任务 (10分)	成绩

课后任务求解（10分）	说出图中符号的含义． 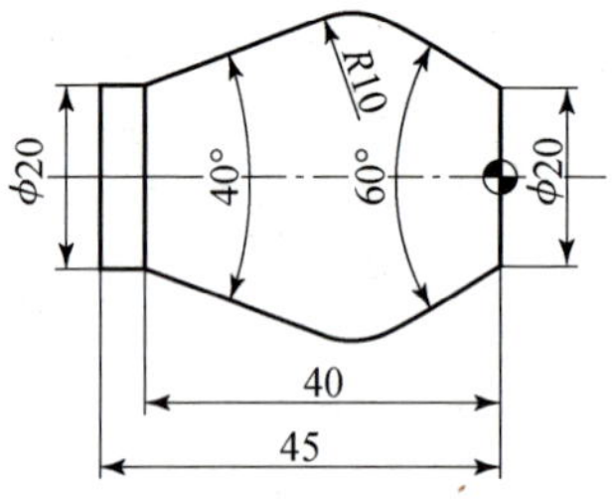

1.4 用三角计算法求基点和圆心坐标——解三角形

姓名		学号		班级	
第4单元	用三角计算法求基点和圆心坐标		知识点		解三角形
任务得分	预习 （10分）	课上任务 （55分）	知识总结 （25分）	课后任务 （10分）	成绩
预习 （10分）	1. 正弦定理和余弦定理是什么？（5分） 2. 证明两个三角形全等的条件有哪几个？（5分）				
课上任务	利用三角计算法，计算图纸下半部分的基点和圆心坐标． 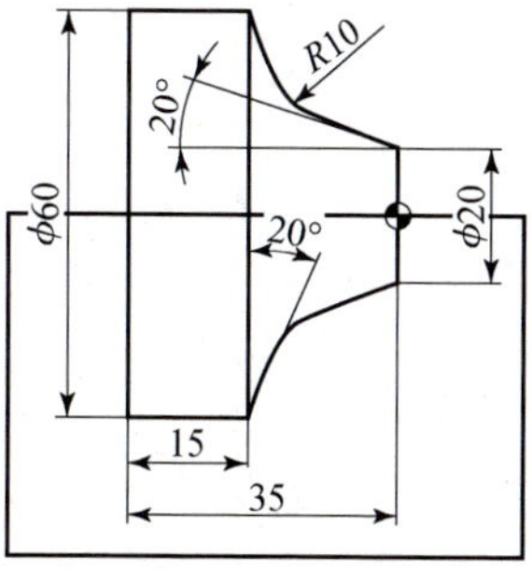				
课上任务求解 （55分）	1. 建立平面直角坐标系，并做辅助线．（5分） $AC \perp DC$ 于点 C，O 是 $\overset{\frown}{FH}$ 所在圆的圆心，$OF \perp DG$ 于点 F，$OH \perp AB$ 于点 H，$DE \perp EF$ 于点 E，$AJ \perp HJ$ 于点 J，$AP \perp OP$ 于点 P，求基点 F、基点 H、圆心 O 的坐标．根据图纸回答： 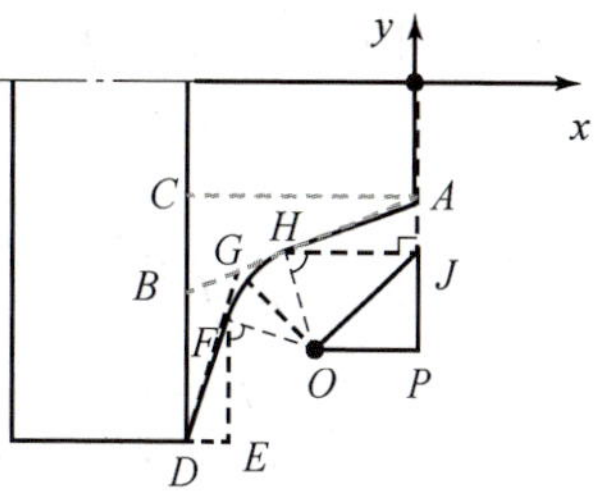 (1) 点 A 的坐标_____，点 D 的坐标_____． (2) 线段 $AC =$ _____，$CD =$ _____，$OF =$ _____，$OH =$ _____，$\angle BDG =$ _____，$\angle CAB =$ _____．				

姓名		学号		班级	
第 4 单元	用三角计算法求基点和圆心坐标			知识点	解三角形
任务得分	预习 (10 分)	课上任务 (55 分)	知识总结 (25 分)	课后任务 (10 分)	成绩

课上任务求解 (55 分)

2. 根据点 D 的坐标，计算基点 F 的坐标.

(1) 在 Rt△ABC 中，根据 AC 及 ∠CAB，求 ∠CBA 及边长 BC，AB. (5 分)

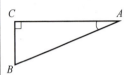

(2) 在 △BDG 中，根据 ∠BDG，边 DB，∠GBD，求边长 BG，DG，∠BGD. (5 分)

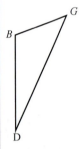

(3) 在 Rt△GFO 中，根据 ∠FGO，边 OF，求边长 FG. (5 分)

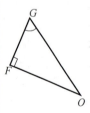

(4) 在 Rt△DEF 中，根据 FD 及 ∠FDE，求边长 EF，DE. (5 分)

(5) 根据点 D 的坐标及 EF，DE 长度，计算点 F 的坐标. (5 分)

续表

姓名		学号		班级	
第4单元	用三角计算法求基点和圆心坐标			知识点	解三角形
任务得分	预习 (10分)	课上任务 (55分)	知识总结 (25分)	课后任务 (10分)	成绩

课上任务求解 (55分)	3. 根据点 A 的坐标，计算基点 H 的坐标. (1) 在 Rt△AJH 中，根据 AH 及∠HAJ，求∠AHJ 及边长 AJ，HJ.（5分） 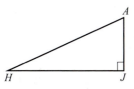 (2) 根据点 A 的坐标及 AJ，HJ 长度，计算点 H 的坐标.（5分） 4. 根据点 A 的坐标，计算圆点 O 的坐标. (1) 在△OHJ 中，根据边长 OH，角∠JHO，边长 HJ，求∠HJO 及边长 OJ.（5分） (2) 在 Rt△OJP 中，根据边长 OJ，角∠OJP，求 JP，OP.（5分） (3) 根据点 A 的坐标及 JP，OP，AJ 长度，计算圆点 O 的坐标.（5分）

续表

姓名		学号		班级	
第 4 单元	用三角计算法求基点和圆心坐标			知识点	解三角形
任务得分	预习 (10 分)	课上任务 (55 分)	知识总结 (25 分)	课后任务 (10 分)	成绩

知识总结 (25 分)	1. 已知什么条件，直角三角形可以求出其他的边和角？举例说明．（10 分） 2. 已知什么条件，一般三角形可以求出其他的边和角？举例说明．（15 分）
课后任务求解 (10 分)	计算零件上半部分的基点和圆心坐标． 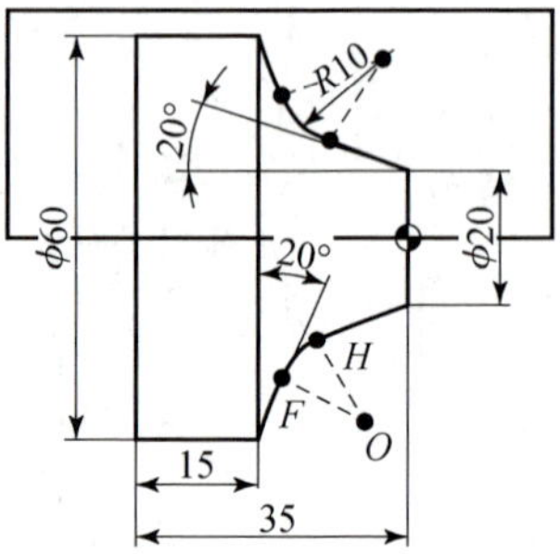

1.5 用平面解析几何法求基点和圆心坐标——直线和圆

姓名		学号		班级	
第5单元	用平面解析几何法求基点和圆心坐标			知识点	直线与圆
任务得分	预习 (10分)	课上任务 (45分)	知识总结 (30分)	课后任务 (15分)	成绩

预习 (10分)

1. 什么是平面解析几何法？(5分)

2. 平面解析几何法与三角计算法相比优、缺点是什么？(5分)

课上任务

利用平面解析几何法，计算图纸下半部分的基点和圆心坐标.

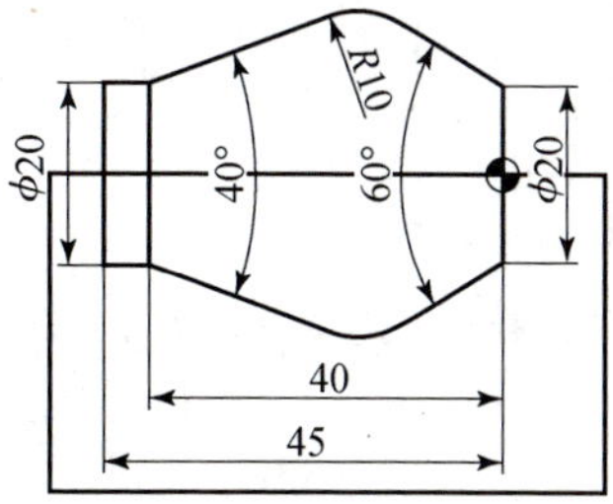

课上任务求解 (45分)

1. 建立平面直角坐标系，并做辅助线. (10分)

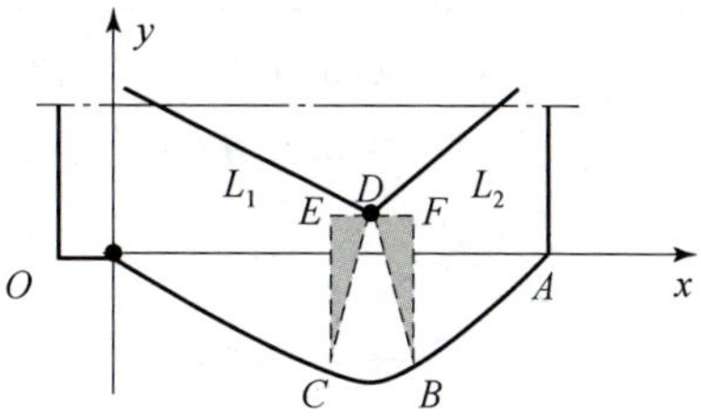

D 是 $\overset{\frown}{BC}$ 所在圆的圆心，过点 D 作平行于 OC 的直线 L_1，过点 D 作平行于 AB 的直线 L_2，过点 D 作水平线 EF，$CE \perp EF$ 于点 E，$BF \perp EF$ 于点 F. 求圆心 D、基点 B、基点 C 的坐标. 根据图纸回答：

(1) 点 O 的坐标为_____，点 A 的坐标为_____.

(2) 线段 $DC = $ _____，$DB = $ _____，$\angle AOC = $ _____，$\angle OAB = $ _____，$\angle EDC = $ _____，$\angle FDB = $ _____.

(3) 直线 OC 的方程为_____，直线 AB 的方程为_____.

续表

姓名		学号		班级	
第 5 单元	用平面解析几何法求基点和圆心坐标			知识点	直线与圆
任务 得分	预习 （10 分）	课上任务 （45 分）	知识总结 （30 分）	课后任务 （15 分）	成绩

课上任务求解（45 分）

2. 计算圆心 D 的坐标．（15 分）

(1) 根据直线 OC 的方程，求直线 L_1 的方程．

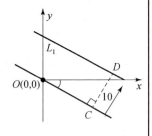

(2) 根据直线 AB 的方程，求直线 L_2 的方程．

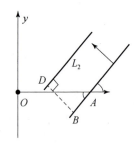

(3) 计算直线 L_1 和直线 L_2 的交点 D 的坐标．

3. 根据点 D 的坐标，计算基点 C 的坐标．（10 分）

(1) 在 Rt△DEC 中，根据 DC 及 $\angle EDC$，求 DE 和 EC 的长度．

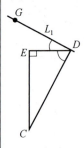

(2) 根据点 D 的坐标及 DE 和 EC 长度，计算基点 C 的坐标．

续表

姓名		学号		班级		
第5单元	用平面解析几何法求基点和圆心坐标			知识点	直线与圆	
任务得分	预习 （10分）	课上任务 （45分）	知识总结 （30分）	课后任务 （15分）	成绩	

课上任务求解（45分）	4. 根据点 D 的坐标，计算基点 B 的坐标．（10分） （1）在 Rt△DFB 中，根据 DB 及 $\angle FDB$，求 DF 和 FB 的长度． 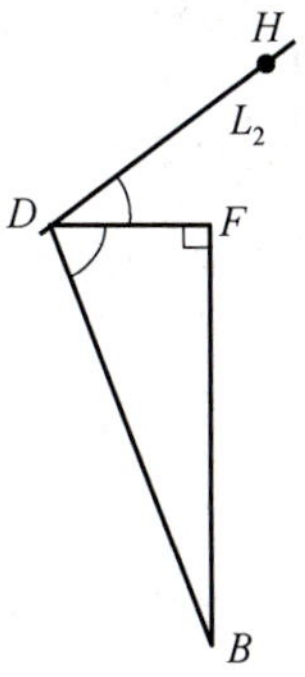 （2）根据点 D 的坐标及 DF 和 FB 长度，计算基点 B 的坐标．
知识总结（30分）	1. 直线的方程有哪几种？举例说明． 2. 圆的方程有哪几种？举例说明．

续表

姓名		学号		班级	
第 5 单元	用平面解析几何法求基点和圆心坐标			知识点	直线与圆
任务得分	预习 （10 分）	课上任务 （45 分）	知识总结 （30 分）	课后任务 （15 分）	成绩

课后任务求解 （15 分）	计算零件上半部分的基点和圆心坐标. 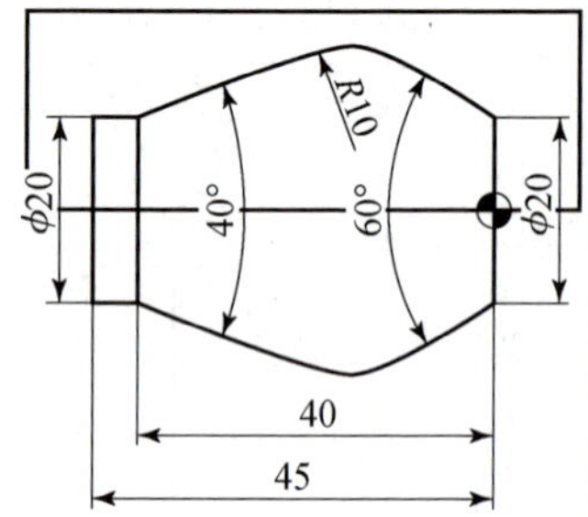

模块二　极限与复数

2.1　节点和误差——极限的概念

姓名		学号			班级	
第1单元		节点和误差			知识点	极限的概念
任务得分	预习(10分)	课上任务(25分)	课堂练习(40分)	知识总结(10分)	课后任务(15分)	成绩

预习(10分)	1. 什么是节点？(5分) 2. 直角三角形中正弦函数的定义是什么？正弦函数特殊角的值有哪些？(5分)
课上任务	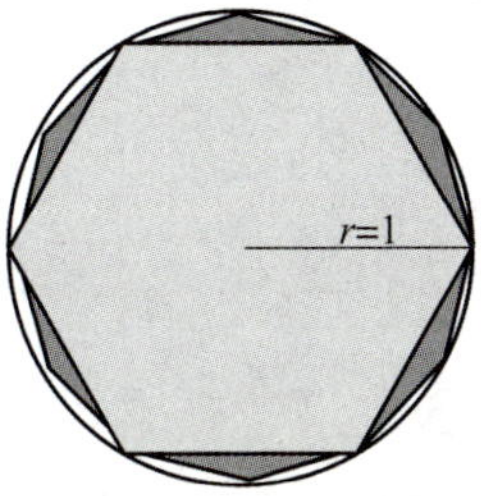 圆的内接正 n 边形如左图所示．把圆分成 n 等份，依次连接各分点即得到圆的内接正 n 边形． 问题1：计算圆的正六边形、正八边形、正十二边形的周长． 问题2：观察圆的内接正多边形的周长是否存在规律．列出圆的内接正多边形周长数列． 问题3：圆的内接正多边形的周长数列与圆的周长的关系是什么？
课上任务求解(25分)	1. 圆的内接正六边形的周长如何计算？(5分) 2. 圆的内接正八边形的周长如何计算？(5分) 3. 圆的内接正十二边形的周长如何计算？(5分) 4. 圆的内接正 n 边形的周长如何计算？(10分)

续表

姓名		学号		班级	
第1单元		节点和误差		知识点	极限的概念
任务得分	预习 (10分)	课上任务 (25分)	课堂练习 (40分)	知识总结 (10分)	课后任务 (15分)	成绩

课堂练习 (40分)	1. 根据数列的通项公式，写出数列，并用极限符号表示极限.（20分） （1）$x_n = c$（c 是常数） （2）$x_n = (-1)^n \dfrac{1}{n}$ （3）$x_n = 2 + \dfrac{1}{2^n}$ （4）$x_n = \dfrac{n-1}{n+1}$ 2. 画图讨论下列各极限是否存在.（20分） （1）$\lim\limits_{x \to 2} x$ （2）$\lim\limits_{x \to \infty} e^x$

续表

姓名		学号			班级		
第1单元		节点和误差			知识点	极限的概念	
任务得分	预习 （10分）	课上任务 （25分）	课堂练习 （40分）	知识总结 （10分）	课后任务 （15分）	成绩	

知识总结 （10分）	1. 函数极限存在的条件是什么？（5分） 2. 数列极限与函数极限的区别是什么？（5分）
课后任务求解 （15分）	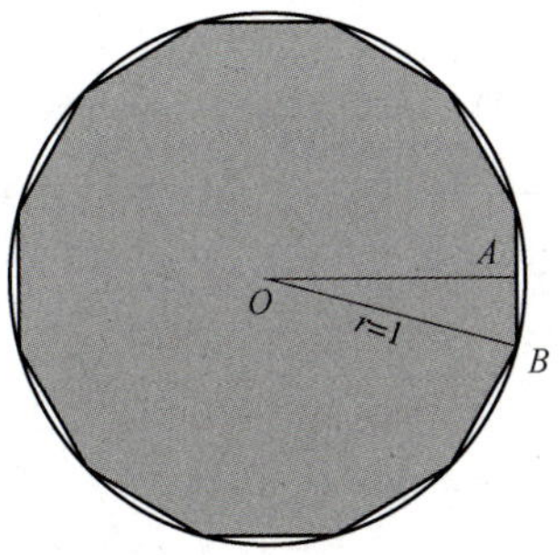 用圆的内接正多边形的面积逼近圆，圆的半径为1，求圆的面积. 问题1：列出圆的内接正多边形面积数列. 问题2：圆的内接正多边形面积数列与圆的面积的关系是什么？

2.2 老化电路分析——极限的计算

姓名		学号		班级	
第 2 单元		老化电路分析		知识点	极限的计算
任务得分	预习 (5 分)	课上任务 (32 分)	课堂练习 (45 分)	知识总结 (8 分)	课后任务 (10 分)	成绩

预习 (5 分)	1. 在直流电路中，并联电路如何求电阻？（3 分） 2. 什么是短路？什么是断路？（2 分）
课上任务	如右图所示，电路中一个 5 Ω 的电阻和一个滑动变阻 R（0～10 Ω）并联，分析以下 4 种情况下电路中总电阻的变化： （1）滑变的位置在正中间时； （2）滑变的位置在最上端时； （3）滑变的位置在最下端时； （4）滑变老化，突然断路时． 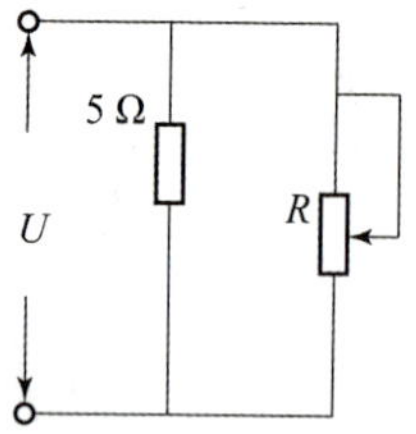
课上任务求解 (32 分)	1. 滑变的位置在正中间时，分析电路的总电阻．（共 8 分） （1）用物理知识求解．（5 分） （2）用极限式子表达．（3 分） 2. 滑变的位置在最上端时，分析电路的总电阻．（共 8 分） （1）用物理知识求解．（5 分） （2）用极限式子表达．（3 分）

续表

姓名		学号		班级			
第 2 单元		老化电路分析		知识点		极限的计算	
任务得分	预习 (5分)	课上任务 (32分)	课堂练习 (45分)	知识总结 (8分)	课后任务 (10分)	成绩	

课上任务求解 (32分)	3. 滑变的位置在最下端时，分析电路的总电阻．（共8分） （1）用物理知识求解．（5分） （2）用极限式子表达．（3分） 4. 滑变老化，突然断路时，分析电路的总电阻．（共8分） （1）用物理知识求解．（5分） （2）用极限式子表达．（3分）
课堂练习 (45分)	1. 用直接代入法求极限．（10分） （1）$\lim\limits_{x\to 1}(x^2+3x-2)$ （2）$\lim\limits_{x\to 0}(\cos x+e^x)$ 2. 利用无穷小和无穷大的关系求极限．（10分） （1）$\lim\limits_{x\to +\infty}\dfrac{1}{e^x}$ （2）$\lim\limits_{x\to 2}\dfrac{2}{x^2-4}$ 3. "$\lim\limits_{x\to\infty}\dfrac{\text{多项式}}{\text{多项式}}$"类型求极限，并总结规律．（15分） （1）$\lim\limits_{x\to\infty}\dfrac{x^3-5x+8}{7x-2}$ （2）$\lim\limits_{x\to\infty}\dfrac{3x^2+1}{-x^2+5}$ （3）$\lim\limits_{x\to\infty}\dfrac{3x+1}{7x^3-2}$

续表

姓名			学号		班级	
第2单元		老化电路分析			知识点	极限的计算
任务得分	预习 (5分)	课上任务 (32分)	课堂练习 (45分)	知识总结 (8分)	课后任务 (10分)	成绩

课堂练习 (45分)	4. "$\dfrac{0}{0}$" 类型，因式分解，约分求极限. (10分) (1) $\lim\limits_{x\to 3}\dfrac{x^2-9}{x-3}$ (2) $\lim\limits_{x\to 1}\dfrac{x^2-3x+2}{x^2-5x+4}$

知识总结 (8分)	总结求极限的类型和方法.

课后任务求解 (10分)	[影子分析] 小美朝着路灯走时，她发现自己的影子在不断地变短，路灯的高度是 4 m，小美的身高为 1.6 m. 小美的影子长度在路灯正下方时会变成多少？列出影子长度的极限式子. 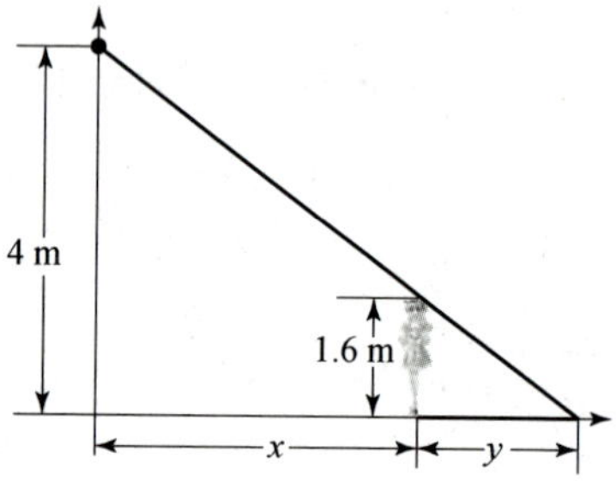

2.3　*RL* 串联电路求复阻抗——复数的定义及表示

姓名		学号		班级	
第 3 单元		*RL* 串联电路求复阻抗		知识点	复数的定义与表示
任务得分	预习 (10 分)	课上任务 (20 分)	课堂练习 (40 分)	知识总结 (15 分)	课后任务 (15 分)	成绩

预习 (10 分)	1. *RL* 串联电路中复阻抗的公式是什么？(5 分) 2. 电感的国际单位是什么？单位 H 与 mH 如何换算？(5 分)
课上任务	如右图所示，*RL* 串联电路中，电阻 $R = 40\ \Omega$，电感 $L = 95.5$ mH，外加电压的频率 $f = 50$ Hz，求电路的复阻抗. 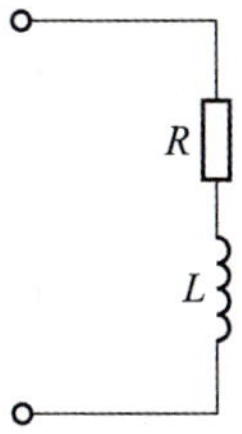
课上任务求解 (20 分)	1. 虚数单位 i 的性质是什么？(5 分) 2. 复数如何分类？(5 分)

续表

姓名			学号		班级	
第 3 单元	RL 串联电路求复阻抗			知识点	复数的定义与表示	
任务得分	预习(10分)	课上任务(20分)	课堂练习(40分)	知识总结(15分)	课后任务(15分)	成绩

课上任务求解(20分)	3. 复数的应用.（10 分） （1）列举在实数范围内无解，但是在复数范围内有解的一元二次方程，并求出其复数解. （2）根据 RL 串联电路中复阻抗的公式求电路的复阻抗. 电阻 $R = 40\ \Omega$，电感 $L = 95.5\ \text{mH}$，外加电压的频率 $f = 50\ \text{Hz}$，写出电路的复阻抗.
课堂练习(40分)	1. 在复平面中画出 $z_1 = 1 + 2i$ 的图形，求其模 r 和辐角主值 θ.（10 分） 2. 在复平面中画出 $z_2 = -2 + \sqrt{3}i$ 的图形，求其模 r 和辐角主值 θ.（10 分）

续表

姓名			学号		班级	
第 3 单元		RL 串联电路求复阻抗		知识点	复数的定义与表示	
任务得分	预习 (10 分)	课上任务 (20 分)	课堂练习 (40 分)	知识总结 (15 分)	课后任务 (15 分)	成绩

课堂练习 (40 分)	3. 在复平面中画出 $z_3 = -1 - \sqrt{3}\mathrm{i}$ 的图形，求其模 r 和辐角主值 θ. （10 分） 4. 在复平面中画出 $z_4 = 1 - \mathrm{i}$ 的图形，求其模 r 和辐角主值 θ. （10 分）
知识总结 (15 分)	1. 总结复数范围内一元二次方程 $ax^2 - bx + c = 0$ 的解. （5 分） 2. 总结复数表达形式的种类以及它们之间的关系. （5 分） 3. 总结如何根据复数的代数式 $a + b\mathrm{i}$ 计算其模 r 和辐角主值 θ. （5 分）

续表

姓名			学号		班级	
第3单元		RL 串联电路求复阻抗			知识点	复数的定义与表示
任务得分	预习(10分)	课上任务(20分)	课堂练习(40分)	知识总结(15分)	课后任务(15分)	成绩
课后任务求解(15分)	RLC 串联电路中，电阻 $R = 100\ \Omega$，电感 $L = 0.5\ \mathrm{H}$，电容 $C = 30\ \mu\mathrm{F}$，电压 $u = 220\sqrt{2}\sin\left(314t + \dfrac{\pi}{3}\right)$，求电路的复阻抗. （15分） 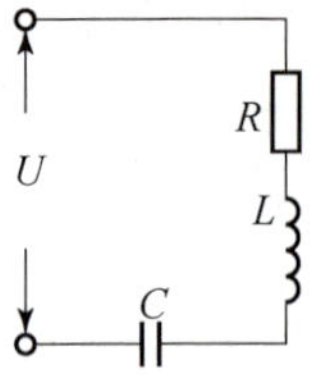					

2.4 两正弦交流电流求和——复数的加、减法

姓名		学号		班级	
第4单元	两个正弦交流电流求和			知识点	复数的加、减法
任务得分	预习 (5分)	课上任务 (35分)	课堂练习 (35分)	知识总结 (15分)	课后任务 (10分)	成绩

预习 (5分)	1. 生活中插座里的电流是交流电还是直流电？（2分） 2. 正弦交流电的形式是什么？三要素是什么？最大值和有效值的关系是什么？（3分）
课上任务	两个正弦交流电流：$i_1 = 70.7\sin(314t - 30°)$ A，$i_2 = 60\sin(314t + 60°)$ A. 求两电流之和.
课上任务求解 (35分)	1. 将正弦交流电流化为复平面内的旋转相量.（10分） (1) 将 $i_1 = 70.7\sin(314t - 30°)$ A 化为复平面内的旋转相量. (2) 将 $i_2 = 60\sin(314t + 60°)$ A 化为复平面内的旋转相量.

续表

姓名			学号		班级	
第4单元		两个正弦交流电流求和		知识点	复数的加、减法	
任务得分	预习(5分)	课上任务(35分)	课堂练习(35分)	知识总结(15分)	课后任务(10分)	成绩

课上任务求解(35分)	2. 将复数的极坐标式化为代数式. (10分) (1) 将 i_1 的极坐标式化为代数式. (2) 将 i_2 的极坐标式化为代数式. 3. 根据 i_1 和 i_2 的代数式，写出和电流 i 的代数式. (5分) 4. 根据和电流 i 的代数式，写出和电流 i 的极坐标式. (5分) 5. 根据和电流 i 的极坐标式，写出和电流 i 的正弦量表达式. (5分)
课堂练习(35分)	1. 已知复数的代数式为 $9-3i$，求极坐标式. (5分) 2. 已知复数的极坐标式为 $10\angle -20°$，求代数式. (10分)

续表

姓名			学号			班级	
第4单元			两个正弦交流电流求和			知识点	复数的加、减法
任务得分	预习(5分)	课上任务(35分)	课堂练习(35分)	知识总结(15分)	课后任务(10分)	成绩	

课堂练习(35分)	3. 已知正弦量 $100\sqrt{2}\sin(300t-30°)$，写出其极大值相量和有效值相量．（10分） 4. 已知正弦交流电流的角速度是 $200\ \text{rad/s}$，求在以下条件的正弦量的表达式．（10分） （1）有效值相量：$30\angle 30°\text{A}$；　　（2）最大值相量：$60\angle -40°\text{A}$.
知识总结(15分)	1. 正弦量与复数极坐标式之间如何互化？（5分） 2. 复数极坐标式与代数式之间如何互化？（5分） 3. 一般两复数求和用复数的什么形式？法则是什么？（5分）
课后任务求解(10分)	$u_1 = 100\sqrt{2}\sin(\omega t - 30°)\text{V}$，$u_2 = 220\sqrt{2}\sin(\omega t + 45°)\text{V}$，求两正弦交流电压之和．

2.5 求 RLC 串联电路的电流——复数的乘、除法

姓名			学号		班级	
第 5 单元		求 RLC 串联电路的电流		知识点	复数的乘、除法	
任务得分	预习 (10 分)	课上任务 (25 分)	课堂练习 (40 分)	知识总结 (10 分)	课后任务 (15 分)	成绩

预习 (10 分)

1. RLC 串联电路中复阻抗的公式是什么？(5 分)

2. 电容的国际单位是什么？单位 F（法）与 μF（微法）如何换算？(5 分)

课上任务

RLC 串联电路如右图所示，电路两端是交流电压，分析电路的电流情况．电阻 $R=100$ Ω，电感 $L=0.5$ H，电容 $C=30$ μF，电压 $u=220\sqrt{2}\sin\left(314t+\dfrac{\pi}{3}\right)$ V，求电路的电流．

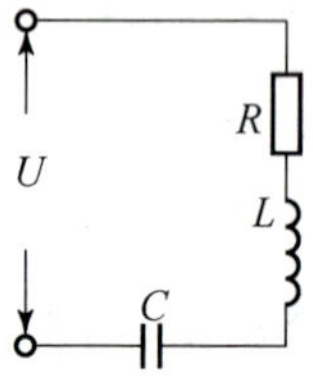

课上任务求解 (25 分)

1. 计算 RLC 串联电路中的复阻抗（代数式）．(5 分)

2. 将复阻抗的代数式化为极坐标式．(5 分)

3. 电压 $u=220\sqrt{2}\sin\left(314t+\dfrac{\pi}{3}\right)$ V，表示为有效值相量（极坐标式）．(5 分)

续表

姓名		学号			班级		
第 5 单元		求 RLC 串联电路的电流			知识点	复数的乘、除法	
任务得分	预习 (10 分)	课上任务 (25 分)	课堂练习 (40 分)	知识总结 (10 分)	课后任务 (15 分)	成绩	

课上任务求解(25 分)	4. 根据电压和复阻抗计算电路中的电流（有效值相量）. （5 分）
	5. 将电路中电流的有效值相量化为正弦量的形式. （5 分）

| 课堂练习(40 分) | 1. $z_1 = 9\angle 160°$, $z_2 = 3\angle 30°$, 求 $z_1 \cdot z_2$, $\dfrac{z_1}{z_2}$. （10 分）

2. $z_1 = 60\angle -30°$, $z_2 = 2+3\mathrm{i}$, 求 $z_1 \cdot z_2$, $\dfrac{z_1}{z_2}$. （10 分）

3. 若 $z_1 = 1+\sqrt{3}\mathrm{i}$, $z_2 = 4\left(\cos\dfrac{\pi}{3} + \mathrm{i}\sin\dfrac{\pi}{3}\right)$, 求：（20 分）

（1） $z_1 + z_2$；　　　（2） $z_1 \cdot z_2$, $\dfrac{z_1}{z_2}$, z_1^{10}. |

续表

姓名		学号			班级	
第 5 单元	求 RLC 串联电路的电流				知识点	复数的乘、除法
任务得分	预习 (10 分)	课上任务 (25 分)	课堂练习 (40 分)	知识总结 (10 分)	课后任务 (15 分)	成绩
知识总结 (10 分)	1. 一般用复数的什么形式去做复数的乘、除法？运算法则是什么？(5 分) 2. 复数的代数式、指数式、三角式如何化为极坐标式？(5 分)					
课后任务求解 (15 分)	[求电路复阻抗] (15 分) 已知电压 $u = 100\sin(2t - 45°)$，电流 $i = 20\sin(2t + 30°)$，求复阻抗 z (代数式).					

模块三　导数及其应用

3.1　根据电量求电流（一）——导数的概念

姓名		学号		班级	
第1单元		根据电量求电流（一）		知识点	导数的概念
任务得分	预习 (15分)	课上任务 (30分)	课堂练习 (25分)	知识总结 (15分)	课后任务 (15分)	成绩

预习 (15分)	1. 电流的定义及公式是什么？(5分) 2. 直流电与交流电的区别是什么？(5分) 3. 常见的求极限方法有哪些？（至少列举2种）(5分)
课上任务	某交流电路中，电量与时间关系为 $Q(t)=t^3+t$，求电路中 t 时刻电流 $I(t)$.
课上任务求解 (30分)	1. 问题简化：求第1秒时刻的瞬时电流.（10分） (1) 计算第1秒内总电量： (2) 计算第 $1+\Delta t$ 秒内总电量： (3) 计算 $[1,1+\Delta t]$ 时间内总电量： (4) 计算 Δt 时间内平均电流： (5) 第1秒时刻的电流为：

续表

姓名		学号		班级	
第1单元		根据电量求电流（一）		知识点	导数的概念
任务得分	预习 （15分）	课上任务 （30分）	课堂练习 （25分）	知识总结 （15分）	课后任务 （15分）	成绩

课上 任务 求解 （30分）	2. 回归问题（类比）：求第 t 秒时刻的瞬时电流．（20分） （1）计算第 t 秒内总电量： （2）计算第 $t+\Delta t$ 秒内总电量： （3）计算 $[t,t+\Delta t]$ 时间内总电量： （4）计算 Δt 时间内平均电流： （5）第 t 秒时刻的电流为：
课堂练习 （25分）	1. 已知曲线 $y=f(x)$，写出函数在点 $M_0(x_0,f(x_0))$ 处的切线方程和法线方程并举例说明．（15分） 2. 已知函数 $f(x)=x^2$，根据定义求函数 $f(x)$ 的导数．（10分）
知识 总结 （15分）	1. 根据定义写出求导数的一般步骤：（10分） （1） （2） （3） 2. 导数的几何意义是什么？（5分）
课后任务 求解 （15分）	[求瞬时速度] 在测试一辆汽车的性能时发现，汽车行驶的距离 s（单位：m）与时间 t（单位：s）满足 $s=5t^2+1$，求汽车在 $t=4s$ 时的瞬时速度． 提示：结合导数定义仿照课上任务求解．

3.2 根据电量求电流（二）——基本求导公式

姓名			学号		班级	
第 2 单元			根据电量求电流（二）		知识点	基本求导公式
任务得分	预习（15 分）	课上任务（15 分）	课堂练习（30 分）	知识总结（25 分）	课后任务（15 分）	成绩
预习（15 分）	1. 基本初等函数有哪六类？分别写出其对应函数形式．（10 分） 2. 什么是初等函数？试举例说明（至少 2 个）．（5 分）					
课上任务	某交流电路中，电量与时间的关系为 $Q(t)=t^3+t$，求： （1）电流函数 $i(t)$； （2）$t=3$ s 时的电流； （3）电流为 49 的时刻．					
课上任务求解（15 分）	1. 问题转化．（5 分） 电路中某时刻电流 i 是通过该点处电量 Q 关于时间 t 的瞬时变化率，因此，求任意时刻的电流函数，就是求电量对时间的导数，即_____．（写出导数表达式） 2. 回归问题，结合导数基本公式及求导法则完成课上任务．（10 分）					

续表

姓名		学号			班级	
第 2 单元		根据电量求电流（二）			知识点	基本求导公式
任务 得分	预习 (15 分)	课上任务 (15 分)	课堂练习 (30 分)	知识总结 (25 分)	课后任务 (15 分)	成绩

课堂练习 (30 分)	根据求导法则结合导数公式求下列函数的导数：(30 分) (1) $y = 3x^2 + 5x - \ln 5$ (2) $y = \sin x \cdot \cos x$ (3) $y = \sqrt{x} \cdot e^x$ (4) $y = \dfrac{2x+1}{3x-2}$ (5) $y = 2 \cdot 3^x - \lg x$ (6) $y = 4x^3 \cdot \log_4 x$
知 识 总 结 (25 分)	1. 写出基本初等函数的常见求导公式．(15 分) 2. 写出求导四则运算法则．(10 分)

续表

姓名		学号			班级	
第 2 单元		根据电量求电流（二）			知识点	基本求导公式
任务得分	预习(15 分)	课上任务(15 分)	课堂练习(30 分)	知识总结(25 分)	课后任务(15 分)	成绩

课后任务求解(15 分)	[广告对销售的影响] 已知某广告公司的广告花费 x（千元）与其总销售 $S(x)$ 的关系是： $$S(x) = -0.02x^3 + 0.8x^2 + x + 600,$$ 问广告费用为 10 万元时，广告费用再增加一千元，销售量将如何变化？ 根据求导法则及导数公式完成课后任务．（15 分）

3.3　电容的充电速度——复合函数求导

姓名		学号		班级	
第 3 单元		电容的充电速度		知识点	复合函数求导

任务得分	预习 (15 分)	课上任务 (25 分)	课堂练习 (40 分)	知识总结 (10 分)	课后任务 (10 分)	成绩

预习 (15 分)	1. 什么是复合函数？举例说明并标注内层函数、外层函数分别是什么（不少于 2 个）．(10 分) 2. 查找电容充电、放电过程中电压与时间变化的关系（写出函数表达式）．(5 分)
课上任务	在电容充电的过程中，电容充电电压随时间变化的关系为 $U_C = 10\left(1 - e^{-\frac{t}{20}}\right)$，求电容的充电速度．
课上任务求解 (25 分)	1. 问题转化 (15 分) （1）充电速度反映电压随时间变化的快慢程度，也就是变化率，因此，求任意时刻电容充电速度，就是求电压对时间的导数，即 _____．（写出表达式） （2）引入中间变量，分别写出该复合函数的内层函数、外层函数分别是什么． 2. 回归问题，根据自己对问题的理解，结合复合函数求导法则完成课上任务．(10 分)

续表

姓名			学号		班级	
第 3 单元			电容的充电速度		知识点	复合函数求导
任务得分	预习 (15 分)	课上任务 (25 分)	课堂练习 (40 分)	知识总结 (10 分)	课后任务 (10 分)	成绩

课堂练习 (40 分)	1. 求下列复合函数的导数：(30 分) (1) $y = (3x+2)^{10}$ (2) $y = \sqrt{1-x^2}$ (3) $y = 10^{-x}$ (4) $y = 2^{x^2}$ (5) $y = \log_2(x^2+1)$ (6) $y = \sin 5x$ 2. 提升练习，求下列函数的导数：(10 分) (1) $y = \sin\ln(1-2x)$ (2) $y = \arctan\sqrt{x}$
知识 总结 (10 分)	1. 写出复合函数求导链式法则并进行应用举例．(10 分) (1) 链式法则： (2) 应用举例：
课后任务 求解 (10 分)	[电容放电速度计算] 在电容放电过程中，电容电压随时间变化的关系为 $U_C = 5e^{-\frac{t}{3}}$，求电容的放电速度． 提示：结合复合函数求导法则完成课后任务．

3.4 用料最省——函数最值的求法

姓名		学号		班级	
第 4 单元		用料最省		知识点	函数最值的求法
任务得分	预习 (15 分)	课上任务 (35 分)	课堂练习 (15 分)	知识总结 (20 分)	课后任务 (15 分)	成绩

预习 (15 分)	1. 什么是函数的最大值、最小值?(5 分) 2. 什么是函数的极大值、极小值?(5 分) 3. 函数的最大值、最小值可能在哪些点处取得?(5 分)
课上任务	生活中易拉罐随处可见,样式各式各样,以体积为 330 ml 的易拉罐(圆柱形)为例,问易拉罐底面半径与高如何设计用料最省?
课上任务求解 (35 分)	1. 基本认知.(20 分) (1) 设圆柱体底面圆的半径为 r,高为 h,则圆柱体体积为_____. (2) 体积一定,圆柱体用料最省,实际上指的是_____. (3) 圆柱体表面积为_____. (4) 圆柱体体积为 330 ml 时,半径 r 与高 h 的关系为_____.

续表

姓名			学号			班级	
第 4 单元			用料最省			知识点	函数最值的求法
任务得分	预习 (15 分)	课上任务 (35 分)	课堂练习 (15 分)	知识总结 (20 分)	课后任务 (15 分)	成绩	

课上 任务 求解 (35 分)	2. 回归问题，结合基本认知计算当易拉罐（圆柱体）体积为 330 ml 时，圆柱体半径与高分别是多少时，圆柱体用料最省．（15 分）

课堂练习 (15 分)	3. 求函数 $y = x^4 - 2x^2 + 3$ 在 $[-2,2]$ 上的最大值和最小值．（15 分）

知识 总结 (20 分)	1. 写出求函数最值的一般步骤．（10 分） 2. 查阅相关资料，写出函数极值的求法．（10 分）

课后任务 求解 (15 分)	［最大容积的计算］设有一个长 8 dm、宽 5 dm 的矩形铁片，在四个角切去大小相同的小正方形，问切去的小正方形的边长为多少 dm 时，才能使剩下的铁片折成开口盒子的容积最大？求开口盒子容积的最大值． 提示：结合最值求解方法完成课后任务．

3.5 零件曲率的计算——高阶导数

姓名		学号		班级	
第 5 单元		零件曲率的计算		知识点	高阶导数
任务得分	预习 (15 分)	课上任务 (35 分)	课堂练习 (30 分)	知识总结 (10 分)	课后任务 (10 分)	成绩

预习 (15 分)	1. 什么是曲率？(5 分) 2. 两个同心圆的弯曲程度一样吗？如果不一样，大圆与小圆比较哪个弯曲程度大？(5 分) 3. 什么是高阶导数？(5 分)
课上任务	如右图所示，某工件内表面的截线为抛物线 $y=0.4x^2$，现在要用砂轮削其内表面，问用直径多大的砂轮比较合适？ 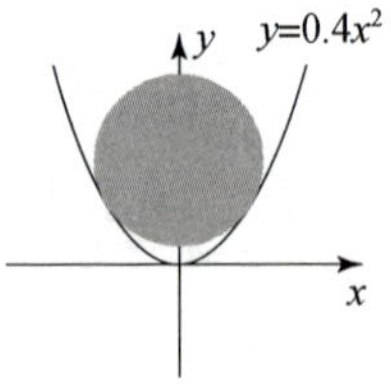
课上任务求解 (35 分)	1. 基本认知．(20 分) (1) 任意一条直线的弯曲程度值为_____． (2) 同一个圆上，任意点处弯曲程度都_____（相同、不相同）． (3) 弯曲程度越大，曲率越_____，弯曲程度越小，曲率越_____． (4) 抛物线上，_____处曲率最大． (5) 某点处曲率越大，对应曲率圆半径_____，曲率越小，对应曲率圆半径_____． 2. 回归问题，结合对曲率的认知及高阶导数计算方法，完成课上任务．(15 分)

续表

姓名			学号		班级	
第5单元			零件曲率的计算		知识点	高阶导数
任务得分	预习(15分)	课上任务(35分)	课堂练习(30分)	知识总结(10分)	课后任务(10分)	成绩

课堂练习(30分)	1. 基础练习：求下列函数的三阶导数. (20分) （1） $y = x^3 + 2x^2$ （2） $y = \sin x$ （3） $y = 2^x$ （4） $y = \ln x$ 2. 提升练习：根据要求计算下列函数在给定点的值. (10分) 已知函数 $y = (4x+2)^5$，求 $y^{(3)}(0)$. 已知函数 $f(x) = x\ln x$，求 $f'(e^2)$，$f''(e^2)$.

续表

姓名		学号		班级	
第 5 单元		零件曲率的计算		知识点	高阶导数
任务得分	预习 (15 分)	课上任务 (35 分)	课堂练习 (30 分)	知识总结 (10 分)	课后任务 (10 分)	成绩

知识总结 (10 分)	1. 写出曲线 $y=f(x)$ 在任意点处曲率 K 的计算公式及曲率 K 与曲率圆半径 ρ 的关系.（10 分）
课后任务 求解过程 (10 分)	［工件弯曲程度比较］有两个弧形工件 A、B，工件 A 满足曲线方程 $y=x^3$，工件 B 满足曲线方程 $y=x^2$，试比较两个工件在 $x=1$ 处的弯曲程度. 提示：结合二阶导数及曲率计算方法求解课后任务.

3.6　误差计算——微分及其应用

姓名			学号		班级	
第6单元			误差计算		知识点	微分及其应用
任务得分	预习 (10分)	课上任务 (30分)	课堂练习 (30分)	知识总结 (15分)	课后任务 (15分)	成绩

预习 (10分)	1. 误差的种类有哪些？分别写出其对应表达式．(5分) 2. 什么是函数的微分？(写出定义)(5分)
课上任务	多次测量一根圆钢截面直径，其直径值分别为 49.9 mm、49.8 mm、50.0 mm、50.1 mm、50.2 mm、50.2 mm、50.0 mm、49.8 mm，已知测量仪器的绝对误差不超过 0.04 mm，试计算该圆钢截面面积，并估算其误差．
课上任务求解 (30分)	1. 基本认知．(15分) 已知函数 $y = x^2 - x$，当自变量 x 从 2 变化到 2.01 时，$\Delta x = $ _____，$\Delta y = $ _____．当 Δx 很小时，Δx 与 $\mathrm{d}x$ 的关系为 _____，Δy 与 $\mathrm{d}y$ 的关系为 _____．假设圆钢截面直径为 D，则该圆钢截面面积 S 为 _____． 2. 回归问题，结合对微分的认知及计算方法，解决以下问题：(15分) (1) 圆钢平均直径为 _____．(3分) (2) 圆钢截面面积为 _____．(3分) (3) 计算绝对误差．(4分) (4) 计算相对误差．(5分)

续表

姓名		学号		班级	
第6单元		误差计算		知识点	微分及其应用
任务得分	预习(10分)	课上任务(30分)	课堂练习(30分)	知识总结(15分)	课后任务(15分)	成绩

课堂练习 (30分)

1. 基础练习：求下列函数的微分.（20分）

(1) $y = x^3 + \sqrt{x}$

(2) $y = \cos x - \log_7 x$

(3) $y = e^{x^2}$

(4) $y = (x^2 + 1)\arctan x$

2. 提升练习：计算下列函数的微分.（10分）

(1) 已知函数 $y = x\sin^2 x - \cos x^2$，求 dy.

(2) 根据微分近似计算 $\sqrt{4.2}$ 的值.

242

续表

姓名			学号		班级		
第6单元			误差计算		知识点	微分及其应用	
任务得分	预习 (10分)	课上任务 (30分)	课堂练习 (30分)	知识总结 (15分)	课后任务 (15分)	成绩	

知识总结 (15分)	1. 写出函数在任意点处的微分、具体某点处微分的计算公式.（10分） 2. 看图说明：dy 和 Δy 代表哪段？为什么 Δx 很小时，$dy \approx \Delta y$？（5分） 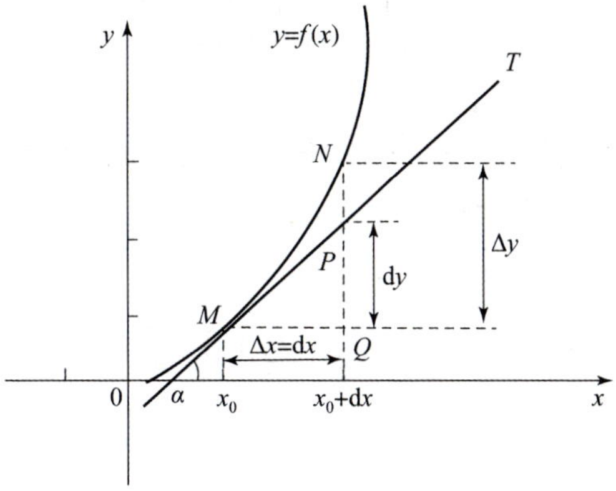
课后任务求解 (15分)	[扩音器杆头镀铜的计算] 某机器设备里的扩音器杆头为圆柱形，截面半径 $r = 0.15$ cm，长度 $l = 4$ cm，为了提高它的导电性能，要在圆柱的侧面镀上一层厚为 0.001 cm 的纯铜，试估计大约需要多少克纯铜？（铜的密度是 8.9 g/cm^3） 提示：结合微分计算方法求解课后任务.

模块四 积分及其应用

4.1 异形螺丝侧面积的计算（一）——定积分的概念

姓名			学号		班级	
第1单元	异形螺丝侧面积的计算（一）			知识点	定积分的概念	
任务得分	预习（10分）	课上任务（45分）	课堂练习（10分）	知识总结（25分）	课后任务（10分）	成绩

预习（10分）	1. 常见几何图形的面积如何计算？（5分） 2. 什么是曲边梯形？（5分）
课上任务	如右图所示，在直角坐标系中，异形螺丝侧面由曲线 $y = -x^2 + 1$ 及 x 轴所围成，给出计算此类面积的一种方法. 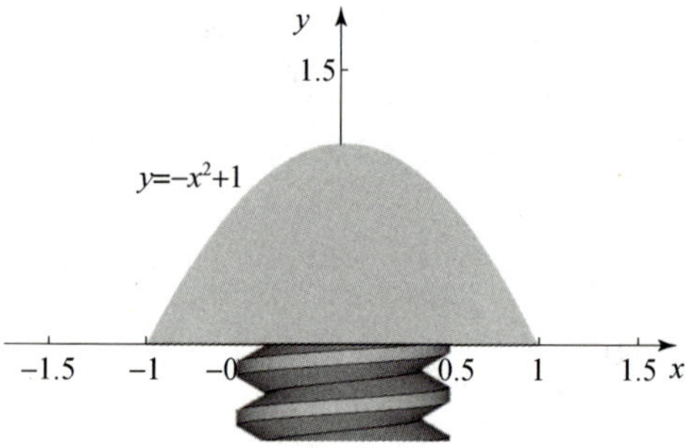
课上任务求解（45分）	1. 探索计算曲边梯形面积的方法.（5分） 观察曲边梯形内接矩形面积的变化规律，分析总结其与曲边梯形面积的关系.

续表

姓名		学号			班级		
第1单元		异形螺丝侧面积的计算（一）			知识点	定积分的概念	
任务得分	预习（10分）	课上任务（45分）	课堂练习（10分）	知识总结（25分）	课后任务（10分）	成绩	

课上任务求解（45分）

2. 计算不同分割情况下曲边梯形内接矩形的面积．

（1）第一种情形：用4个矩形面积近似（分析每个分割点的横坐标，并求矩形的底和高分别是多少）．（10分）

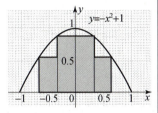

（2）第二种情形：用6个矩形面积近似（分析每个分割点的横坐标，并求矩形的底和高分别是多少）．（10分）

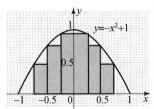

（3）第三种情形：用8个矩形面积近似（分析每个分割点的横坐标，并求矩形的底和高分别是多少）．（10分）

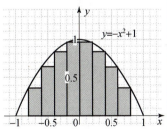

3. 用定积分表示零件的侧边图形的面积．（10分）

续表

姓名		学号		班级	
第1单元	异形螺丝侧面积的计算（一）			知识点	定积分的概念
任务得分	预习 （10分）	课上任务 （45分）	课堂练习 （10分）	知识总结 （25分）	课后任务 （10分）	成绩

课堂练习 （10分）	用定积分表示阴影部分的面积．（10分） 1. 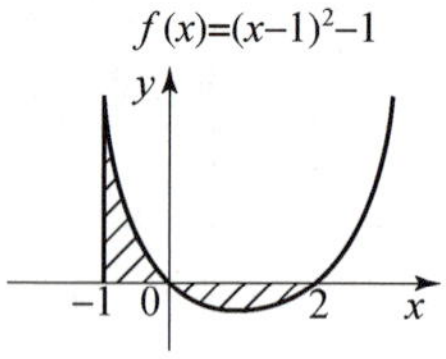 2. 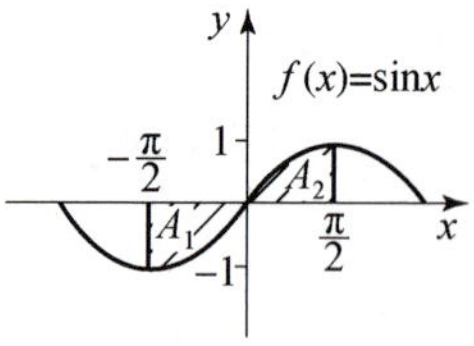
知识总结 （25分）	1. 写出计算函数 $y=f(x)$ 在 $[a,b]$ 区间与 x 轴所围曲边梯形面积的基本思路和步骤（只写出步骤即可，不需要计算结果）．（15分） 2. 曲边梯形面积与 $[a,b]$ 上的定积分是什么关系？分三种情况讨论，分别是：$f(x)>0$，$f(x)<0$ 以及 $f(x)$ 有正有负．（10分）

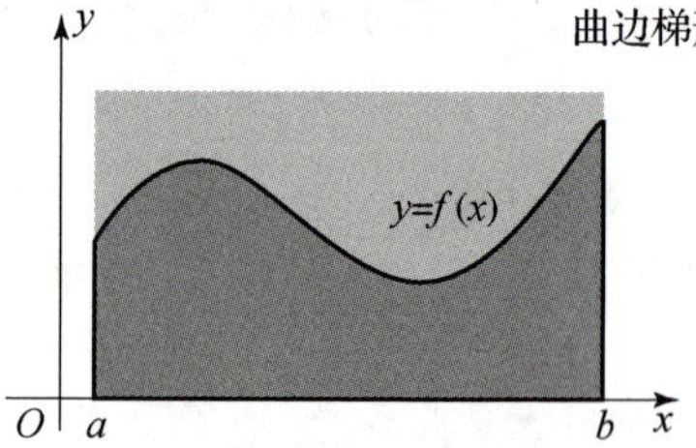

续表

姓名		学号			班级	
第1单元	异形螺丝侧面积的计算（一）				知识点	定积分的概念
任务得分	预习（10分）	课上任务（45分）	课堂练习（10分）	知识总结（25分）	课后任务（10分）	成绩
课后任务求解（10分）	某机械工程师用CAD设计某一零件，该零件外观表面由曲线 $y=x^3$，$x=-1$，$x=1$ 及 x 轴所围成，结合定积分的概念表示该零件表面积，用手机计算器计算该零件表面积. 通过手机计算器计算该零件表面积.					

4.2 异形螺丝侧面积的计算（二）——微积分基本定理

<table>
<tr><td>姓名</td><td colspan="2"></td><td>学号</td><td></td><td>班级</td><td></td></tr>
<tr><td>第 2 单元</td><td colspan="4">异形螺丝侧面积的计算（二）</td><td>知识点</td><td>微积分基本定理</td></tr>
<tr><td rowspan="2">任务
得分</td><td>复习预习
（10 分）</td><td>课上任务
（50 分）</td><td>课堂练习
（10 分）</td><td>知识总结
（20 分）</td><td>课后任务
（10 分）</td><td>成绩</td></tr>
<tr><td></td><td></td><td></td><td></td><td></td><td></td></tr>
<tr><td>预习
（10 分）</td><td colspan="6">1. 不定积分与导数的关系是什么？（5 分）

2. 不定积分与定积分有何异同？（5 分）</td></tr>
<tr><td>课上
任务</td><td colspan="6">如右图所示，在直角坐标系中，异形螺丝侧面由曲线 $y=-x^2+1$ 及 x 轴所围成，根据第 1 单元的定积分表达式，如何更方便快捷地计算出结果？
$\int_{-1}^{1}(-x^2+1)\mathrm{d}x=?$
零件示意图
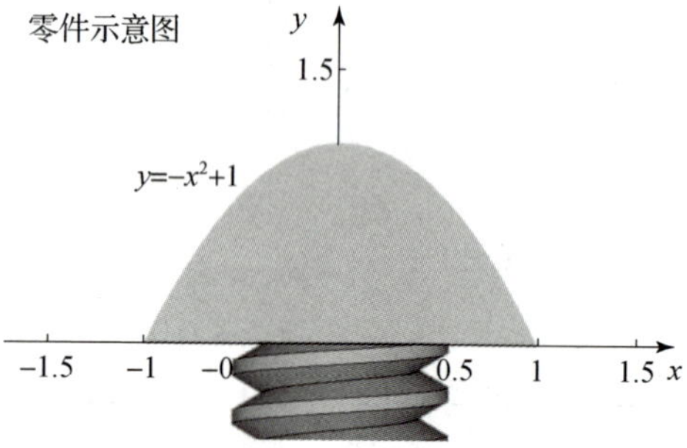
</td></tr>
<tr><td>课上
任务
求解
（50 分）</td><td colspan="6">1. 原函数与不定积分.
（1）写出下列导数的原函数.（10 分）
① (　　)′ = $2x$；　　② (　　)′ = x；
③ (　　)′ = x^2；　　④ (　　)′ = $\sin x$；
⑤ (　　)′ = e^x.
（2）将上述过程写为不定积分的形式.（10 分）
①　　②
③　　④
⑤</td></tr>
</table>

续表

姓名		学号			班级	
第 2 单元		异形螺丝侧面积的计算（二）			知识点	微积分基本定理
任务得分	复习预习（10 分）	课上任务（50 分）	课堂练习（10 分）	知识总结（20 分）	课后任务（10 分）	成绩

课上任务求解（50 分）	2. 不定积分的公式和计算． （1）写出常见不定积分的基本公式．（15 分） 3. 计算下列不定积分．（10 分） （1）$\int (x^3 + 3\sin x) dx$ （2）$\int \left(2e^x - \dfrac{5}{x}\right) dx$ 4. 利用牛顿－莱布尼茨公式计算零件的侧边图形的面积．（5 分）
课堂练习（10 分）	计算下列定积分：（10 分） （1）$\int_1^2 (x^2 + 2) dx$ （2）$\int_1^2 \left(x + \dfrac{1}{x}\right)^2 dx$

续表

<table>
<tr><td>姓名</td><td colspan="2"></td><td colspan="2">学号</td><td></td><td>班级</td><td></td></tr>
<tr><td>第 2 单元</td><td colspan="5">异形螺丝侧面积的计算（二）</td><td>知识点</td><td>微积分基本定理</td></tr>
<tr><td rowspan="2">任务
得分</td><td>复习预习
（10 分）</td><td>课上任务
（50 分）</td><td>课堂练习
（10 分）</td><td colspan="2">知识总结
（20 分）</td><td colspan="2">课后任务
（10 分）</td><td>成绩</td></tr>
<tr><td></td><td></td><td></td><td colspan="2"></td><td colspan="2"></td><td></td></tr>
<tr><td>知识
总结
（20 分）</td><td colspan="8">1. 什么是原函数？什么是不定积分？（5 分）

2. 积分的运算法则有哪些？（5 分）

3. 简述微积分基本定理（牛顿 - 莱布尼茨公式）.（10 分）</td></tr>
<tr><td>课后任务
求解
（10 分）</td><td colspan="8">工程师用 CAD 设计某一零件，该零件外观表面由曲线 $y=e^x$，x 轴，$x=0$ 与 $x=1$ 所围成，求此零件表面积.
通过绘图计算器画出图形然后利用绘图计算器计算面积.</td></tr>
</table>

4.3 钢板切割零件面积的计算——换元积分法

姓名			学号		班级		
第 3 单元			钢板切割零件面积的计算		知识点	换元积分法	
任务得分	预习 (10 分)	课上任务 (20 分)	课堂练习 (40 分)	知识总结 (20 分)	课后任务 (10 分)	成绩	

预习 (10 分)	1. 已知 $y=f(x)$，求 y 的微分 dy. （5 分） 2. 判断 $\int \cos 2x dx = \sin 2x + C$ 是否正确并说明原因. （5 分）
课上任务	计算固定曲线（如下图所示）的钢板切割面积. 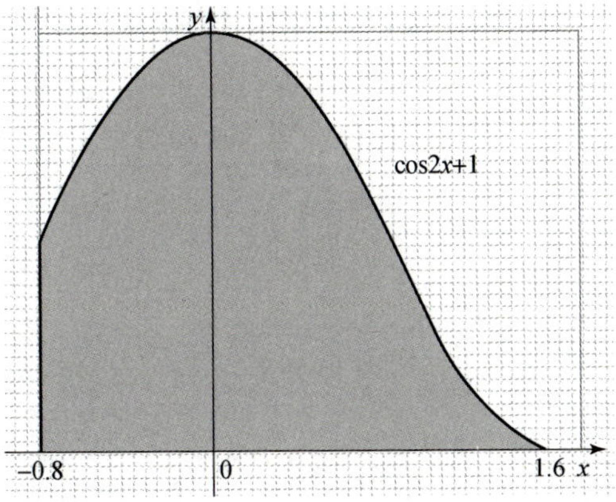 $\cos 2x + 1$ $-0.8 \quad 0 \quad 1.6\ x$

续表

姓名		学号		班级	
第 3 单元	钢板切割零件面积的计算			知识点	换元积分法

任务得分	预习 (10 分)	课上任务 (20 分)	课堂练习 (40 分)	知识总结 (20 分)	课后任务 (10 分)	成绩

课上任务求解 (20 分)

1. 计算 $\int \dfrac{\sin\sqrt{x}}{\sqrt{x}}\mathrm{d}x$.

(1) 换元步骤（3 分）：

(2) 积分步骤（5 分）：

(3) 还原步骤（2 分）：

2. 利用换元积分法计算钢板切割面积.（10 分）

课堂练习 (40 分)

计算下列不定积分：

(1) $\int (2x+3)^5 \mathrm{d}x$ （10 分）　　　(2) $\int \sin\left(314t + \dfrac{\pi}{3}\right)\mathrm{d}t$ （10 分）

(3) $\int \dfrac{2x}{x^2+2}\mathrm{d}x$ （10 分）　　　(4) $\int \mathrm{e}^{2x}\mathrm{d}x$ （10 分）

续表

姓名			学号			班级	
第 3 单元			钢板切割零件面积的计算			知识点	换元积分法
任务 得分	预习 (10 分)	课上任务 (20 分)	课堂练习 (40 分)	知识总结 (20 分)	课后任务 (10 分)		成绩

知识总结 (20 分)	1. 换元积分法的思想是什么？（10 分） 2. 换元积分法的基本步骤是什么？（10 分）
课后任务 求解 (10 分)	如右图所示，求曲线 $y = \sin2x$ 与 $x = 0$，$x = 1.2$，x 轴所围成的图形的面积. 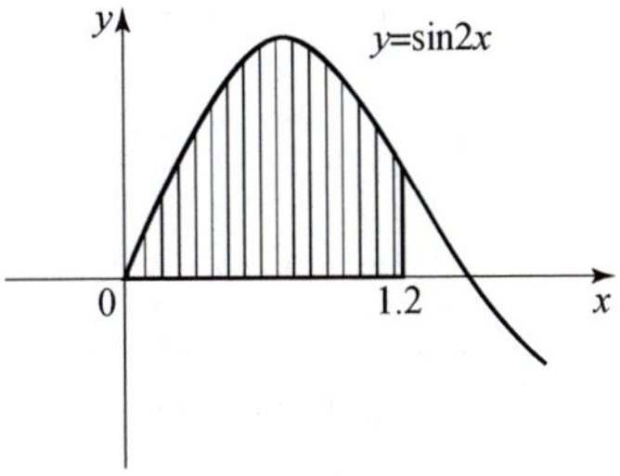 表示出定积分再利用换元积分法计算.

4.4 机翼对接成本的计算——分部积分法

姓名		学号		班级	
第 4 单元	机翼对接成本的计算			知识点	分部积分法

任务得分	预习 (10 分)	课上任务 (70 分)	知识总结 (10 分)	课后任务 (10 分)	成绩

预习 (10 分)

1. 导数计算中的四则运算法则是什么？(5 分)

2. 判断 $\int x \cdot \cos x \, dx = \int x \, dx \cdot \int \cos x \, dx$ 是否正确. (5 分)

课上任务

利用 3D 打印制造的飞机机翼，两侧机翼需要对接，对接材料非常昂贵，需要精确计算机翼的侧面积，以节约成本. 核算成本的关键是计算机翼的面积.

对接面的设计图纸

$y = -x(x+1)e^x$

$y = 0.4x(x+1)e^x$

续表

姓名		学号		班级	
第4单元		机翼对接成本的计算		知识点	分部积分法
任务得分	预习 (10分)	课上任务 (70分)	知识总结 (10分)	课后任务 (10分)	成绩

课上任务求解（70分）

1. 用定积分表示机翼对接的面积．（5分）

2. 计算 $\int x \cdot \cos x \mathrm{d}x$．

(1) "留"：根据"反对幂三指"原则，确定留哪个因子，把哪因子化到微分号"d"后面．（5分）

(2) "化"：根据 $y' \mathrm{d}x = \mathrm{d}y$ 将因子化到微分号"d"后面．（5分）

(3) "用"：用分部积分公式 $\int u \mathrm{d}v = uv - \int v \mathrm{d}u$ 计算．（5分）

(4) "积"：计算积分．（5分）

续表

姓名		学号		班级	
第 4 单元		机翼对接成本的计算		知识点	分部积分法
任务得分	预习(10 分)	课上任务(70 分)	知识总结(10 分)	课后任务(10 分)	成绩

课上任务求解 (70 分)

3. 计算下列不定积分：

(1) $\int x e^x dx$（10 分）

(2) $\int \ln x dx$（10 分）

4. （1）计算机翼的对接面积第一部分中的关键积分 $\int_{-1}^{0} x e^x dx$. （10 分）

（2）计算机翼的对接面积第二部分中的关键积分 $\int_{-1}^{0} x^2 e^x dx$. （10 分）

（3）计算机翼的对接面积. （5 分）

续表

姓名		学号		班级	
第4单元		机翼对接成本的计算		知识点	分部积分法
任务得分	预习 (10分)	课上任务 (70分)	知识总结 (10分)	课后任务 (10分)	成绩

知识总结 (10分)	1. 简述分部积分法的步骤.（5分） 2. 什么时候考虑用分部积分法求积分？（5分）
课后任务求解 (10分)	计算右图中阴影部分的面积. 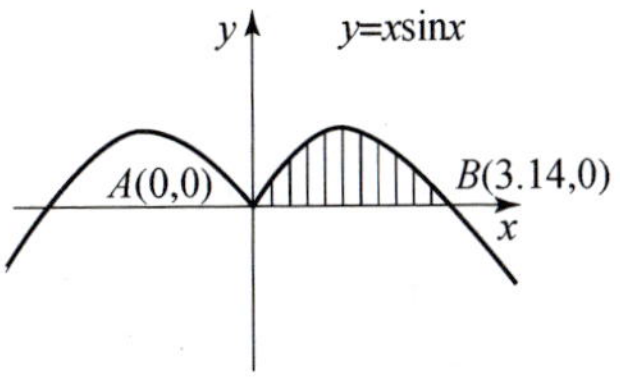 $y=x\sin x$，$A(0,0)$，$B(3.14,0)$ 表示出定积分再利用分部积分法积分.

4.5　旋转体体积的计算——微元法及其应用（一）

姓名		学号			班级	
第 5 单元		旋转体体积的计算			知识点	微元法及其应用（一）
任务得分	预习（10分）	课上任务（65分）	知识总结（15分）	课后任务（10分）	成绩	

预习（10分）	1. 常见的旋转体有哪些？（5分） 2. 什么是旋转体？（5分）
课上任务	利用3D打印设备对陀螺进行复刻，在打印之前应该准备多少原材料？关键：计算陀螺的体积. 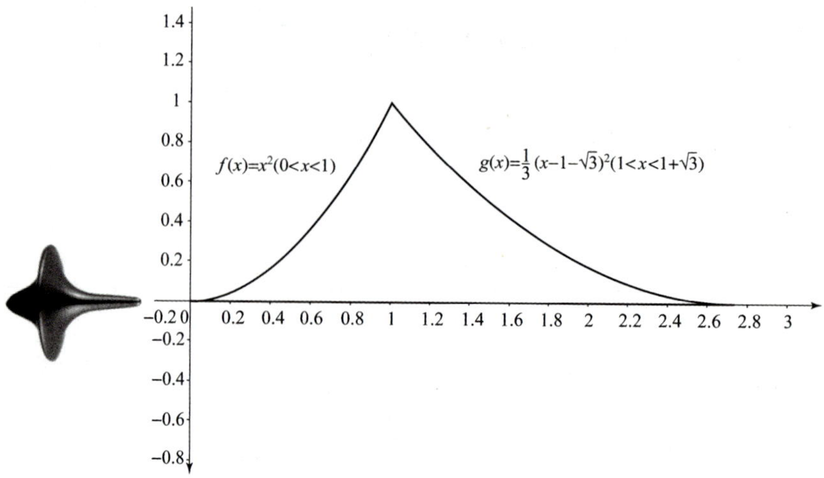 $f(x)=x^2(0<x<1)$　　$g(x)=\dfrac{1}{3}(x-1-\sqrt{3})^2(1<x<1+\sqrt{3})$

续表

姓名		学号				班级	
第 5 单元		旋转体体积的计算				知识点	微元法及其应用（一）
任务得分	预习 （10 分）	课上任务 （65 分）		知识总结 （15 分）	课后任务 （10 分）	成绩	

课上任务求解（65 分）	1. 计算陀螺左侧体积. （1）将轴线 5 等分，用圆柱体近似圆台体积，求陀螺左侧体积的近似值. ①每个小圆柱的高是多少？（5 分） ②每个小圆柱的底面圆的半径是多少？（5 分） ③每个小圆柱的体积是多少？（5 分） ④将轴线 5 等分，求陀螺左侧体积的近似值.（5 分） （2）将轴线 10 等分，用圆柱体近似圆台体积，求陀螺左侧体积的近似值. ①每个小圆柱的高是多少？（5 分） ②每个小圆柱的底面圆的半径是多少？（5 分） ③每个小圆柱的体积是多少？（5 分） ④将轴线 10 等分，求陀螺左侧体积的近似值.（5 分）

续表

姓名		学号			班级	
第 5 单元		旋转体体积的计算			知识点	微元法及其应用（一）
任务 得分	预习 (10 分)	课上任务 (65 分)	知识总结 (15 分)	课后任务 (10 分)	成绩	

课上 任务 求解 (65 分)	2.（1）用微元法计算陀螺左侧体积的精确值.（10 分） （2）用微元法计算陀螺右侧体积的精确值.（10 分）
	3. 计算陀螺的体积.（5 分）

知识 总结 (15 分)	1. 如右图所示，函数 $y=f(x)$ 在区间 $[a,b]$ 与 x 轴所围图形绕 x 轴旋转一周的旋转体体积，用微元法求解.（5 分） 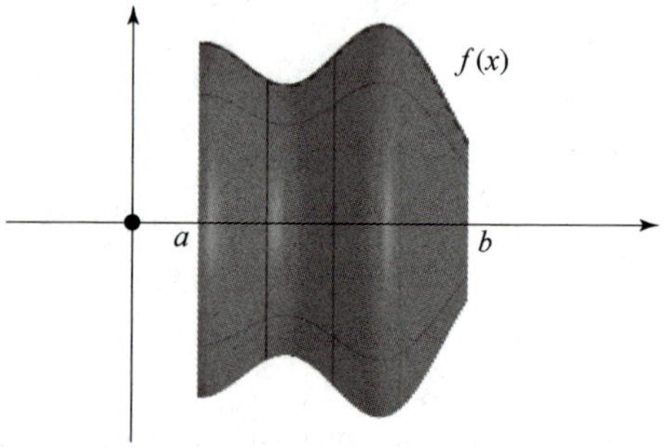 2. 微元法的基本思想是什么?（5 分） 3. 微元法可以解决哪些问题?（5 分）

续表

姓名		学号			班级	
第 5 单元		旋转体体积的计算			知识点	微元法及其应用（一）
任务得分	预习 （10 分）	课上任务 （65 分）	知识总结 （15 分）	课后任务 （10 分）	成绩	

课后任务求解 （10 分）	[用微元法求椭球体的体积] 如右图所示，求由椭圆 $\dfrac{x^2}{a^2}+\dfrac{y^2}{b^2}=1$ 所围图形绕 x 轴旋转而形成的椭球体的体积. 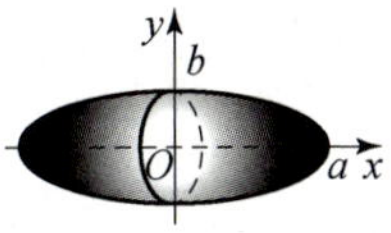

4.6　旋转体体积的计算——微元法及其应用（二）

姓名			学号			班级	
第 6 单元			旋转体体积的计算			知识点	微元法及其应用（二）
任务得分	预习（10 分）	课上任务（40 分）	课堂练习（20 分）	知识总结（10 分）	课后任务（20 分）	成绩	

预习（10 分）

1. 写出用微元法计算绕 x 轴旋转形成的旋转体的体积的计算步骤．（5 分）

2. 绕 x 轴旋转形成的旋转体可用微元法求解，那么绕 y 轴旋转形成的旋转体可以用微元法求解吗？（5 分）

课上任务

在计算打印件体积以准备原材料的时候，会遇到旋转体由曲面围绕 y 轴旋转成型的情况．计算下面的旋转体零件的体积．

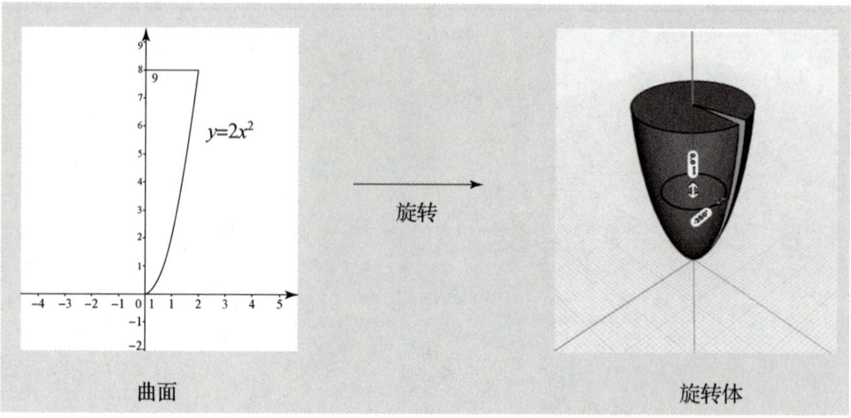

$y=2x^2$

曲面　→　旋转　　旋转体

续表

姓名			学号			班级		
第6单元		旋转体体积的计算				知识点	微元法及其应用（二）	
任务得分	预习(10分)	课上任务(40分)	课堂练习(20分)		知识总结(10分)	课后任务(20分)		成绩

课上任务求解(40分)	1. 利用微元法的思想表示零件的体积. （1）切分 y 轴，切分区间是什么？（10分） （2）每个薄片近似为圆柱体，任意一点 y 处圆柱体的底面半径是什么？（10分） （3）在切分区间上，将无数个微元的体积累加求和，表示绕 y 轴旋转而成的旋转体零件体积．（10分） 2. 计算旋转体体积．（10分）

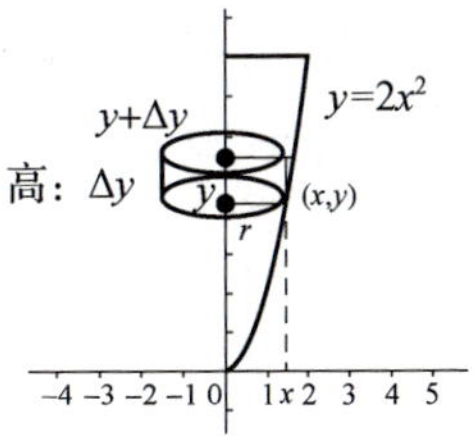

课堂练习(20分)	如右图所示，求由椭圆 $\dfrac{x^2}{a^2}+\dfrac{y^2}{b^2}=1$ 所围图形绕 y 轴旋转而形成的椭球体的体积．（20分）

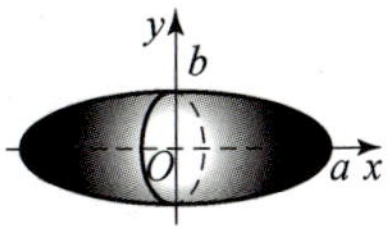

续表

姓名			学号		班级	
第 6 单元	旋转体体积的计算				知识点	微元法及其应用（二）
任务得分	预习（10 分）	课上任务（40 分）	课堂练习（20 分）	知识总结（10 分）	课后任务（20 分）	成绩
知识总结（10 分）	总结：求函数 $y=f(x)$ 在区间 $[a,b]$ 与 y 轴所围图形绕 y 轴旋转一周形成的旋转体体积．（10 分） 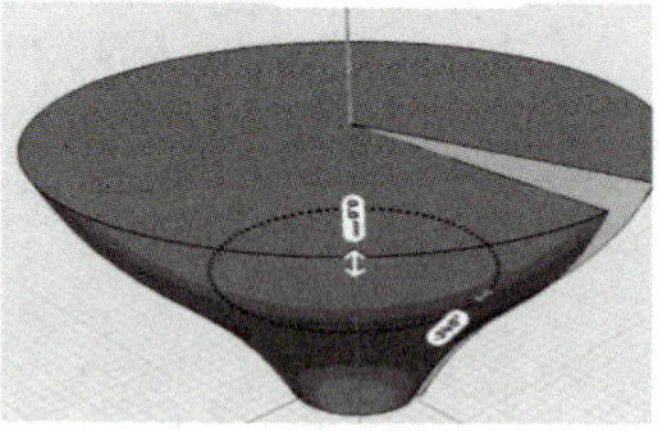					
课后任务求解（20 分）	用微元法求解函数 $y=\ln x$，$1 \leqslant x \leqslant e$ 绕 y 轴旋转一周所形成的旋转体体积． 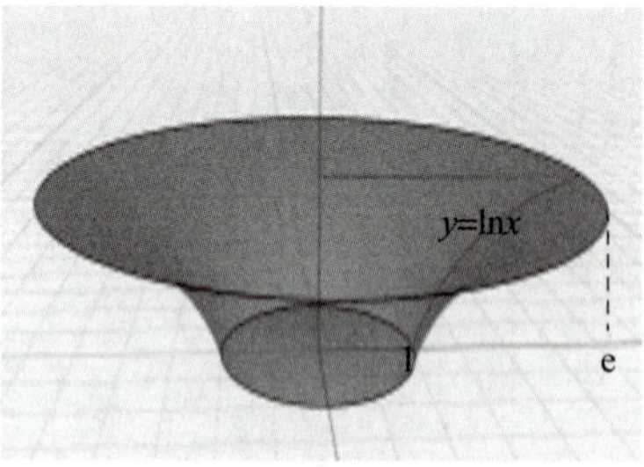					

模块五　微分方程

5.1　汽车超速判断——微分方程的概念

姓名		学号		班级	
第 1 单元		汽车超速判断		知识点	微分方程的概念
任务得分	复习预习（14 分）	课上任务（36 分）	课堂练习（20 分）	知识总结（20 分）	课后任务（10 分）	成绩

复习预习（14 分）	常用的基本积分公式有哪些？ (1) $\int 0 dx =$　　(2) $\int dx =$　　(3) $\int x^\alpha dx =$　　(4) $\int e^x dx =$ (5) $\int a^x dx =$　　(6) $\int \dfrac{1}{x} dx =$　　(7) $\int \cos x dx =$　　(8) $\int \sin x dx =$ (9) $\int \sec^2 x dx =$　　(10) $\int \csc^2 x dx =$　　(11) $\int \tan x \sec x dx =$ (12) $\int \cot x \csc x dx =$　　(13) $\int \dfrac{1}{\sqrt{1-x^2}} dx =$　　(14) $\int \dfrac{1}{1+x^2} dx =$
课上任务	在限速为 60 km/h 的公路交通事故的现场，测得事故车辆的车轮有一段拖痕长度为 15 m（这段拖痕是刹车距离，即汽车紧急刹车时制动片抱紧制动箍后，车轮停止转动，而车轮由于惯性的作用在地面上摩擦滑动留下的痕迹），并测出路面与车轮的摩擦系数为 1.05（此系数由路面质地、轮胎与路面接触面积等因素决定），请推算该事故车辆刹车时的速度，以判断事故车辆是否超速行驶。
课上任务求解（36 分）	1. 建立事故车辆的滑行距离微分方程并求出 $s(t)$ 的通解（20 分） 2. 根据初值条件确定 $s(t)$ 的特解（10 分）

续表

姓名		学号		班级	
第1单元		汽车超速判断		知识点	微分方程的概念
任务得分	复习预习（14分）	课上任务（36分）	课堂练习（20分）	知识总结（20分）	课后任务（10分）	成绩

课上任务求解（36分）	3. 确定事故车辆刹车时的速度，以判断事故车辆是否超速行驶.（6分）

课堂练习（20分）	1. 验证 $y = c_1 e^x + c_2 e^{-x}$ 是否是微分方程 $y'' - y = 0$ 的解，若是，指明是通解还是特解.（10分） 2. 已知曲线上任意点 $M(x,y)$ 处的切线斜率为 $\cos x$，且曲线通过点 $(0,1)$，求此曲线的方程.（10分）

续表

姓名			学号			班级		
第1单元			汽车超速判断			知识点	微分方程的概念	
任务得分	复习预习(14分)	课上任务(36分)	课堂练习(20分)	知识总结(20分)		课后任务(10分)	成绩	

知识总结(20分)	1. 什么是微分方程？（5分） 2. 什么是微分方程的阶？（5分） 3. 什么是微分方程的通解？（5分） 4. 什么是微分方程的特解？（5分）
课后任务(10分)	列车在直线轨道上以 20 m/s 的速度行驶，制动时列车获得 -0.4 m/s² 的加速度，问列车的行驶路程关于时间的方程，并计算制动多久后才能停下来，以及在这段时间内列车行驶了多远的路程.

5.2 冷却模型——可分离变量的微分方程

<table>
<tr><td>姓名</td><td colspan="2"></td><td>学号</td><td></td><td>班级</td><td></td></tr>
<tr><td>第 2 单元</td><td colspan="4">冷却模型</td><td>知识点</td><td>可分离变量的微分方程</td></tr>
<tr><td rowspan="2">任务得分</td><td>复习预习（10 分）</td><td>课上任务（30 分）</td><td>课堂练习（30 分）</td><td>知识总结（10 分）</td><td>课后任务（20 分）</td><td>成绩</td></tr>
<tr><td></td><td></td><td></td><td></td><td></td><td></td></tr>
<tr><td>复习预习（10 分）</td><td colspan="6">什么是牛冷却定律？使用时应注意什么？（10 分）</td></tr>
<tr><td>课上任务</td><td colspan="6">机床在室温 20 ℃环境下工作，机床加工零件时高速运转，会产生热量，机床开机后温度升高到 65 ℃，机床停止工作后 1 min 测得温度是 55 ℃，请问机床温度降到 25 ℃需要多长时间？</td></tr>
<tr><td>课上任务求解（30 分）</td><td colspan="6">1. 根据牛顿冷却定律，列出机床温度的微分方程并求 $T(t)$ 的通解.（15 分）

2. 求出 $T(t)$ 满足机床降温条件的特解.（10 分）

3. 计算机床停止工作后，降温到 25℃所需的时间.（5 分）</td></tr>
</table>

续表

姓名			学号			班级	
第 2 单元		冷却模型			知识点	可分离变量的微分方程	
任务得分	复习预习（10 分）	课上任务（30 分）	课堂练习（30 分）	知识总结（10 分）	课后任务（20 分）	成绩	

课堂练习（30 分）	1. 求解下列微分方程. (1) $\dfrac{dy}{dx} = xy$；（5 分） (2) $\dfrac{dy}{dx} = (2x-1)y^2$；（5 分） (3) $ydx - xdy = 0$；（5 分） (4) $(1+y^2)dx - xy(1+x^2)dy = 0$. （5 分） 2. 求 $xdy - 3ydx = 0$ 满足 $y\big|_{x=1} = 1$ 的特解. （10 分）

269

续表

姓名		学号		班级	
第 2 单元		冷却模型		知识点	可分离变量的微分方程
任务得分	复习预习(10分)	课上任务(30分)	课堂练习(30分)	知识总结(10分)	课后任务(20分)	成绩

知识总结 (10分)

1. 可分离变量的微分方程的形式是什么？(5 分)

2. 可分离变量的微分方程的求解步骤是什么？(5 分)

课后任务 (20分)

　　《机动车驾驶员驾车时血液中酒精含量规定》规定驾驶员在其血液中酒精含量大于或等于0.8 mg/mL时驾驶机动车为醉酒驾车．有一起交通事故，在事故发生 3 h 后测得肇事司机血液中酒精含量为 0.62 mg/mL，又过了 2 h，测得肇事司机血液中酒精含量为 0.46 mg/mL，试确定事故发生时肇事司机是否为醉酒驾车．

5.3 *RL* 电路电流分析——一阶线性微分方程的求解

姓名		学号		班级		
第 3 单元		*RL* 电路电流分析		知识点		一阶线性微分方程的求解
任务得分	复习预习（10 分）	课上任务（30 分）	课堂练习（30 分）	知识总结（20 分）	课后任务（10 分）	成绩
复习预习（10 分）	基尔霍夫电压定律是什么？（10 分）					
课上任务	*RL* 串联电路如右图所示，若电路中有电源 $u = 3\sin 2t$（V）、电阻 $R = 10\ \Omega$、电感 $L = 0.5\ \mathrm{H}$，开关合上前电路处于稳态，回路中电路为零，当开关 K 合上时，由于电路中存在动态元件 L，电路中的电流从一个稳态过渡到新的稳态需要一定的时间，由基尔霍夫电压定律，知电流满足微分方程 $\dfrac{\mathrm{d}i}{\mathrm{d}t} + \dfrac{R}{L}i = \dfrac{u}{L}$，且初始电流 $i\mid_{t=0} = 0$ A，那么电流在这段时间如何变化呢？ 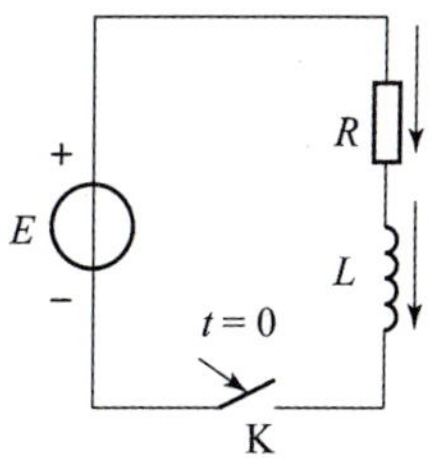					
课上任务求解（30 分）	1. 由电流定律，求 *RL* 电路中的电流应满足的微分方程 $i(t)$ 并求的通解（20 分） 2. 求出 $i(t)$ 在初始条件为 $i\mid_{t=0} = 0$ 时的特解（10 分）					

姓名		学号		班级	
第 3 单元		RL 电路电流分析		知识点	一阶线性微分方程的求解
任务得分	复习预习（10 分）	课上任务（30 分）	课堂练习（30 分）	知识总结（20 分）	课后任务（10 分）	成绩

课堂练习（30 分）

1. 用常数变易法求解一阶线性微分方程.

   (1) $y' + y = e^{-x}$；（5 分）　　　　(2) $y' - 3xy = 2x$.　（5 分）

2. 用公式法求解一阶线性微分方程.

   (1) $y' + y = e^{-x}$；（5 分）　　　　(2) $y' - 3xy = 2x$.　（5 分）

3. 求下列微分方程满足初始条件的特解.（10 分）

   $$y' - y\tan x = \sec x, \quad y(0) = 0.$$

续表

姓名		学号		班级		
第3单元		RL电路电流分析		知识点	一阶线性微分方程的求解	
任务得分	复习预习（10分）	课上任务（30分）	课堂练习（30分）	知识总结（20分）	课后任务（10分）	成绩

知识总结（20分）	1. 写出一阶线性齐次微分方程的标准形式.（5分）
	2. 写出一阶线性齐次微分方程通解的公式.（5分）
	3. 写出一阶线性非齐次微分方程通解的公式.（5分）
	4. 写出一阶线性非齐次微分方程通解的公式.（5分）
课后任务（10分）	在一个 RC 串联电路中有电源 $E = 400\cos 2t$（V）、电阻 $R = 100\ \Omega$、电容 $C = 0.01$ F 和电容（没有初始电量），求在任意时刻 t 电路中的电流. 提示：在 RC 串联电路中，由基尔霍夫电流定律，知电容上的电量 q 满足下面的微分方程：$$\frac{dq}{dt} + \frac{1}{RC}q = \frac{E}{R}.$$

5.4 *RLC* 电路的暂态分析——二阶常系数线性齐次微分方程

姓名		学号		班级	
第 4 单元		*RLC* 电路的暂态分析		知识点	二阶常系数线性齐次微分方程
任务得分	复习预习（10 分）	课上任务（30 分）	课堂练习（25 分）	知识总结（25 分）	课后任务（10 分）	成绩

复习预习（10 分）	理解电量 $q(t)$ 和电流 $i(t)$ 的关系. $i(t) =$ _____；（5 分） $\quad\quad \dfrac{\mathrm{d}i}{\mathrm{d}t} =$ _____. （5 分）

课上任务	如下图所示，现将开关 K 拨向 A，使电容 C 充电，当达到稳定状态后再将开关 K 拨向 B（时刻为 $t = 0$），已知电阻 $R = 4.8\ \Omega$，电感 $L = 1.6\ \mathrm{H}$，电源 $E = 20\ \mathrm{V}$，电容 $C = 0.5\ \mathrm{F}$，求当 $t > 0$ 时，电路中的电流 $i(t)$. 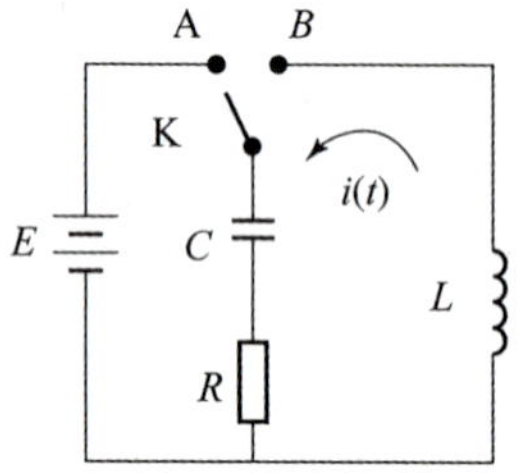

课上任务求解（30 分）	1. 由基尔霍夫电流定律，求电路中的电量应满足的微分方程 $q(t)$ 并求通解.（20 分） 2. 求 $q(t)$ 满足初始条件的特解.（10 分）

续表

姓名		学号			班级		
第4单元		RLC 电路的暂态分析			知识点	二阶常系数线性齐次微分方程	
任务得分	复习预习（10分）	课上任务（30分）	课堂练习（25分）	知识总结（25分）	课后任务（10分）	成绩	

课堂练习（25分）

1. 求下列二阶常系数线性齐次微分方程的解.
   (1) $y'' + y' - 2y = 0$；（5分）　　　（2) $y'' - 2y' + y = 0$；（5分）

   (3) $y'' + 4y = 0$.（5分）

2. 求 $4y'' + 4y' + y = 0$ 满足初始条件 $y(0) = 2$，$y'(0) = 0$ 的特解.（10分）

知识总结（25分）

1. 写出二阶常系数线性齐次微分方程的标准形式.（5分）

2. 写出二阶常系数线性齐次微分方程对应的特征方程表达式.（5分）

续表

姓名		学号		班级	
第 4 单元		RLC 电路的暂态分析		知识点	二阶常系数线性齐次微分方程
任务得分	复习预习(10 分)	课上任务(30 分)	课堂练习(25 分)	知识总结(25 分)	课后任务(10 分)	成绩

（表格任务得分行含 7 列）

知识总结(25 分)

3. 按照特征方程根的类型，写出二阶常系数线性齐次微分方程的通解．
（1）当特征方程有两个不等实根时，二阶常系数线性齐次微分方程的通解．（5 分）

（2）当特征方程有两个相等实根时，二阶常系数线性齐次微分方程的通解．（5 分）

（3）当特征方程有两个虚根时，二阶常系数线性齐次微分方程的通解．（5 分）

课后任务(10 分)

一个 RLC 电路中，已知 $E = 20$ V，$C = 2 \times 10^{-5}$ F，$L = 0.1$ H，$R = 100$ Ω，电容的初始电压为零，设开关闭合时 $t = 0$，求此电路合上开关后的电流 $i(t)$．

5.5 RLC 电路电量分析——二阶常系数线性非齐次微分方程

姓名		学号		班级		
第 5 单元		RLC 电路电量分析		知识点	二阶常系数线性非齐次微分方程	
任务得分	复习预习 (10 分)	课上任务 (40 分)	课堂练习 (25 分)	知识总结 (15 分)	课后任务 (10 分)	成绩

复习预习（10 分）

1. 一阶线性齐次微分方程 $y' + P(x)y = 0$ 的通解是什么？（2 分）

2. 一阶线性非齐次微分方程 $y' + P(x)y = Q(x)$ 的通解是什么？（3 分）

3. 一阶线性齐次微分方程和一阶线性非齐次微分方程的解有什么关系？（5 分）

课上任务

如下图所示，一个 RLC 串联电路由电阻 $R = 180\ \Omega$、电容 $C = 1/280$ F、电感 $L = 20$ H 和电源 $E(t) = 10\sin t$（V）构成，假设在初始时刻（$t=0$）电容上没有电量，电流是 1 A，求任意时刻电容上电量的变化规律.

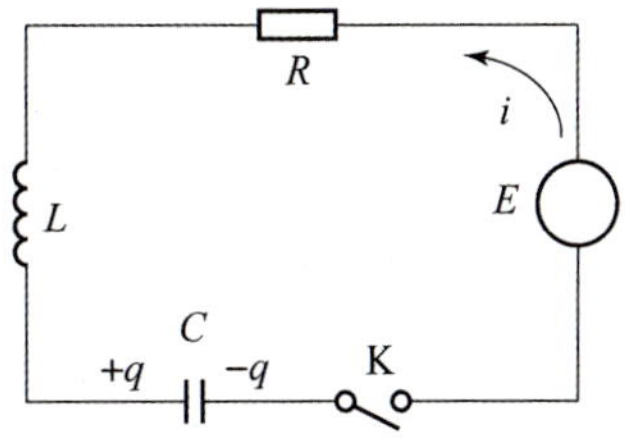

续表

姓名		学号		班级	
第 5 单元	RLC 电路电量分析			知识点	二阶常系数线性非齐次微分方程
任务得分	复习预习（10 分）	课上任务（40 分）	课堂练习（25 分）	知识总结（15 分）	课后任务（10 分）	成绩

课上任务求解（40 分）	根据任务分析可以得到下面关于电量的二阶常系数线性非齐次微分方程：（3 分）
	步骤 1　判断 ω 的取值.（2 分）
	步骤 2　判断 $\pm i$ 是不是特征根.（5 分）
	步骤 3　设出特解形式并用待定系数法求出特解.（10 分）
	步骤 4　写出通解.（10 分）

续表

姓名		学号		班级		
第 5 单元		RLC 电路电量分析		知识点	二阶常系数线性非齐次微分方程	
任务得分	复习预习（10 分）	课上任务（40 分）	课堂练习（25 分）	知识总结（15 分）	课后任务（10 分）	成绩

课堂练习（25 分）

1. 求 $y'' + y' - 2y = x$ 的通解.

步骤 1　判断 λ 的取值.（2 分）

步骤 2　判断 λ 与特征根的关系.（3 分）

步骤 3　设出特解形式并用待定系数法求出特解.（10 分）

步骤 4　写出通解.（10 分）

知识总结（15 分）

1. 二阶常系数线性非齐次微分方程为 $y'' + py' + qy = P_n(x)\mathrm{e}^{\lambda x}$.

   （1）当 λ 不是特征方程的根时，特解 $\bar{y}$ 的形式为＿＿＿＿＿＿＿＿．（2 分）

   （2）当 λ 是特征方程的单根时，特解 $\bar{y}$ 的形式为＿＿＿＿＿＿＿＿．（2 分）

   （3）当 λ 是特征方程的重根时，特解 $\bar{y}$ 的形式为＿＿＿＿＿＿＿＿．（2 分）

2. 二阶常系数线性非齐次微分方程为 $y'' + py' + qy = a\cos wx + b\sin wx$.

   （1）当 $\pm wi$ 不是特征根时，特解 $\bar{y}$ 的形式为＿＿＿＿＿＿＿＿．（2 分）

   （2）当 $\pm wi$ 是特征根时，特解 $\bar{y}$ 的形式为＿＿＿＿＿＿＿＿．（2 分）

3. 二阶常系数线性非齐次微分方程的通解和特解的关系是什么？（5 分）

续表

姓名			学号		班级	
第5单元		RLC电路电量分析			知识点	二阶常系数线性非齐次微分方程
任务得分	复习预习(10分)	课上任务(40分)	课堂练习(25分)	知识总结(15分)	课后任务(10分)	成绩

课后任务(10分)	一个 RLC 串联电路由电阻 $R=10\ \Omega$、电容 $C=0.01\ \text{F}$、电感 $L=0.5\ \text{H}$ 和电源 $E(t)=200\cos 100t\ (\text{V})$ 构成，假设在初始时刻（$t=0$）电路中没有电流，电容上没有电量，求此电路中电流的变化规律.